通信电子线路

主　编　杨永杰　陈　鹏　刘怀强

副主编　刁少岚　杨　懿

中国矿业大学出版社

内容提要

"高频电子线路"课程是通信工程、电子信息工程等电子信息类专业的一门非常重要的专业基础课,具有很强的专业性、工程性和系统性。

本书主要讨论各种无线设备以及系统中高频电路的相关原理、线路和分析方法。随着科学技术的不断发展与改进,相关技术的教学教育方法也需要不断进行改革,与此同时"高频电子线路"课程的地位和作用也在不断变化。为此,在编写本教材时,力求达到控制教材篇幅、精选更新内容、突出重点的目的。

本书适用于通信工程、电子信息工程等电子信息类专业的专业基础课教材,也可供相关专业从业人员学习参考。

图书在版编目(CIP)数据

通信电子线路 / 杨永杰,陈鹏,刘怀强主编. —徐州:中国矿业大学出版社,2018.8
ISBN 978 - 7 - 5646 - 4053 - 8

Ⅰ.①通… Ⅱ.①杨… ②陈… ③刘… Ⅲ.①通信线路—电子线路 Ⅳ.①TN913.3

中国版本图书馆 CIP 数据核字(2018)第 169156 号

书　　名	通信电子线路
主　　编	杨永杰　陈　鹏　刘怀强
责任编辑	吴学兵
出版发行	中国矿业大学出版社有限责任公司
	江苏省徐州市解放南路　邮编221008
营销热线	(0516) 83885307　83884995
出版服务	(0516) 83885767　83884920
网　　址	http：//www.cumtp.com　**E-mail**：cumtpvip@ cumtp.com
印　　刷	武钢实业印刷总厂
开　　本	787×1092　1/16　印张16　字数399千字
版次印次	2018 年 8 月第 1 版　2018 年 8 月第 1 次印刷
定　　价	45.00 元

(图书出现印装质量问题,本社负责调换)

前　言

"高频电子线路"课程是通信工程、电子信息工程等电子信息类专业的一门非常重要的专业基础课，具有很强的专业性、工程性和系统性。

全书共分为8章。第1章绪论，第2章通信电子线路的基础，第3章高频小信号放大器，第4章高频功率放大器，第5章正弦波振荡器，第6章振幅调制与解调及混频电路，第7章角度调制与解调，第8章反馈控制电路。

"高频电子线路"是一门工程性和实践性很强的课程，教材仅为学好课程提供必要的基础知识，有许多理论知识和实际技能，如实际电路的构成、测量仪器和使用方法、实践动手能力等，还必须在学习与实践中提升和加强。

本书第3章由刘怀强老师编写，第4、5章由陈鹏老师编写，第6章由习少岚老师编写，第8章由杨懿老师编写，其余章节均由杨永杰老师编写。全书由杨永杰老师统稿。

在本书编写和出版过程中，得到了有关方面和同仁的大力支持，在此致以谢意。由于时间仓促，书中难免有一些错误与不足之处，恳请广大读者批评指正。

作者
2018 年 3 月

目　录

第1章

绪　　论

1.1　通信系统和信号变换过程

1.1.1　通信和通信系统

通信是把信息从发送信息者传送到接受信息者的过程。

通信系统是指完成信息传输的系统。信源（发端设备）、信道（传输媒介）和信宿（收端设备）被称为通信系统的三要素。

信道是传送信息的通道。无线通信的信道有自由空间、蓝牙、WiFi 等；有线通信的信道多为传输线，如导线、电缆、光纤、光缆等。通信的种类有很多，如人们生活中常见的电话、手机、电视、广播、卫星通信、计算机通信等等，这些通信中应用的电子线路种类很多。通信系统框图如图 1.1.1 所示。

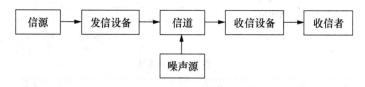

图 1.1.1　通信系统框图

1.1.2　通信系统中的信号变换过程

1. 信号的概念

通信系统中信号有三种形式：基带信号、高频载波信号和已调波信号。

基带信号：也称消息信号或调制信号，表示信息的电信号。例如，话音、图像信号（模拟信号）；数据、电报信号（数字信号）等。

高频载波信号：确知的单一频率的正弦波信号，由高频振荡器或频率合成器产生。

已调波信号：已载有消息信号的高频载波信号。

2. 信号的表示方法

（1）数学表达式

数学表达式例如，$u = 2\sin(2\pi \times 10^3 t)$ V。

（2）波形

信号波形图如图 1.1.2 所示。

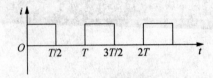

图 1.1.2 信号波形图

（3）频谱

将信号所包含的所有频率在坐标横轴上表示出来（图 1.1.3）。

单频信号：$i(t) = 2\sin(100\pi t)$。

双频信号：$i(t) = 2\sin(100\pi t) + \cos(200\pi t)$。

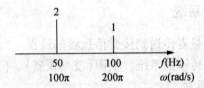

图 1.1.3 双频信号频谱图

多频信号：占据一段频带宽度——带宽（图 1.1.4）。

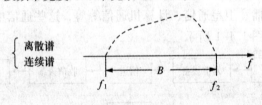

图 1.1.4 带宽

传输信道的带宽必须大于信号的带宽。

【例 1.1.1】 图 1.1.5 所示开关函数用傅立叶级数可分解为

$$K(\omega_2 t) = \frac{1}{2} + \frac{2}{\pi}\cos(\omega_2 t) - \frac{2}{3\pi}\cos(3\omega_2 t) + \frac{2}{5\pi}\cos(5\omega_2 t) - \cdots$$

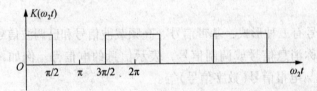

图 1.1.5

频谱图如图 1.1.6 所示。

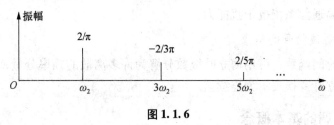

图 1.1.6

【例 1.1.2】 话音信号用傅立叶变换后的频谱分布如图 1.1.7 所示。

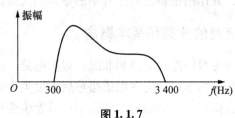

图 1.1.7

1.2 调制和已调信号的频谱分析

1.2.1 调制的基本概念

1. 调制的概念

将低频消息信号直接发射是不现实的，因此，信号的无线传播必须进行调制。

由振荡电路产生一个高频载波信号，可将其加到适当高度的天线上发射出去，作为传输信息的运载工具，如图 1.2.1 所示。不同的电台可采用不同的载波，避免了信号的相互干扰。

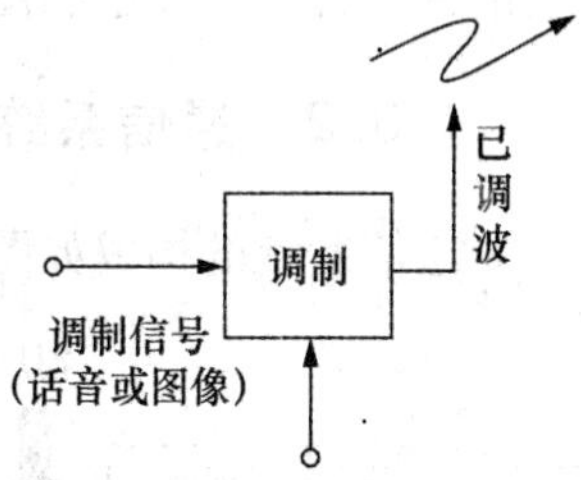

高频载波信号可表示为：

$$u_c = U_c \cos(\omega_c t + \varphi_c) \qquad (1.2.1)$$

式中　U_c——振幅；

　　　ω_c——角频率；

　　　φ_c——初相。

图 1.2.1　高频载波信号

2. 调制高频载波信号

用需要传输的消息信号（调制信号）去控制高频载波信号的某一参数——振幅、角频率或相位，使其随调制信号的变化而变化，这一过程称为调制。调制后的高频信号称为已调波。已调波本身是高频信号，可以发射，同时因为受到调制，就带着控制它的信号（即要传输的信号）一起发射出去。

3. 调制的主要作用

（1）进行频谱搬移（将原来不适宜传输的基带信号搬移到适合传输的某一个频段上，再送入信道）。

（2）实现信道复用（把多个信号分别安排在不同的频段上同时进行传输）。

（3）可以提高通信系统抗干扰能力。

4. 调制高频载波信号的频谱

对周期性的时间函数，可用傅立叶级数分解为许多离散的频率分量；对非周期性的时间函数，可用傅立叶变换表示为连续谱。

1.2.2 解调的基本概念

解调是调制的逆过程，其作用是将已调信号中的原调制信号恢复出来。

1.2.3 频谱搬移电路的分类和基本概念

频谱的搬移电路可以分为线性搬移电路和非线性搬移电路。

线性搬移电路：输入信号的频谱结构在频谱搬移后不发生变化。

非线性搬移电路：输入信号的频谱结构在频谱搬移后发生变化。

1.3 无线电广播的发射与接收

1.3.1 通信系统的任务

通信的任务是将各种电信号由发送端传送到接收端，以达到传输消息的目的。信息包括语言、音乐、文字、图像、数据等各种信号。

1.3.2 通信系统的构成

通信系统的构成如图 1.3.1 所示。

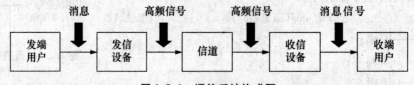

图 1.3.1 通信系统构成图

图 1.3.2 和图 1.3.3 所示为无线广播发送与接收的框图。其中发送设备中由高频振荡器产生一个高频正弦波信号，再经过放大形成载波。语音信号通过话筒变成电信号，经过音频放大送到调制器中，在调制器中把语音信号寄载到载波上。图中所示是把语音信号寄载在载波的振幅上，这叫调幅。调制后的高频信号叫已调波，我们称这种已调波为调幅波。再经过高频功率放大，把大功率的已调波信号送到天线上。在天线上，高频电信号转变成高频电磁波，向空间辐射出去。这种电磁波经大气空间的传送，最终到达接收机的天线。由于电磁感应现象，在接收机天线上感生出无线电信号。接收设备即为接收机的框图，天线中感生的无线电信号，经过输入回路的选择，取出要接收的已调波信号，经过高

频谐振放大器放大，把信号送入到混频器中。混频器有两个输入信号，一个是外来的高频已调波信号，另一个是本地振荡器产生的高频正弦波。在混频器中，两个信号的频率进行减法运算得到差频f_i。差频是固定的中频值，如广播接收机中f_i为 465 kHz。经过中频放大器，把信号放大。检波是调制的逆过程。在检波器中，把语音信号从中频已调波信号中提取出来，再经过低频放大器，推动扬声器，产生出要收听的语音信号。这种接收机是目前广泛采用的超外差式接收机。

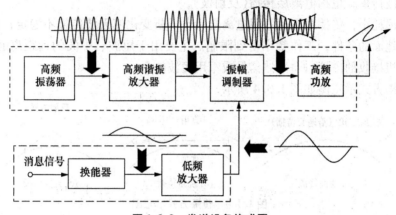

图 1.3.2　发送设备构成图

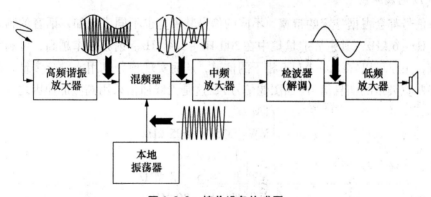

图 1.3.3　接收设备构成图

在这个语音通信系统中，振荡、功放、调制、混频、检波都是由非线性电子线路完成的，所以，这些电路都将是本书研究的主要内容。

1.3.3　无线电波的传播方式和频段划分

1. 无线电波的传播方式

电磁波从发射天线辐射出去后，不仅电波的能量会扩散，接收机只能收到其中极小的一部分，而且在传播过程中，电波的能量会被地面、建筑物或高空的电离层吸收或反射，或者在大气层中产生折射或散射等现象，从而造成到达接收机时的强度大大衰减。根据无线电波在传播过程中所发生的现象，电波的传播方式如下。

（1）地波传播（绕射波）

特点是波长愈长，传播损耗愈小。主要用于中、长波无线电通信和导航。例如，收音机接收的广播电台中波信号。

（2）视距传播（直射波）

特点是收、发信高架（高度比波长大得多）。主要用于超短波、微波波段的通信和电视广播。例如，卫星通信采用视距传播。

（3）天波传播，也称电离层传播（反射波）

特点是损耗小，传播距离远；因电离层状态不断变化使天波传播不稳定；因要满足从电离层返回地面的条件，工作频率受到限制。主要用于短波、中波的远距离通信和广播。例如，收音机接收的广播电台短波信号或军用短波电台。

三种传播方式示意图如图 1.3.4 所示。

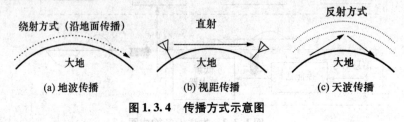

图 1.3.4　传播方式示意图

2. 无线电波频段划分

任何信号都会占据一定的带宽，不同的信号其带宽也不同。比如，话音的频率范围大致为 100 Hz ~ 6 kHz，其主要能量集中在 300 Hz ~ 3.4 kHz。射频频率越高，可利用的频带宽度越宽，不仅可以容纳许多互不相干的信道，从而实现频分复用或频分多址，而且也可以传播某些宽频带的消息信号（如图像信号），这是无线通信采用高频的原因之一。

例如，多波段收音机频段划分

$$\begin{cases} LM \\ MW:535 \sim 1\,605\ kHz \\ SW \begin{cases} I:2.2 \sim 8.5\ MHz \\ II:8.5 \sim 18\ MHz \\ III:18 \sim 30\ MHz \end{cases} \\ FM:88 \sim 108\ MHz \end{cases}$$

任何信号都具有一定的频率或波长，称之为频谱特性。电磁波辐射的波谱很宽，如图 1.3.5 所示。

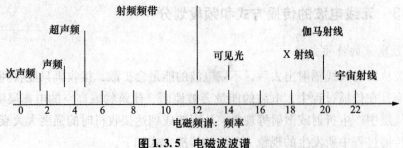

图 1.3.5　电磁波波谱

无线电波只是一种波长比较长的电磁波，占据的频率范围很广。对频率或波长进行分段，分别称为频段或波段。不同频段信号的产生、放大和接收的方法不同，传播的能力和方式也不同，因而它们的分析方法和应用范围也不同。

无线电波的波段划分如表 1.3.1 所示。

表 1.3.1 无线电波的波段划分

波段名称	波长范围	频率范围	应用举例
长波波段	1 000 ~ 10 000 m	30 ~ 300 kHz 低频——LF	航海设备；无线电信标
中波波段	100 ~ 1 000 m	300 ~ 3 000 kHz 中频——MF	调幅广播；业余无线电台
短波波段	10 ~ 100 m	3 ~ 30 MHz 高频——HF	短波广播；移动通信；军用通信；业余无线电台
超短波波段	1 ~ 10 m	30 ~ 300 MHz 甚高频——VHF	电视；调频广播；空中交通管制；业余无线电台
分米波波段	10 ~ 100 cm	300 ~ 3 000 MHz 特高频——UHF	电视；遥测；雷达；业余无线电台
厘米波波段	1 ~ 10 cm	3 ~ 30 GHz 超高频——SHF	雷达；卫星和空间通信；业余无线电台
毫米波波段	0.1 ~ 1 cm	30 ~ 300 GHz 极高频——EHF	雷达；着陆设备；业余无线电台

第2章

通信电子线路的基础

各种高频电路基本上是由无源元件、有源器件和高频基本组件等组成的，它们与用于低频电路的基本元器件没有本质上的差异，只是这些元器件作用于高频电路时会存在一定的特殊性，当然也有一些高频电路所特有的器件。在高频多个单元电路中常用的两个重要功能是选频滤波与阻抗变换，振荡回路、石英谐振器与集中选频滤波器等组件都具有这两个功能，高频变压器、传输线变压器及阻抗匹配器则具有较好的阻抗变换能力。

电子噪声存在于各种电子电路和系统中，噪声系数与电子噪声密切相关，了解电子噪声的概念对理解某些高频电路和系统的性能非常有用。

2.1 无源谐振电路

2.1.1 概述

LC 谐振回路是高频电路里最常用的无源网络，包括并联回路和串联回路两种结构类型。

利用 *LC* 谐振回路的幅频特性和相频特性，不仅可以进行选频，即从输入信号中选择出有用频率分量而抑制掉无用频率分量或噪声（例如在选频放大器和正弦波振荡器中），而且还可以进行信号的频幅转换和频相转换（例如在斜率鉴频和相位鉴频电路里）。另外，用 *L*、*C* 元件还可以组成各种形式的阻抗变换电路和匹配电路。所以，*LC* 谐振回路虽然结构简单，但是在高频电路里却是不可缺少的重要组成部分，在本书所介绍的各种功能的高频电路单元里几乎都离不开它。

2.1.2 *LC* 串联谐振回路

$$z_s = r + j\omega L + \frac{1}{j\omega C} = r + j\left(\omega L - \frac{1}{\omega C}\right) \tag{2.1.1}$$

（1）串联谐振频率

$$\omega_0 = \frac{1}{\sqrt{LC}} \tag{2.1.2}$$

（2）品质因数：回路谐振时无功功率与损耗功率之比

$$Q = \frac{\omega_0 L}{r} = \frac{1}{r \omega_0 C} \tag{2.1.3}$$

（3）特性阻抗 ρ：谐振时容抗或感抗的值

$$\rho = \omega_0 L = \frac{1}{\omega_0 C} = \sqrt{\frac{L}{C}} \tag{2.1.4}$$

（4）广义失谐 ξ：能够清楚地反映失谐的大小

$$Z_s = r + j\left(\omega L - \frac{1}{\omega C}\right) = r\left[1 + j\frac{1}{r}\left(\omega L - \frac{1}{\omega C}\right)\right] = r\left[1 + j\frac{\omega_0 L}{r}\left(\frac{\omega}{\omega_0} - \frac{\omega_0}{\omega}\right)\right]$$

$$= r\left[1 + jQ\left(\frac{\omega}{\omega_0} - \frac{\omega_0}{\omega}\right)\right] = r(1 + j\xi) \tag{2.1.5}$$

其中，$\xi = Q\left(\dfrac{\omega}{\omega_0} - \dfrac{\omega_0}{\omega}\right)$

当 $\xi = 0$ 时，$Z = r$，电路谐振；当 $\xi \neq 0$ 时，$|Z| > r$，电路失谐。

$\xi < 0$，Z 为容性阻抗；$\xi > 0$，Z 为感性阻抗。

通信电路中用到的谐振电路多为窄带电路，即 ω 与 ω_0 很接近，则有：

$$\xi = Q\left(\frac{\omega}{\omega_0} - \frac{\omega_0}{\omega}\right) = Q\left(\frac{\omega + \omega_0}{\omega}\right)\left(\frac{\omega - \omega_0}{\omega_0}\right) \tag{2.1.6}$$

因为 $\omega + \omega_0 \approx 2\omega$，令 $\omega - \omega_0 = \Delta\omega$，则 $\xi = 2Q\dfrac{\Delta\omega}{\omega_0} = 2Q\dfrac{\Delta f}{f_0}$，其中 $\Delta\omega$ 是失谐量。

2.1.3 LC 并联谐振回路

如图 2.1.1 所示是并联谐振回路框图，g_0 是 L 和 C 的损耗之和。

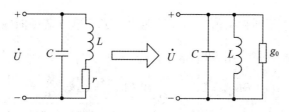

图 2.1.1 并联谐振回路框图

$$y = g_0 + j\omega C + \frac{1}{j\omega L} = g_0 + j\left(\omega C - \frac{1}{\omega L}\right)$$

$$= g_0\left[1 + j\frac{1}{g_0}\left(\omega C - \frac{1}{\omega L}\right)\right] = g_0\left[1 + j\frac{\omega_0 C}{g_0}\left(\frac{\omega}{\omega_0} - \frac{\omega_0}{\omega}\right)\right]$$

$$= g_0\left[1 + jQ\left(\frac{\omega}{\omega_0} - \frac{\omega_0}{\omega}\right)\right]$$

$$= g_0(1 + j\xi) \tag{2.1.7}$$

（1）并联谐振频率

$$\omega_0 = \frac{1}{\sqrt{LC}} \text{ 或 } f_0 = \frac{1}{2\pi\sqrt{LC}} \tag{2.1.8}$$

（2）品质因数

$$Q_0 = \frac{\omega_0 C}{g_0} = \frac{1}{g_0 \omega_0 L} \tag{2.1.9}$$

（3）广义失谐

$$\xi = Q\left(\frac{\omega}{\omega_0} - \frac{\omega_0}{\omega}\right) \approx 2Q\frac{\Delta\omega}{\omega_0} \tag{2.1.10}$$

并联谐振回路的幅频特性和相频特性如图 2.1.2 所示。

曲线越窄，选频特性越好，定义当 U 下降到 U_0 的 $1/\sqrt{2}$ 时，对应的频率范围为通频带——$BW_{0.7}$。

$$\begin{cases} |U| = \dfrac{U_0}{\sqrt{1 + \left(2Q_0\dfrac{\Delta\omega}{\omega_0}\right)^2}} = \dfrac{U_0}{\sqrt{1+\xi^2}} \\[4mm] \varphi_z = -\arctan\left(2Q_0\dfrac{\Delta\omega}{\omega_0}\right) = -\arctan\xi \end{cases} \tag{2.1.11}$$

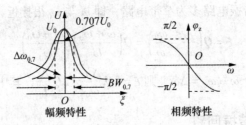

图 2.1.2　并联谐振回路的幅频特性和相频特性

（4）通频带

为了衡量回路对于不同频率信号的通过能力，定义单位谐振曲线上 $N(f) \geqslant \dfrac{1}{\sqrt{2}}$ 所包含的频率范围为回路的通频带，用 $BW_{0.7}$ 表示。

$$BW_{0.7} = 2\Delta\omega = \frac{\omega_0}{Q_0} \text{ 或 } BW_{0.7} = 2\Delta f = \frac{f_0}{Q_0} \tag{2.1.12}$$

可见，通频带与回路 Q 值成反比。也就是说，通频带与回路 Q 值（即选择性）是互相矛盾的两个性能指标。选择性是指谐振回路对不需要信号的抑制能力，即要求在通频带之外，谐振曲线 $N(f)$ 应陡峭下降。所以，Q 值越高，谐振曲线越陡峭，选择性越好，但通频带却越窄。一个理想的谐振回路，其幅频特性曲线应该是通频带内完全平坦，信号可以无衰减通过，而在通频带以外则为零，信号完全通不过。

（5）矩形系数

为了衡量实际幅频特性曲线接近理想幅频特性曲线的程度，提出了"矩形系数"这个性能指标。

矩形系数 $K_{0.1}$ 定义为单位谐振曲线 $N(f)$ 值下降到 0.1 时的频带范围 $BW_{0.1}$ 与通频带 $BW_{0.7}$ 之比，即

$$K_{0.1} = \frac{BW_{0.1}}{BW_{0.7}} = 9.95 \tag{2.1.13}$$

由定义可知，$K_{0.1}$ 是一个大于或等于 1 的数，其数值越小，则对应的幅频特性越理想。

（6）直接接入信号源和负载的 LC 并联谐振回路

LC 并联谐振回路及其等效电路如图 2.1.3 所示。

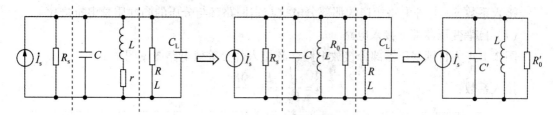

图 2.1.3　LC 并联谐振回路

谐振频率：

$$f_0 = \frac{1}{2\pi \sqrt{LC'}} (C' = C + C_L) \tag{2.1.14}$$

谐振阻抗：

$$R_e = R_s // R_0 // R_L \left(R_0 = Q_0 \omega_0 L = \frac{Q_0}{\omega_0 C'} \right) \tag{2.1.15}$$

有载品质因数：

$$Q_e = \frac{R_e}{\omega_0 L} = R_e \omega_0 C' \tag{2.1.16}$$

通频带：

$$BW_{0.7} = \frac{f_0}{Q_e} \tag{2.1.17}$$

【**例 2.1.1**】　已知并联振荡回路的 $f_0 = 465$ kHz，$C = 200$ pF，$BW = 8$ kHz，求：

（1）回路的电感 L 和有载 Q_L；

（2）如将通频带加宽为 10 kHz，应在回路两端并接一个多大的电阻？

解：（1）$L = \dfrac{1}{(2\pi f_0)^2 C} = 580$ μH　　$Q_L = \dfrac{f_0}{B} = 58.125$

谐振时的阻抗：　　　　$R_0' = Q_L \omega_0 L \approx 98.4$ kΩ

（2）设要并接的电阻为 R_L，由题意知

$$Q_L' = \frac{f_0}{B'} = 46.5 \quad \frac{1}{g_0} = R_0' // R_L = Q_L' \omega_o L \approx 78.8 \text{ k}\Omega$$

$$R_L = \frac{1}{\dfrac{1}{R_0' // R_L} - \dfrac{1}{R_0'}} \approx 395.6 \text{ k}\Omega$$

2.1.4 部分接入的并联振荡回路

部分接入的目的是实现阻抗匹配，减小负载对谐振回路的影响。

$$阻抗区配\begin{cases}信号源的阻抗匹配\ R_s = R_i \\ 负载的阻抗匹配\ R_L = R_0\end{cases}$$

采用部分接入方式，可以通过改变线圈匝数、抽头位置或电容分压比来实现回路与信号源的阻抗匹配或进行阻抗变换。

接入系数 n：与外电路相连的那部分电抗与本回路参与分压的同性质总电抗之比。

（1）自耦变压器部分接入电路

图 2.1.4 为自耦变压器部分接放电路，其接入部分等效电路图见图 2.1.5。

接入系数：

$$n = \frac{U}{U_T} = \frac{L_2 + M}{L}$$

紧耦合：

$$n = \frac{N_{23}}{N_{13}}$$

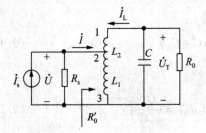
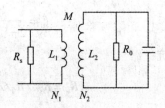

图 2.1.4 自耦变压器部分接入电路　　　图 2.1.5 自耦变压器部分接入等效电路

当将 R_s 折算到谐振回路两端时，$R_s' = R_s / n^2$ 部分到全部——增大。

当将 R_0 折算到信号源两端时，$R_0' = n^2 R_0$ 全部到部分——减小。

信号源的匹配：

$$R_s = R_0'$$

（2）电容抽头部分接入电路

电容抽头部分接入电路见图 2.1.6。

接入系数：

$$n = \frac{U}{U_T} = \frac{\dfrac{1}{\omega C_1}}{\dfrac{1}{\omega \dfrac{C_1 C_2}{C_1 + C_2}}} = \frac{C_1}{C_1 + C_2}$$

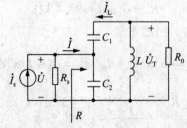

图 2.1.6 电容抽头部分接入电路

（3）负载部分接入电路——实现阻抗变换

图 2.1.7 展示了两种负载部分接入电路。

接入系数： $$n = \frac{N_{23}}{N_{13}}$$

将 R_L 折算到谐振回路两端时： $$R'_L = \frac{1}{n^2} R_L$$

接入系数： $$n = \frac{C_1}{C_1 + C_2}$$

将 R_L 折算到谐振回路两端时： $$R'_L = \frac{1}{n^2} R_L$$

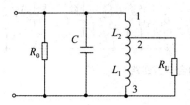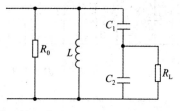

图 2.1.7 负载部分接入电路

【例 2.1.2】 图 2.1.8 所示电路是一电容抽头的并联振荡回路，信号角频率 $\omega = 10 \times 10^6$ rad/s。试计算谐振时回路电感 L 和有载 Q_L 值（设线圈 Q_0 值为 100）；并计算输出电压与回路电压的相位差。

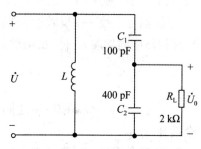

图 2.1.8 电容抽头的并联振荡回路

解： 由题意知 $\omega_0 = 10 \times 10^6$ rad/s, $C = \dfrac{C_1 C_2}{C_1 + C_2} = 80$ μF

$$L = \frac{1}{\omega_0^2 C} = 125 \ \mu\text{H}, \quad R_0 = \frac{Q_0}{\omega_0 C} = Q_0 \omega_0 L = 125 \ \text{k}\Omega$$

$$n = \frac{C_1}{C_1 + C_2} = 0.2, \quad R'_L = \frac{1}{n^2} R_L = 50 \ \text{k}\Omega$$

$$Q_L = \frac{R_0 /\!/ R'_L}{\omega_0 L} = (R_0 /\!/ R'_L)\omega_0 C = 28.57$$

$$\frac{\dot{U}_0}{\dot{U}} = \frac{\dfrac{R_L \dfrac{1}{j\omega C_2}}{R_L + \dfrac{1}{j\omega C_2}}}{\dfrac{1}{j\omega C_1} + \dfrac{R_L \dfrac{1}{j\omega C_2}}{R_L + \dfrac{1}{j\omega C_2}}} = \frac{R_L}{R_L\left(1 + \dfrac{C_2}{C_1}\right) - j\dfrac{1}{\omega C_1}}$$

$$\varphi = \arctan \frac{\dfrac{1}{\omega C_1}}{R_L\left(1 + \dfrac{C_2}{C_1}\right)} = \arctan \frac{1}{10} \approx 5.71°$$

2.1.5 耦合谐振回路——双调谐回路

1. 单调谐回路中通频带和选择性问题

单调谐回路中 Q 值越高，谐振曲线越尖锐，通频带越窄，选择有用信号的能力越强，即选择性越好。但在需要保证一定通频带的条件下，又要选择性好，对于单调谐回路来说是难以胜任的。采用耦合振荡回路(图 2.1.9)就可以解决单调谐回路中通频带和选择性的矛盾。

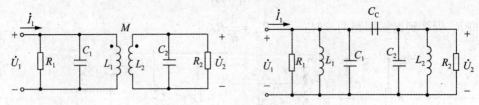

图 2.1.9　耦合谐振回路

2. 耦合谐振回路及特性分析

（1）两个概念

① 耦合系数——反映两回路的相对耦合程度。定义为耦合元件电抗的绝对值与初、次级回路中同性质元件电抗值的几何平均值之比。

$$k = \frac{M}{\sqrt{L_1 L_2}} = \frac{C_C}{\sqrt{(C_1 + C_C)(C_2 + C_C)}}$$

耦合系数 k 通常在 $0 \sim 1$ 之间，$k < 0.05$ 称为弱耦合；$k > 0.05$ 称为强耦合；$k = 1$ 称为全耦合。

② 耦合因数——表示耦合与 Q 共同对回路特性造成的影响。

在等振等 Q 电路中：

$$\eta = kQ = \frac{\omega M}{\sqrt{r_1 r_2}}$$

（2）频率特性分析

如图 2.1.10 所示，设初级回路总阻抗为 Z_1，次级回路总阻抗为 Z_2，两回路之间的耦合阻抗为 Z_m，则两回路方程为：

$$\begin{cases} I_1 Z_1 - I_2 Z_m = E \\ -I_1 Z_m + I_2 Z_2 = 0 \end{cases}$$

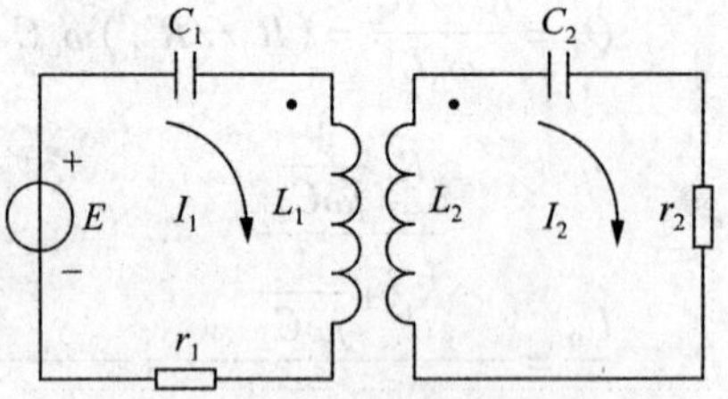

整理可得：

图 2.1.10　耦合谐振回路

$$I_2 = \frac{Z_m \left(Z_1 - \dfrac{Z_m^2}{Z_2} \right)}{Z_1 Z_2 - Z_m^2} I_1$$

为了简化分析，只讨论等振、等 Q 电路。等振指初、次级回路谐振频率相等；等 Q 指初、次级回路 Q 相等。

$$\omega_{01} = \omega_{02} = \omega_0, \quad Q_{e1} = Q_{e2} = Q$$

$$Z_1 = r_1 + j\left(\omega L_1 - \frac{1}{\omega C_1}\right) = r_1(1 + j\xi)$$

$$Z_2 = r_2 + j\left(\omega L_2 - \frac{1}{\omega C_2}\right) = r_2(1 + j\xi)$$

$$Z_m = j\omega M$$

代入 I_2 的表达式，可以得到

$$|I_2| = \frac{\eta|E|}{\sqrt{r_1 r_2}\left[(1 - \xi^2 + \eta^2) + 4\xi^2\right]}$$

当 $\eta = 1$，$\xi = 0$ 时，$|I_2|$ 达到最大值，为 $|I_2|_{max} = \dfrac{|E|}{2\sqrt{r_1 r_2}}$，

得到归一化幅频特性 $\dfrac{|I_2|}{|I_2|_{max}} = \dfrac{2\eta}{\sqrt{(1 - \xi^2 + \eta^2) + 4\xi^2}}$。

归一化幅频特性曲线如图 2.1.11 所示。

$\eta = 1$，称为临界耦合，曲线为单峰。

$$B_{0.7} = \sqrt{2}\frac{f_0}{Q} K_{0.1} = 3.15$$

$\eta > 1$，称为过耦合，曲线为双峰。$\eta = 2.41$ 时，

$$B_{0.7} = 3.1\frac{f_0}{Q} K_{0.1} = 2.34$$

$\eta < 1$，称为欠耦合。

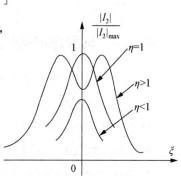

图 2.1.11　归一化幅频特性

2.2　常用无源固体器件

2.2.1　石英晶体谐振器

1. 电器特性

利用石英晶体的压电效应和逆压电效应可以将其制成晶体谐振器。通常把基频谐振称为基音谐振，把高次谐波上的谐振称为泛音谐振。

一般用如图 2.2.1 所示的 LC 谐振回路来模拟石英晶体的电特性。

$$f_{s串} = \frac{1}{2\pi\sqrt{L_q C_q}}$$

$$f_{p并} = \frac{1}{2\pi\sqrt{L_q\dfrac{C_0 C_q}{C_0 + C_q}}} = f_{s串}\sqrt{1 + \frac{C_q}{C_0}} \approx f_{s串}\left(1 + \frac{C_q}{C_0}\right)$$

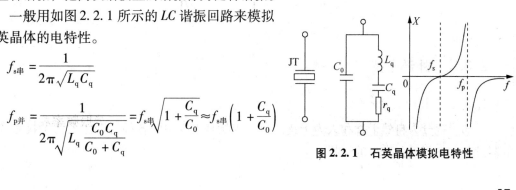

图 2.2.1　石英晶体模拟电特性

2. 应用

其应用有振荡器高频窄带滤波器(图2.2.2)。

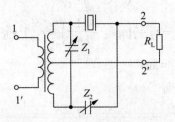

图2.2.2　差接桥式带通滤波器

2.2.2　陶瓷滤波器和声表面波滤波器

1. 陶瓷滤波器(带通滤波器，图2.2.3)

工艺：由压电陶瓷制成，但 Q 值低于石英晶体，约为几百，高于 LC 谐振电路。

优点：体积小、成本低、通带衰耗小和矩形系数小等。

缺点：一致性差，频率特性离散性大，通频带不够宽。

2. 声表面波滤波器(图2.2.4)

选频特性：当叉指换能器的几何参数以及发端换能器的距离一定时，它就具有选择某一频率信号输出的能力。

特点：可满足多种频率特性、性能稳定、工作频率高、体积小、可靠性高等。

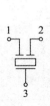
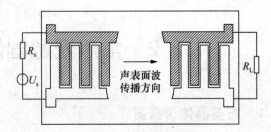

图2.2.3　陶瓷滤波器　　　　**图2.2.4　声表面波滤波器**

2.3　干　扰

2.3.1　外部干扰

1. 外部干扰的来源

外部干扰分为自然干扰和人为干扰。自然干扰是大气中的各种扰动。人为干扰是各种电器设备和电子设备产生的干扰。

2.　消除外部干扰的方法

（1）电源干扰的抑制方法

供电电源因滤波不良所产生的 100 Hz 纹波干扰是主要的电源干扰，电源内阻产生的寄生耦合干扰也是主要的电源干扰。对于高增益的小信号放大器，寄生耦合有时可能造成放大器自激振荡。解决 100 Hz 电源干扰和寄生耦合的方法是对每个电路的供电电源单独进行一次 *RC* 滤波，叫作 *RC* 去耦电路［图 2.3.1（a）］。如果电路的工作频率较高，而供电电流又比较大，则可以用电感代替电阻，构成 *LC* 去耦电路［图 2.3.1（b）］，电感 *L* 称为扼流圈。因为大容量的电解电容都存在串联寄生电感，在高频时寄生电感的感抗会很大，使电容失去滤波的作用，所以电路中都并联一小容量的电容，就可消去寄生电感的影响。

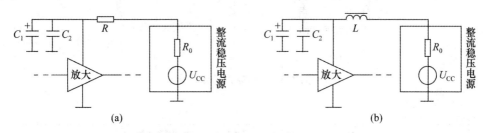

图 2.3.1　去耦电路滤波示意图

工厂里的大型用电设备产生的电火花干扰能沿着电力线进入电子设备。除此之外，电力线还起着天线的作用接收天空中的杂散电磁波，并将其传送到电子设备中形成干扰。这些干扰的特点是：突发性强，干扰往往以脉冲电压形式出现；频率高，通常为几百千赫兹至几兆赫兹；干扰会同时出现在电力线的两根导线上，其大小和相位相同，这种性质的干扰称为共模干扰。

消除电网共模干扰的方法是在交流市电的输入端插入一个滤波器，图 2.3.2 所示电路为某电视机的交流电源滤波器，在每根电源线与地之间均构成一个 π 型滤波器，电容 *C* 的容量在几千皮法到 0.01 μF 之间选取，电感 *L* 绕制在高频磁芯上，约 10 圈左右，导线直径要根据设备的交流输入功率来选择。

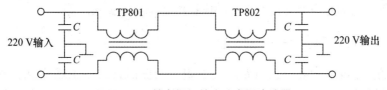

图 2.3.2　某电视机的交流电源滤波器

（2）电路接地不当的干扰及消除

电路中接地不当会形成严重的干扰，消除这些干扰的方法是正确地接地，即在电路中要采用一点接地，数字电路的地线和模拟电路的地线要完全分开，有条件时在多层印制板中要分别安排数字地层和模拟地层。

3. 电磁兼容性和空间电磁耦合干扰

空间电磁耦合对电路的影响分为静电耦合干扰和交变磁场耦合干扰，防止这两种干扰的基本方法是接地、滤波、隔离、电磁屏蔽。图 2.3.3 是电路中常用的电磁屏蔽示意图。其中，(a)图为静电屏蔽，(b)图为交变磁场屏蔽。

微弱信号的传输导线易受到干扰，通常采用屏蔽线作为引线，使用屏蔽线时，切忌将网状金属层当成导线使用，即不能将金属网两端都接地，只能取一端接地。

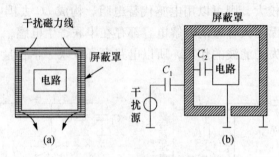

图 2.3.3　电磁屏蔽示意图

2.4　放大器中的噪声

目前电子设备的性能在很大程度上与干扰和噪声有关。例如，接收机的理论灵敏度可以非常高，但是考虑了噪声以后，实际灵敏度就不可能做得很高。而在通信系统中，提高接收机的灵敏度比增加发射机的功率更为有效。在其他电子仪器中，它们的工作准确性、灵敏度等也与噪声有很大的关系。另外，由于各种干扰的存在，大大影响了接收机的工作。因此，研究各种干扰和噪声的特性，以及降低干扰和噪声的方法，是十分必要的。

干扰一般指外部干扰，可分为自然的和人为的干扰。自然干扰有天电干扰、宇宙干扰和大地干扰等。人为干扰主要有工业干扰和无线电台的干扰。

噪声一般指内部噪声，也可分为自然的和人为的噪声。自然噪声有热噪声、散粒噪声和闪烁噪声等；人为噪声有交流噪声、感应噪声、接触不良噪声等。

2.4.1　内部噪声的来源与特点

放大器的内部噪声主要是由电路中的电阻、谐振回路和电子器件（电子管、晶体管、场效应管、集成块等）内部所具有的带电微粒无规则运动所产生的。这种无规则运动具有起伏噪声(fluctuation noise)的性质，它是一种随机过程，即在同一时间$(0 \sim T)$内，这一次观察和下一次观察会得出不同的结果。对于随机过程，不可能用某一确定的时间函数来描述，但是，它却遵循某一确定的统计规律，可以利用其本身的概率分布特性来充分地描述它的特性。对于起伏噪声，可以用正弦波形的瞬时值、振幅值、有效值等来计量。通常用它的平均值、均方值、频谱或功率谱来表示。

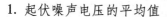

1. 起伏噪声电压的平均值

起伏噪声的平均值可表示为

$$\overline{v}_n = \lim_{T \to \infty} \frac{1}{T} \int_0^T v_n(t) \, dt \tag{2.4.1}$$

式中，$v_n(t)$ 为起伏噪声电压；$\overline{v}_n$ 为平均值，它代表 $v_n(t)$ 的直流分量。

由于起伏噪声电压的变化是不规则的，没有一定的周期，因此应在长时间（$T \to \infty$）内取平均值才有意义。

2. 起伏噪声电压的均方值

一般更常用起伏噪声电压的均方值（root mean square value）来表示噪声的起伏强度。均方值的求法如下：

起伏噪声电压 $v_n(t)$ 是在其平均值 $\overline{v}_n$ 上下起伏，在某一瞬间 t 的起伏强度为

$$\Delta v_n(t) = v_n(t) - \overline{v}_n \tag{2.4.2}$$

显然，$\Delta v_n(t)$ 也是随机的，并且有时为正，有时为负，所以从长时间来看，$\Delta v_n(t)$ 的平均值应为零。但是，将 $\Delta v_n(t)$ 平方后再取其平均值，就具有一定的数值，称为起伏噪声电压的均方值，或称方差，以 $\overline{\Delta v_n^2(t)}$ 表示，有

$$\overline{\Delta v_n^2(t)} = \overline{[v_n(t) - \overline{v}_n]^2} = \lim_{T \to \infty} \frac{1}{T} \int_0^T [v_n(t)]^2 \, dt$$

$$= \lim_{T \to \infty} \frac{1}{T} \int_0^T [v_n(t) - \overline{v}_n]^2 \, dt = \overline{v_n^2} \tag{2.4.3}$$

由于 $\overline{v}_n$ 代表直流分量，不表示噪声电压的起伏强度，这时起伏噪声电压的均方值为

$$\overline{v_n^2} = \lim_{T \to \infty} \frac{1}{T} \int_0^T v_n^2(t) \, dt \tag{2.4.4}$$

式中，$\overline{v_n^2}$ 表示起伏噪声电压的均方值，它代表功率的大小。

均方根值 $\sqrt{\overline{v_n^2}}$ 则表示起伏噪声电压交流分量的有效值，通常用它与信号电压的大小作比较，称为信号噪声比（signal-noise ratio）。

3. 非周期噪声电压的频谱（frequency spectrum）

本节开始时即指出，起伏噪声是由电路中的电阻、电子器件等内部所具有的带电微粒无规则运动产生的。这些带电微粒作无规则运动所形成的起伏噪声电流和电压可看成是无数个持续时间 τ 极短（$10^{-13} \sim 10^{-14}$ s 数量级）的脉冲叠加起来的结果，这些短脉冲是非周期性的。因此，我们可首先研究单个脉冲的频谱，然后再求整个起伏噪声电压的频谱。

对于一个脉冲宽度为 τ，振幅为 1 的单个噪声脉冲，波形如图 2.4.1(a)所示，可用下式求得其振幅频谱密度为

$$|F(\omega)| = \tau \frac{\sin(\omega\tau/2)}{\omega\tau/2} = \frac{1}{\pi f} \sin \pi f \tau \tag{2.4.5}$$

式(2.4.5)表示的 $|F(\omega)|$ 与频率 f 的关系曲线如图 2.4.1(b)所示，它的第一个零值点在 $1/\tau$ 处。由于电阻和电子器件噪声所产生的单个脉冲宽度 τ 极小，在整个无线电频率

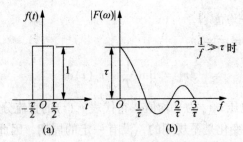

图 2.4.1　单个噪声脉冲的波形及其频谱

f 范围内，τ 远小于信号周期 T，$T = 1/f$，因此 $\pi f \tau = \pi \tau / T \ll 1$，这时 $\sin \pi f \tau \approx \pi f \tau$，式 (2.4.5) 变为

$$|F(\omega)| \approx \tau \tag{2.4.6}$$

式 (2.4.6) 表明，单个噪声脉冲电压的振幅频谱密度 $|F(\omega)|$ 在整个无线电频率范围内可看成是均等的。

噪声电压是由无数个单脉冲电压叠加而成的，整个噪声电压的振幅频谱是把每个脉冲的振幅频谱中相同频率分量直接叠加而得到的，然而，由于噪声电压是个随机值，各脉冲电压之间没有确定的相位关系，各个脉冲的振幅频谱中相同频率分量之间也就没有确定的相位关系，因此不能通过直接叠加得到整个噪声电压的振幅频谱。

虽然整个噪声电压的振幅频谱无法确定，但其功率频谱却是完全能够确定的（将噪声电压加到 1 Ω 电阻上，电阻内损耗的平均功率即为不同频率的振幅频谱平方在 1 Ω 电阻内所损耗功率的总和）。由于单个脉冲的振幅频谱是均等的，其功率频谱也是均等的，由各个脉冲的功率频谱叠加而得到的整个噪声电压的功率频谱也是均等的。因此，常用功率频谱（简称功率谱）来说明起伏噪声电压的频率特性。

4. 起伏噪声的功率谱

$$\overline{v_n^2(t)} = \overline{v_n^2} = \lim_{T \to \infty} \frac{1}{T} \int_0^T v_n^2(t)\,\mathrm{d}t$$

可表明噪声功率。因为 $\int_0^T v_n^2(t)\,\mathrm{d}t$ 表示 $v_n(t)$ 在 1 Ω 电阻上于时间区间 $(0 \sim T)$ 内的全部噪声能量。它被 T 除，即得平均功率 P。对于起伏噪声而言，当时间无限增长时，平均功率 P 趋近于一个常数，且等于起伏噪声电压的均方值（方差）。亦即

$$\overline{v_n^2(t)} = \lim_{T \to \infty} P = \lim_{T \to \infty} \frac{1}{T} \int_0^T v_n^2(t)\,\mathrm{d}t$$

若以 $S(f)\,\mathrm{d}f$ 表示频率在 f 与 $f + \mathrm{d}f$ 之间的平均功率，则总的平均功率为

$$P = \int_0^\infty S(f)\,\mathrm{d}f \tag{2.4.7}$$

因此最后得

$$\overline{v_n^2} = \lim_{T \to \infty} \frac{1}{T} \int_0^T v_n^2(t)\,\mathrm{d}t = \int_0^\infty S(f)\,\mathrm{d}f \tag{2.4.8}$$

式中，$S(f)$ 称为噪声功率谱密度，单位为 W/Hz。

根据上面的讨论可知，起伏噪声的功率谱在极宽的频带内具有均匀的密度。在实际无

线电设备中，只有位于设备的通频带 Δf_n 内的噪声功率才能通过。

由于起伏噪声的频谱在极宽的频带内具有均匀的功率谱密度，因此起伏噪声也称白噪声(white noise)。"白"字借自光学，即白(色)光是在整个可见光的频带内具有平坦的频谱。必须指出，真正的白噪声是没有的，白噪声意味着有无穷大的噪声功率。当 $S(f)$ 为常数时，$\int_0^\infty S(f)\,\mathrm{d}f$ 无穷大，这当然是不可能的。因此，白噪声是指在某一个频率范围内，$S(f)$ 保持常数。

2.4.2　电阻热噪声

我们知道，导体是由于金属内自由电子的运动而导电的，电阻也是如此。电阻中的带电微粒(自由电子)在一定温度下，受到热激发后，在导体内部做大小和方向都无规则的运动(热骚动)。由于电子的质量很轻(约为 9.1066×10^{-31} kg)，其运动速度即使在室温下(293 K)也是很大的。而两次碰撞之间的间隔时间却极短，约为 $10^{-12} \sim 10^{-14}$ s。每个电子在两次碰撞之间行进时，就产生一持续时间很短的脉冲电流。许多这样随机热骚动的电子所产生的这种脉冲电流的组合，就在电阻内部形成了无规律的电流。在一足够长的时间内，其电流平均值等于零，而瞬时值就在平均值的上下变动，称为起伏电流。起伏电流流经电阻 R 时，电阻两端就会产生噪声电压 n 和噪声功率。若以 $S(f)$ 表示噪声的功率谱密度，对于电阻的热噪声，其功率谱密度为

$$S(f) = 4kTR \qquad (2.4.9)$$

如上所述，由于功率谱密度表示单位频带内的噪声电压均方值，故噪声电压的均方值 $\overline{v_n^2}$ (噪声功率)为

$$\overline{v_n^2} = 4kTR\Delta f_n \qquad (2.4.10)$$

或表示为噪声电流的均方值

$$\overline{i_n^2} = 4kTG\Delta f_n \qquad (2.4.11)$$

以上各式中，k 为玻耳兹曼常数，等于 1.38×10^{-23} J/K；T 为电阻的绝对温度，单位为 K；Δf_n 为带宽或电路的等效噪声带宽；R(或 G)为 Δf_n 内的电阻(或电导)值，单位为 Ω(或 S)。

因此，噪声电压的有效值为

$$\sqrt{\overline{v_n^2}} = \sqrt{4kTR\Delta f_n} \qquad (2.4.12)$$

由线圈与电容组成的并联谐振电路所产生的噪声电压均方值为

$$\overline{v_n^2} = 4kTR_p\Delta f_n \qquad (2.4.13)$$

式中，R_p 为谐振电路的谐振电阻。

显然，就产生噪声的原因来说，纯电抗是不会产生噪声的，因为纯电抗元件没有损耗电阻。谐振电路所产生的噪声仍是由阻抗中的损耗电阻产生的。对于图 2.4.2(a)所示的电路来说，损耗电阻 r 所产生的噪声电压均方值为

$$\overline{v_{nr}^2} = 4kTr\Delta f_n$$

在谐振时，折算到 ab 两端的电压均方值为

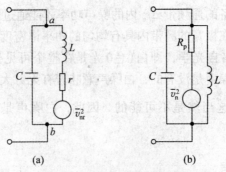

图 2.4.2 谐振回路中的噪声

$$\overline{v_n^2} = \overline{v_{nr}^2} \cdot Q^2 = 4kTr\Delta f_n \left(\frac{\omega L}{r} \right)^2$$

$$= 4kT \left(\frac{\omega^2 L^2}{r} \right) \Delta f_n = 4kTR_p\Delta f_n$$

应该指出，热运动电子速度比外电场作用下的电子漂移速度大得多，因此，噪声电压与外加电动势产生并通过导体的直流电流无关，所以可认为无规则的热运动与直线运动（漂移）是彼此独立的。

为便于运算，把电阻 R 看作一个噪声电压源（或电流源）和一个理想无噪声的电阻串联（或并联），多个电阻串联时，总噪声电压等于各个电阻所产生的噪声电压的均方值相加。多个电阻并联时，总噪声电流等于各个电导所产生的噪声电流的均方值相加。这是由于，每个电阻的噪声都是电子的无规则热运动所产生，任何两个噪声电压必然是独立的，所以只能按功率相加（用均方值电压或均方值电流相加）。

2.4.3 天线热噪声

天线等效电路由辐射电阻（radiation resistance）R_A 和电抗 X_A 组成。辐射电阻只表示天线接收或辐射信号功率，它不同于天线导体本身的电阻（天线导体本身电阻近似等于零）。所以就天线本身而言，热噪声是非常小的。但是，天线周围的介质微粒处于热运动状态，这种热运动产生扰动的电磁波辐射（噪声功率），而这种扰动辐射被天线接收，然后又由天线辐射出去。当接收与辐射的噪声功率相等时，天线和周围介质处于热平衡状态，因此天线中存在噪声的作用。热平衡状态下，天线中热噪声电压为

$$\overline{v_n^2} = 4kT_A R_A \Delta f_n \tag{2.4.14}$$

式中，R_A 为天线辐射电阻；T_A 为天线等效噪声温度（equivalent noise temperature）。若天线无方向性，且处于绝对温度为 T 的无界限均匀介质中，则

$$T_A = T, \quad \overline{v_n^2} = 4kTR_A\Delta f_n$$

天线的等效噪声温度 T_A 与天线周围介质的密度和温度分布以及天线的方向性有关。例如，频率高于 300 MHz，用锐方向性天线做实际测量，当天线指向天空时，$T_A \approx 10$ K；当天线指向水平方向时，由于地球表面的影响，$T_A \approx 40$ K。

除此以外，还有来自太阳、银河系及月球的无线电辐射的宇宙噪声。这种噪声在空间

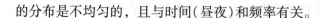

的分布是不均匀的，且与时间(昼夜)和频率有关。

2.4.4　晶体管的噪声

晶体管的噪声主要有热噪声、散粒噪声、分配噪声和 $1/f$ 噪声。其中热噪声和散粒噪声为白噪声，其余一般为有色噪声(color noise)。

(1) 热噪声(thermal noise)

和电阻一样，在晶体管中，电子不规则的热运动同样会产生热噪声。这类由电子热运动所产生的噪声，主要存在于基极电阻 $r_{bb'}$ 内。发射极和集电极电阻的热噪声一般很小，可以忽略。

(2) 散粒噪声(shot noise)

由于少数载流子通过 PN 结注入基区时，即使在直流工作情况下也是随机的量，即单位时间内注入的载流子数目不同，因而到达集电极的载流子数目也不同，由此引起的噪声称为散粒噪声。散粒噪声具体表现为发射极电流以及集电极电流的起伏现象。

(3) 分配噪声(distribution noise)

晶体管发射极区注入基区的少数载流子中，一部分经过基极区到达集电极形成集电极电流，一部分在基区复合。载流子复合时，其数量时多时少(存在起伏)。分配噪声就是集电极电流随基区载流子复合数量的变化而变化所引起的噪声。亦即由发射极发出的载流子分配到基极和集电极的数量随机变化而引起。

(4) $1/f$ 噪声[或称闪烁噪声(flicker noise)]

它主要在低频范围产生影响(它的噪声频谱与频率 f 近似成反比)。它的产生原因目前尚有不同见解。在实践中知道，它与半导体材料制作时表面清洁处理和外加电压有关，在高频工作时通常不考虑它的影响。

2.4.5　场效应管的噪声

场效应管的噪声也有四个来源：

(1) 由栅极内的电荷不规则起伏所引起的噪声

这种噪声称为散粒噪声。对结型场效应管来说，由通过 PN 结的漏泄电流引起的噪声电流均方值为

$$\overline{i_{ng}^2} = 2qI_G\Delta f_n \tag{2.4.15}$$

式中，q 为电子电荷量；I_G 为栅极漏泄电流。

(2) 沟道内的电子不规则热运动所引起的热噪声

场效应管的沟道电阻由栅极电压控制。因此和任何其他电阻一样，沟道电阻中载流子的热运动也会产生热噪声，它可用一个与输出阻抗并联的噪声电流源来表示：

$$\overline{i_{nd}^2} = 4kTg_{fs}\Delta f_n \tag{2.4.16}$$

式中，g_{fs} 为场效应管的跨导。

也可将这种噪声折合到栅极来计算，为此，引入等效噪声电阻 R_n。所谓等效噪声电阻，就是在该电阻两端所获得的噪声电压等于换算到栅极电路中的沟道热噪声。

由式(2.4.10)知，在等效噪声电阻 R_n 两端所产生的噪声电压均方值为

$$\overline{v_n^2} = 4kTR_n\Delta f_n$$

将此电阻接入栅极，再把场效应管当作无噪声的，就可得到该场效应管漏极电路中的起伏电流均方值为

$$\overline{i_{nd'}^2} = \overline{v_n^2}\,|\,y_{fs}\,|^2 = 4kTR_n\Delta f_n\,|\,y_{fs}\,|^2$$

而根据等效噪声电阻的意义，$\overline{i_{nd}^2} = \overline{i_{nd'}^2}$，得到 $R_n = g_{fs}/\,|\,y_{fs}\,|^2$。当工作频率较低时，$y_{fs} \approx g_{fs}$，得 $R_n = 1/g_{fs}$。

因此，折合到栅极时，沟道热噪声也可用噪声电压源表示为

$$\overline{v_{n1}^2} = 4kT\left(\frac{1}{g_{fs}}\right)\Delta f_n \tag{2.4.17}$$

（3）漏极和源极之间的等效电阻噪声

在漏极和源极之间，栅极的作用达不到的部分可用等效串联电阻 R 表示。由此会产生电阻热噪声，其大小可由下式表示：

$$\overline{v_{n2}^2} = 4kTR\Delta f_n \tag{2.4.18}$$

（4）闪烁噪声（或称 $1/f$ 噪声）

和晶体管相同，在低频端，噪声功率与频率成反比增大。关于它的产生机理，目前还有不同的见解。定性地说，这种噪声是由于 PN 结的表面发生复合、雪崩等引起的。

2.5　噪声的表示和计算方法

上节介绍了噪声的来源，现在来研究噪声的表示方法。总的来说，可以用噪声系数、噪声温度、等效噪声频带宽度等来表示噪声。

2.5.1　噪声系数

在电路某一指定点处的信号功率 P_s 与噪声功率 P_n 之比，称为信号噪声比，简称信噪比（signal-noise ratio），以 P_s/P_n（或 S/N）表示。

放大器噪声系数（noise figure）F_n 是指放大器输入端信号噪声比 P_{si}/P_{ni} 与输出端信号噪声比 P_{so}/P_{no} 的比值，有

$$F_n = \frac{P_{si}/P_{ni}}{P_{so}/P_{no}} = \frac{输入端信噪比}{输出端信噪比} \tag{2.5.1}$$

用分贝数表示：

$$F_n(\text{dB}) = 10\lg\frac{P_{si}/P_{ni}}{P_{so}/P_{no}} \tag{2.5.2}$$

如果放大器是理想无噪声的线性网络，那么，其输入端的信号与噪声得到同样的放大，亦即输出端的信噪比与输入端的信噪比相同，于是 $F_n = 1$ 或 $F_n(\text{dB}) = 0$ dB。若放大器本身有噪声，则输出噪声功率等于放大后的输入噪声功率和放大器本身的噪声功率之

和。显然，经放大器后，输出端的信噪比就较输入端的信噪比低，则 $F_n > 1$。因此，F_n 表示信号通过放大器后，信号噪声比变坏的程度。

式(2.5.1)也可写成另一种形式：

$$F_n = \frac{P_{no}/P_{ni}}{P_{so}/P_{si}} = \frac{P_{no}}{P_{ni} \cdot A_p} \tag{2.5.3}$$

式中，$A_p = P_{so}/P_{si}$，为放大器的功率增益。

$P_{ni} \cdot A_p$ 表示信号源内阻产生的噪声通过放大器放大后在输出端所产生的噪声功率，用 P_{noI} 表示。则式(2.5.3)可写成

$$F_n = P_{no}/P_{noI} \tag{2.5.4}$$

上式表明，噪声系数 F_n 仅与输出端的两个噪声功率 P_{no}、P_{noI} 有关，而与输入信号的大小无关。

实际上，放大器的输出噪声功率 P_{no} 是由两部分组成的：一部分是 $P_{noI} = P_{ni} \cdot A_p$；另一部分是放大器本身(内部)产生的噪声在输出端上呈现的噪声功率 P_{noII}，即

$$P_{no} = P_{noI} + P_{noII}$$

所以，噪声系数又可写成

$$F_n = 1 + \frac{P_{noII}}{P_{noI}} \tag{2.5.5}$$

由式(2.5.5)也可看出噪声系数与放大器内部噪声的关系。实际上放大器总是要产生噪声的，即 $P_{noII} > 0$，因此，$F_n > 1$。F_n 越大，表示放大器本身产生的噪声越大。

用式(2.5.1)、(2.5.4)与式(2.5.5)来表示噪声系数是完全等效的。在计算具体电路的噪声系数时，用式(2.5.4)与式(2.5.5)比较方便。

应该指出，噪声系数的概念仅仅适用于线性电路，因此可用功率增益来描述。对于非线性电路，由于信号和噪声、噪声和噪声之间会相互作用，即使电路本身不产生噪声，在输出端的信噪比也会和输入端的信噪比不同。因此，噪声系数的概念就不能适用。所以通常所说的接收机的噪声系数是指检波器以前的线性部分(包括高频放大、变频和中频放大)。对于变频器，虽然它本质上是一种非线性电路，但它对信号而言，只产生频率搬移，输出电压则随输入信号幅度成正比地增大或减小。因此可以把它近似地看作是线性变换。幅度的变化用变频增益表示，信号和噪声能满足线性叠加的条件。

另外，近年来又提出点噪声系数和平均噪声系数的概念。由于实际网络通带内不同频率点的传输系数是不完全相等的，所以其噪声系数也不完全一样。为此，在不同的特定频率点，分别测出其对应的单位频带内的信号功率与噪声功率，然后再计算出各自的噪声系数，此系数称为点噪声系数。具体计算请参阅其他资料，本部分内容不再讨论

2.5.2　噪声温度

表示放大器(四端网络)内部噪声的另一种方法是将内部噪声折算到输入端，放大器本身则被认为是没有噪声的理想器件。若折算到输入端后的额定输入噪声功率为 P''_{ni}，则经放大后的额定输出噪声功率 $P'_{no2} = P''_{ni}A_{pH}$。考虑到原有的噪声 $P'_{ni} = kT\Delta f_n$，若以 P'_{noI} 代表

$A_{pH}P'_{ni}$，并令 $P''_{ni} = kT_i\Delta f_n$，则：

$$F_n = \frac{P'_{no}}{P'_{no1}} = \frac{P'_{no1} + P'_{no2}}{P'_{no1}} = 1 + \frac{P'_{no2}}{P'_{no1}}$$

$$= 1 + \frac{A_{pH}kT_i\Delta f_n}{A_{pH}kT\Delta f_n} = 1 + \frac{T_i}{T} \tag{2.5.6}$$

或
$$T_i = (F_n - 1)T \tag{2.5.7}$$

此处，T_i 称为噪声温度。

当 $T_i = 0$（内部无噪声）时，$F_n = 1$（0 dB）；而当 $T_i = T = 290$（室温）时，$F_n = 2$（3 dB）。
由于总的输出端噪声功率为

$$P'_{no} = P'_{no1} + P'_{no2} = A_{pH}kT\Delta f_n + A_{pH}kT_i\Delta f_n = A_{pH}k(T + T_i)\Delta f_n \tag{2.5.8}$$

上式说明，放大器内部产生的噪声功率，可看作是由它的输入端接上一个温度为 T_i 的匹配电阻所产生的；或者看作与放大器匹配的噪声源内阻 R_s 在工作温度 T 上再加一温度 T_i 后，所增加的输出噪声功率。这就是噪声温度 T_i 所代表的物理意义。亦即噪声温度可代表相应的噪声功率。

令 $T = 290$ K，根据式(2.5.7)可以进行噪声系数 F_n 和噪声温度 T_i 的换算，其结果如表 2.5.1 所示。

表 2.5.1　F_n 与 T_i 换算表

F_n/dB	0	0.3	0.5	0.8	1.0	2.0	4.0	8.0	10.0
T_i/K	0	20	35	58	76	171	443	1 556	2 637

T_i 与 F_n 都可以表征放大器内部噪声的大小，两种表示没有本质的区别，但通常噪声温度可以较精确地比较内部噪声的大小。例如，若 $T = 290$ K，当 $F_n = 1.1$ 时，$T_i = 29$ K；$F_n = 1.05$ 时，$T_i = 14.5$ K。由此可见，噪声温度变化范围要远大于噪声系数变化范围。这就是往往采用噪声温度来表示系统噪声的基本原因。

2.5.3　等效噪声频带宽度

在描述噪声系数时已指出，起伏噪声是功率谱密度均匀的白噪声。现在来研究它通过线性四端网络后的情况，并引出等效噪声频带宽度的概念。

设四端网络的电压传输系数为 $A(f)$，输入端的噪声功率谱密度为 $S_i(f)$，则输出端的噪声功率谱密度 $S_o(f)$ 为

$$S_o(f) = A_2(f)S_i(f) \tag{2.5.9}$$

因此，若作用于输入端的 $S_i(f)$ 为白噪声，则通过如图 2.5.1(a)所示的功率传输系数 $A^2(f)$ 的线性网络后，输出端的噪声功率谱密度如图 2.5.1(b)所示。显然，白噪声通过有频率选择性的线性网络后，输出噪声不再是白噪声，而是有色噪声了。

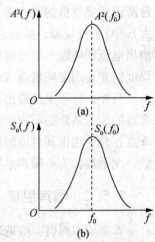

图 2.5.1　白噪声通过线性网络时功率谱的变化

由式(2.4.8)可得出输出端的噪声电压均方值为

$$\overline{v_{no}^2} = \int_0^\infty S_o(f)\,\mathrm{d}f = \int_0^\infty A^2(f)S_i(f)\,\mathrm{d}f \qquad (2.5.10)$$

即图 2.5.1(b)所示的 $S_o(f)$ 曲线与横坐标轴 f 之间的面积就表示输出端噪声电压的均方值 $\overline{v_{no}^2}$。下面引入等效噪声带宽(equivalent noise bandwidth) Δf_n 的概念,以简化噪声的计算。

等效噪声带宽是按照噪声功率相等(几何意义即面积相等)来等效的。如图 2.5.2 所示,使宽度为 Δf_n、高度为 $S_o(f_0)$ 的矩形面积与曲线 $S_o(f)$ 下的面积相等,Δf_n 即为等效噪声带宽。由于面积相等,所以起伏噪声通过这样两个特性不同的网络后,具有相同的输出均方值电压。

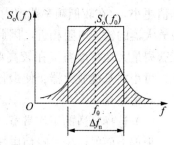

根据功率相等的条件,可得

$$\int_0^\infty S_o(f)\,\mathrm{d}f = S_o(f_0)\Delta f_n \qquad (2.5.11)$$

图 2.5.2　等效噪声带宽示意图

由于输入端噪声功率谱密度 $S_i(f)$ 是均匀的,将式(2.5.9)代入式(2.5.11),可得

$$\Delta f_n = \frac{\int_0^\infty A^2(f)\,\mathrm{d}f}{A^2(f_0)} \qquad (2.5.12)$$

回到式(2.5.10),线性网络输出端的噪声电压均方值为

$$\overline{v_{no}^2} = S_i(f)\int_0^\infty A^2(f)\,\mathrm{d}f + S_i(f)A^2(f_0)\int_0^\infty \frac{A^2(f)}{A^2(f_0)}\,\mathrm{d}f = S_i(f)A^2(f_0)\Delta f_n \quad (2.5.13)$$

由式(2.5.9)可知

$$S_i(f) = 4kTR$$

所以

$$\overline{v_{no}^2} = 4kTRA^2(f_0)\Delta f_n \qquad (2.5.14)$$

由此可见,电阻热噪声(起伏噪声)通过线性四端网络后,输出的均方值电压就是该电阻在频带 Δf_n 内的均方值电压的 $A^2(f_0)$ 倍。通常 $A^2(f_0)$ 是知道的,所以,只要求出 Δf_n 就很容易算出 $\overline{v_{no}^2}$。如将 $A^2(f_0)$ 归一化为 1,则得式(2.5.14)所表示的电阻热噪声。对于其他(例如晶体管)噪声源来说,只要它的噪声功率谱密度为均匀的(白噪声),都可以用 Δf_n 来计算其通过线性网络后输出端噪声电压的均方值。

2.5.4　减小噪声系数的措施

根据上面讨论的结果,可提出如下减小噪声系数的措施:

(1) 选用低噪声元、器件

在放大或其他电路中,电子器件的内部噪声起着重要作用。因此,改进电子器件的噪声性能和选用低噪声的电子器件,就能大大降低电路的噪声系数。

对晶体管而言,应选用 $r_b(r_{bb'})$ 和噪声系数 F_n 小的管子(可由手册查得,但 F_n 必须是高频工作时的数值)。除采用晶体管外,目前还广泛采用场效应管做放大器和混频器,因为场效应管的噪声电平低,尤其是最近发展起来的砷化镓金属半导体场效应管

（MESFET），它的噪声系数可低到 0.5 ~ 1 dB。

在电路中，还必须谨慎地选用其他能引起噪声的电路元件，其中最主要的是电阻元件，宜选用结构精细的金属膜电阻。

（2）选择合适的信号源内阻量 R_s

信号源内阻 R_s 变化时，也影响 F_n 的大小。当 R_s 为某一最佳值时，F_n 可达到最小。晶体管共射和共基电路在高频工作时，这个最佳内阻为几十到三四百欧（当频率更高时，此值更小）。在较低频率范围内，这个最佳内阻为 500 ~ 2 000 Ω，此时最佳内阻和共发射极放大器的输入电阻相近。因此，可以用共发射极放大器使获得最小噪声系数的同时，亦能获得最大功率增益。在较高频工作时，最佳内阻和共基极放大器的输入电阻相近，因此，可用共基极放大器，使最佳内阻值与输入电阻相等，这样就同时获得最小噪声系数和最大功率增益。

（3）选择合适的工作带宽

根据上面的讨论，噪声电压都与通带宽度有关。接收机或放大器的带宽增大时，接收机或放大器的各种内部噪声也增大。因此，必须严格选择接收机或放大器的带宽，使之既不过窄，以能满足信号通过时对失真的要求，又不致过宽，以免信噪比下降。

（4）选用合适的放大电路

以前介绍的共射 – 共基级联放大器、共源 – 共栅级联放大器都是优良的高稳定和低噪声电路。

热噪声是内部噪声的主要来源之一，所以降低放大器特别是接收机前端主要器件的工作温度，对减小噪声系数是有意义的。对灵敏度要求特别高的设备来说，降低噪声温度是一个重要措施。

本 章 小 结

本章主要讨论了无源谐振电路、常用无源固体器件、干扰、放大器中的噪声及相关计算方法共五个方面的内容。这些内容之所以单独用一章来进行讨论，主要就是为了便于教学的深入研究，通过这些内容的铺垫，能够更好地理解通信电子线路这门课程。

在通信电子线路中大量使用到各种无源谐振电路，所以掌握并联谐振电路、互感耦合谐振电路的振幅频率特性和矩形系数与电路参数的关系尤为关键。

近年来，通信电子线路中广泛使用到各类滤波器，特别是石英晶体滤波器、陶瓷滤波器和声表面滤波器等固体滤波器，本章集中介绍了上述有代表性的滤波器以便查阅。

噪声和干扰的涉及面很广，普遍存在于各类电路中，但是对于噪声的分析比较复杂。本章主要从电路的角度介绍噪声的形成，并对其进行简单的分析计算，为往后进一步的分析打下基础。

习　题

2-1　晶体管和场效应管噪声的主要来源是哪些？为什么场效应管内部噪声较小？

2-2　一个 1 000 Ω 电阻在温度 290 K 和 10 MHz 频带内工作，试计算它两端产生的噪声电压和噪声电流的均方根值。

2-3　三个电阻 R_1、R_2 和 R_3，其温度保持在 T_1、T_2 和 T_3。如果电阻串联连接，并看成等效于温度 T 的单个电阻 R，求 R 和 T 的表示式。如果电阻改为并联连接，求 R 和 T 的表示式。

2-4　某晶体管的 $r_{bb'} = 70\ \Omega$，$I_E = 1\ \text{mA}$，$\alpha_0 = 0.95$，$f_\alpha = 500\ \text{MHz}$，求在室温 19 ℃、通频带为 200 kHz 时，此晶体管在频率为 10 MHz 时的各噪声源数值。

2-5　某接收机的前端电路由高频放大器、晶体混频器和中频放大器组成。已知晶体混频器的功率传输系数 $K_{pc} = 0.2$，噪声温度 $T_i = 60\ \text{K}$，中频放大器的噪声系数 $F_{ni} = 6\ \text{dB}$。现用噪声系数为 3 dB 的高频放大器来降低接收机的总噪声系数。如果要使总噪声系数降低到 10 dB，则高频放大器的功率增益至少要多少分贝？

2-6　有 A、B、C 三个匹配放大器，它们的特性如下：

放大器	功率增益/dB	噪声系数
A	6	1.7
B	12	2.0
C	20	4.0

现将此三个放大器级联，放大一低电平信号，问此三个放大器应如何连接才能使总的噪声系数最小，最小值为多少？

第3章 高频小信号放大器

高频小信号谐振放大器的功用就是放大各种无线电设备中的高频小信号，以便作进一步的变换和处理。这里所说的"小信号"，主要是强调输入信号电平较低，放大器工作在它的线性范围。

放大高频小信号(中心频率在几百千赫兹到几百兆赫兹，频谱宽度在几千赫兹到几十兆赫兹的范围内)的放大器，称为高频小信号放大器。这类放大器，按照所用器件可分为晶体管，场效应管和集成电路放大器；按照通过频谱的宽窄可分为窄带和宽带放大器；按照电路形式可分为单级和级联放大器；按照所用负载性质可分为谐振放大器和非谐振放大器。所谓谐振放大器，就是采用谐振回路作负载的放大器。根据谐振回路的特性，谐振放大器对于靠近谐振频率的信号，有较大的增益；对于远离谐振频率的信号，增益迅速下降。所以，谐振放大器不仅有放大作用，而且也起着滤波或选频的作用。

高频小信号调谐放大器广泛应用于通信系统和其他无线电系统中，特别是在发射机的接收端，从天线上感应的信号是非常微弱的，这就需要用放大器将其放大。高频信号放大器理论非常简单，但实际制作却非常困难。其中最容易出现的问题是自激振荡，同时频率选择和各级间阻抗匹配也很难实现。

3.1 高频小信号放大器性能指标

为了分析高频小信号放大器，首先应当先讨论它的主要质量指标。对高频小信号放大器提出的主要质量指标如下。

3.1.1 增益(放大倍数)

放大器输出电压 V_o(或功率 P_o)与输入电压 V_i(或功率 P_i)之比，称为放大器的增益或放大倍数，用 A_v(或 A_p) 表示(有时以 dB 数计算)。

电压增益：

$$A_v = \frac{V_o}{V_i} \tag{3.1.1}$$

功率增益：
$$A_\mathrm{p} = \frac{P_\mathrm{o}}{P_\mathrm{i}} \qquad (3.1.2)$$

分贝表示：
$$A_\mathrm{v} = 20\lg \frac{V_\mathrm{o}}{V_\mathrm{i}} \qquad (3.1.3)$$

$$A_\mathrm{p} = 10\lg \frac{P_\mathrm{o}}{P_\mathrm{i}} \qquad (3.1.4)$$

3.1.2　通频带

放大器的电压增益下降到最大值的 0.7 倍时，所对应的频率范围称为放大器的通频带，用 $BW = 2\Delta f_{0.7}$ 表示，如图 3.1.1 所示，$2\Delta f_{0.7}$ 也称为 3 分贝带宽。

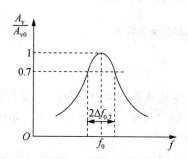

图 3.1.1　高频小信号放大器的通频带

由于放大器所放大的一般都是已调制的信号，已调制的信号都包含一定的频谱宽度，所以放大器必须有一定的通频带，以便让必要的信号中的频谱分量通过放大器。

与谐振回路相同，放大器的通频带决定于回路的形式和回路的等效品质因数 Q_L。此外，放大器的总通频带，随着级数的增加而变窄。并且，通频带愈宽，放大器的增益愈小。

3.1.3　选择性

从各种不同频率信号的总和(有用的和有害的)中选出有用信号，抑制干扰信号的能力称为放大器的选择性，选择性常采用矩形系数和抑制比来表示。

（1）矩形系数

按理想情况，谐振曲线应为一矩形，即在通带内放大量均匀，在通带外不需要的信号得到完全衰减，但实际上不可能，如图 3.1.2 所示。为了表示实际曲线接近理想曲线的程度，引入"矩形系数"，它表示对邻道干扰的抑制能力。

矩形系数：
$$K_{\mathrm{r}0.1} = \frac{2\Delta f_{0.1}}{2\Delta f_{0.7}} \qquad (3.1.5)$$

$$K_{\mathrm{r}0.01} = \frac{2\Delta f_{0.01}}{2\Delta f_{0.7}} \qquad (3.1.6)$$

$2\Delta f_{0.1}$、$2\Delta f_{0.01}$ 分别为放大倍数下降至 0.1 和 0.01 处的带宽，K_r 愈接近于 1 选择性越好。

（2）抑制比

表示对某个干扰信号 f_n 的抑制能力，用 d_n 表示，如图 3.1.3 所示。

$$d_n = \frac{A_{v0}}{A_n} \tag{3.1.7}$$

式中，A_n 为干扰信号的放大倍数，A_{v0} 为谐振点 f_0 的放大倍数。

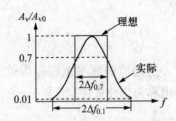

图 3.1.2　理想的与实际的频率特性

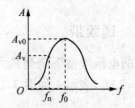

图 3.1.3　对 f_n 的抑制能力

3.1.4　工作稳定性

工作稳定性指在电源电压变化或器件参数变化时，以上 3 个参数的稳定程度。一般的不稳定现象是增益变化、中心频率偏移、通频带变窄等，不稳定状态的极端情况是放大器自激，以致使放大器完全不能工作。

为使放大器稳定工作，必须采取稳定措施，即限制每级增益，选择内反馈小的晶体管，应用中和或失配方法等。

3.1.5　噪声系数

放大器的噪声性能可用噪声系数表示：

$$N_F = \frac{P_{si}/P_{ni}}{P_{so}/P_{no}} \tag{3.1.8}$$

式中，P_{si}/P_{ni} 为输入信噪比，P_{so}/P_{no} 为输出信噪比。

N_F 越接近 1 越好。在多级放大器中，前二级的噪声对整个放大器的噪声起决定作用，因此要求它的噪声系数应尽量小。

以上这些要求，相互之间即有联系又有矛盾。增益和稳定性是一对矛盾，通频带和选择性是一对矛盾。因此应根据需要决定主次，进行分析和讨论。

3.2　高频小信号放大器

高频小信号放大器的功能就是放大各种无线电设备中的高频小信号。此处的"小信号"是指输入信号的电平较低，放大器工作在它的线性范围。对高频小信号放大器的主要要求是：① 增益要高，也就是放大量要大。例如，用于各种接收机中的中频放大器，其电压放大倍数可达到 $10^4 \sim 10^5$，即电压增益为 $80 \sim 100$ dB。通常要靠多级放大器才能实现。② 频率选择性要好。选择性就是描述选择所需信号和抑制无用信号的能力，这是靠选频电路完成的，放大器的频带宽度和矩形系数是衡量选择性的两个重要参数。③ 工作稳定可靠。这要求放大器的性能应尽可能地不受温度、电源电压等外界因素变化的影响，不产生任何自激。此外，在放大微弱信号的接收机前级放大器中，还要求放大器内部噪声要小。放大器本身的噪声越低，接收微弱信号的能力就越强。

3.2.1　高频小信号谐振放大器的工作原理

图 3.2.1(a)是一典型的高频小信号谐振放大器的实际线路。

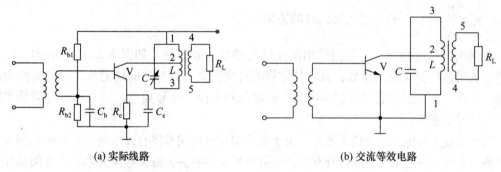

(a) 实际线路　　　　　　　　　　　　　(b) 交流等效电路

图 3.2.1　高频小信号谐振放大器

其中，C_b、C_e 为高频旁路电容；R_{b1}、R_{b2}、R_e 为偏置电阻。图 3.2.1(b) 为其交流等效电路，有抽头的谐振回路为放大器的负载，完成阻抗匹配和选频功能。放大器工作在甲（A）类状态。

3.2.2　晶体管的高频等效电路

1. y 参数等效电路

y 参数等效电路是将晶体管等效为有源线性四端网络，它的优点在于通用，导出的表达式具有普遍意义，分析电路比较方便；缺点是网络参数与频率有关。例如图 3.2.2 表示晶体管共发射极电路。根据四端网络的理论，最常用的有 h、y、z 三种参数，如选输入电压 $\dot{V}_1$ 和输出电压 $\dot{V}_2$ 为自变量，输入电流 $\dot{I}_1$ 和输出电流 $\dot{I}_2$ 为参变量，则得到 y 参数系。因晶体管是电流控制器件，输入、输出端都有电流，采用 y 参数较为方便，很多导纳并联可直接相加，运算简单，本章采用 y 参数（导纳参数）系分析电路。根据图 3.2.2 则有

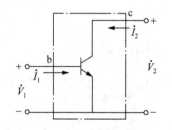

图 3.2.2　晶体管共发射极电路

$$\dot{I}_1 = y_{ie}\dot{V}_1 + y_{re}\dot{V}_2 \qquad (3.2.1)$$

$$\dot{I}_2 = y_{fe}\dot{V}_1 + y_{oe}\dot{V}_2 \qquad (3.2.2)$$

式中，$y_i = \dfrac{\dot{I}_1}{\dot{V}_1}\bigg|_{\dot{V}_2 = 0}$，称为输出短路时的输入导纳；

$y_r = \dfrac{\dot{I}_1}{\dot{V}_2}\bigg|_{\dot{V}_1 = 0}$，称为输入短路时的反向传输导纳；

$y_f = \dfrac{\dot{I}_2}{\dot{V}_1}\bigg|_{\dot{V}_2 = 0}$，称为输出短路时的正向传输导纳；

$y_o = \dfrac{\dot{I}_2}{\dot{V}_2}\bigg|_{\dot{V}_1 = 0}$，称为输入短路时的输出导纳。

根据式(3.2.1)与(3.2.2)可绘出晶体管的参数等效电路，如图3.2.3(a)所示。短路导纳参数是晶体管本身的参数，只与晶体管的特性有关，而与外电路无关，所以又称为内参数。根据不同的晶体管型号、不同的工作电压和不同的信号频率，导纳参数可能是实数也有可能是复数。

晶体管接入外电路构成放大器后，由于输入端和输出端都接有外电路，于是得出相应的放大器 y 参数，它们不仅与晶体管有关，而且与外电路有关，故又称为外参数。参阅晶体管放大器的基本电路。为简明计，图中略去了直流电源，并以 Y_L 代表负载导纳，$\dot{I}_s$ 与 Y_S 代表信号源的电流与导纳。用 y 参数等效电路来代表晶体管，则可得图3.2.3(b)。由图可得：

$$\dot{I}_1 = y_{ie}\dot{V}_1 + Y_{ie}\dot{V}_2 \qquad (3.2.3)$$

$$\dot{I}_2 = y_{fe}\dot{V}_1 + Y_{oe}\dot{V}_2 \qquad (3.2.4)$$

$$\dot{I}_2 = -V_L\,\dot{V}_2 \qquad (3.2.5)$$

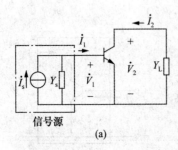
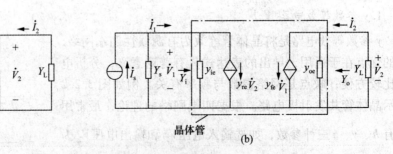

图3.2.3 晶体管放大器 y 参数等效电路

式中，各 y 参数第二个脚标 e 表示这是共发射极电路的参数；若为共基极或共集电极电路，则第二个脚标即用 b 或 c。

从式(3.2.3)～(3.2.5)消去 $\dot{V}_2$ 与 $\dot{I}_2$，可得

$$\dot{I}_1 = \left(y_{ie} - \frac{y_{re}y_{fe}}{y_{oe} + Y_L}\right)\dot{V}_1$$

因此输入导纳为

$$Y_i = \frac{\dot{I}_1}{\dot{V}_1} = y_{ie} - \frac{y_{re}y_{fe}}{y_{oe} + Y_L} \tag{3.2.6}$$

上式说明，输入导纳 Y_i 与负载导纳 Y_L 有关，这反映了晶体管有内部反馈，而这个内部反馈是由反向传输导纳 Y_{re} 所引起的。

求输出导纳时，应从式(3.2.3)、(3.2.4)中消去 I_1 与 V_1，求得 V_2 与 I_2 的关系，此时应将信号电流源开路(如为电压源则应短路)，因而

$$\dot{I}_1 = -Y_s \dot{V}_1 \tag{3.2.7}$$

将式(3.2.7)代入式(3.2.3)，得

$$\dot{V}_1 = \frac{-y_{re}}{y_{ie} + Y_s} \dot{V}_2 \tag{3.2.8}$$

将上式代入式(3.2.4)，消去 V，最后得

$$\dot{I}_2 = \left(y_{oe} - \frac{y_{re}y_{fe}}{y_{ie} + Y_s} \right) \dot{V}_2$$

因而输出导纳为

$$Y_o = \frac{\dot{I}_2}{\dot{V}_2} = y_{oe} - \frac{y_{re}y_{fe}}{y_{ie} + Y_s} \tag{3.2.9}$$

式(3.2.8)说明，输出导纳 Y_o 与信号源导纳 Y_s 有关，这也反映了晶体管存在内部反馈，而这个内部反馈也是由 y_{re} 所引起的。

最后，由式(3.2.4)、(3.2.5)消去 $\dot{I}_2$，可得电压增益为

$$\dot{A}_V = \frac{\dot{V}_2}{\dot{V}_1} = \frac{-y_{fe}}{y_{oe} + Y_L} \tag{3.2.10}$$

上式说明，晶体管的正向传输导纳越大，则放大器的增益也越大。式中负号说明，如果 y_{fe}、y_{oe} 与 Y_L 均为实数，则 $\dot{V}_2$ 与 $\dot{V}_1$ 相位差 $180°$。

2. 混合 π 等效电路

上面分析的形式等效电路优点是没有涉及晶体管内部的物理过程，因而不仅适用于晶体管，也适用于任何四端(或三端)器件。

这种等效电路的主要缺点是没有考虑晶体管内部的物理过程。若把晶体管内部的复杂关系用集中元件 RLC 表示，则每一元件与晶体管内发生的某种物理过程具有明显的关系。用这种物理模拟的方法所得到的物理等效电路就是所谓混合 π 等效电路。

混合 π 等效电路的优点在于，各个元件在很宽的频率范围内都保持常数，缺点是分析电路不够方便。

混合 π 等效电路已在《低频电子线路》中详细讨论过，这里仅给出某典型晶体管的混合 π 等效电路和元件数值，如图 3.2.4 所示。

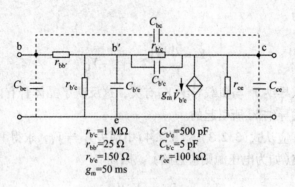

$r_{b'c}=1\ \text{M}\Omega$　　$C_{b'e}=500\ \text{pF}$
$r_{bb'}=25\ \Omega$　　$C_{b'c}=5\ \text{pF}$
$r_{b'e}=150\ \Omega$　　$r_{ce}=100\ \text{k}\Omega$
$g_m=50\ \text{ms}$

图 3.2.4　混合 π 等效电路

图中 $r_{b'e}$ 是基射极间电阻，可表示为

$$r_{b'e}=-26\beta_o/I_E \tag{3.2.11}$$

式中，β_0 为共发射极组态晶体管的低频电流放大系数；I_E 为发射极电流，单位为 mA。

$C_{b'e}$ 是发射结电容；$r_{b'c}$ 是集电结电阻；$C_{b'c}$（或称 C_c）是集电结电容；$r_{bb'}$ 是基极电阻。

应该指出，$C_{b'c}$ 和 $r_{bb'}$ 的存在对晶体管的高频运用是很不利的。$C_{b'c}$ 将输出的交流电压反馈一部分到输入端（基极），可能引起放大器自激。$r_{bb'}$ 在共基电路中引起高频负反馈，降低晶体管的电流放大系数。所以希望 $C_{b'c}$ 和 $r_{bb'}$ 尽量小。

$g_m\dot{V}_{b'e}$ 表示晶体管放大作用的等效电流发生器。这意味着在有效基区 b' 到发射极 e 之间，加上交流电压 $V_{b'e}$ 时，它对集电极电路的作用就相当于有一电流源 $g_m\dot{V}_{b'e}$ 存在。g_m 称为晶体管的跨导，可表示为

$$g_m=\beta_0/r_{b'e}=I_c/26 \tag{3.2.12}$$

式中，r_{ce} 是集 - 射极电阻，I_c 的单位为 mA。

3.2.3　混合 π 等效电路参数与形式等效电路 y 参数的转换

通常，当晶体管直流工作点选定以后，混合 π 等效电路各元件的参数便已确定，其中有些可由晶体管手册上直接查得，另一些也可根据手册上的其他数值计算出来。但在小信号放大器或其他电路中，为了简单和方便，却以 y 参数等效电路作为分析基础。因此，有必要讨论混合 π 等效电路参数与 y 参数的转换，以便根据确定的元件参数进行小信号放大器或其他电路的设计和计算。

将图 3.2.3 和图 3.2.4（略去 C_{be}、C_{bc}、C_{ce}）重画，如图 3.2.5 所示。

由于两个等效电路描述的均为三极管，理论上则有

输入电压 $V_1=\dot{V}_b$，输出电压 $V_2=\dot{V}_c$；

输入电流 $I_1=\dot{I}_b$，输出电流 $I_2=\dot{I}_c$。

由图 3.2.5(b) 用节点电流法并以 $\dot{V}_{be}$、$\dot{V}_{b'e}$ 和 $\dot{V}_{ce}$ 分别表示 b 点、b' 点和 c 点到 e 点的电压，则可得下列方程式

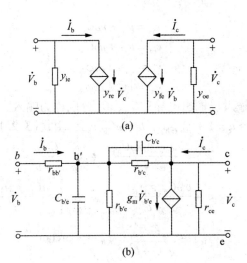

图 3.2.5　y 参数及混合 π 等效电路

$$\dot{I}_b = \frac{1}{r_{bb'}}\dot{V}_{be} - \frac{1}{r_{bb'}}\dot{V}_{b'e} \tag{3.2.13}$$

$$0 = -\frac{1}{r_{bb'}}\dot{V}_{be} + \left(\frac{1}{r_{bb'}} + y_{b'e} + y_{b'c}\right)\dot{V}_{b'e} - y_{b'c}\dot{V}_{ce} \tag{3.2.14}$$

$$\dot{I}_c = g_m\dot{V}_{b'e} - y_{b'c}\dot{V}_{b'e} + (y_{b'c} + g_{ce})\dot{V}_{ce} \tag{3.2.15}$$

式中，$y_{b'e} = g_{b'e} + j\omega C_{b'e}$；$y_{b'c} = g_{b'c} + j\omega C_{b'c}$。

在式（3.2.13）、（3.2.14）和（3.2.15）中消去 $\dot{V}_{b'e}$，经整理，并用 $\dot{V}_b$ 代替 $\dot{V}_{be}$，$\dot{V}_c$ 代替 $\dot{V}_{ce}$，得

$$\dot{I}_b = \frac{y_{b'e} + y_{b'c}}{1 + r_{bb'}(y_{b'e} + y_{b'c})}\dot{V}_b - \frac{y_{b'c}}{1 + r_{bb'}(y_{b'e} + y_{b'c})}\dot{V}_c \tag{3.2.16}$$

$$\dot{I}_c = \frac{g_m - y_{b'c}}{1 + r_{bb'}(y_{b'e} + y_{b'c})}\dot{V}_b + \left[g_{ce} + y_{b'c} + \frac{y_{b'c}r_{bb'}(g_m - y_{b'e})}{1 + r_{bb'}(y_{b'e} + y_{b'c})}\right] \tag{3.2.17}$$

将式（3.2.16）和（3.2.17）与式（3.2.1）和（3.2.2）相比较，并考虑到下列条件 $g_m \gg |y_{b'c}|$，$y_{b'e} \gg y_{b'c}$ 及 $g_{ce} \gg g_{b'c}$ 通常是满足的，所以可得

$$y_i = y_{ie} \approx \frac{y_{b'e}}{1 + r_{bb'}y_{b'e}} = \frac{g_{b'e} + j\omega C_{b'e}}{(1 + r_{bb'}g_{b'e}) + j\omega C_{b'e}r_{bb'}} \tag{3.2.18}$$

$$y_r = y_{re} \approx -\frac{y_{b'c}}{1 + r_{bb'}y_{b'e}} = -\frac{g_{b'c} + j\omega C_{b'c}}{(1 + r_{bb'}g_{b'e}) + j\omega C_{b'e}r_{bb'}} \tag{3.2.19}$$

$$y_f = y_{fe} \approx \frac{g_m}{1 + r_{bb'}y_{b'e}} = \frac{g_m}{(1 + r_{bb'}g_{b'e}) + j\omega C_{b'e}r_{bb'}} \tag{3.2.20}$$

$$y_o = y_{oe} \approx g_{ce} + y_{b'c} + \frac{y_{b'c}r_{bb'}g_m}{1 + r_{bb'}g_{b'e}}$$

$$\approx g_{ce} + j\omega C_{b'c} + r_{bb'}g_m\frac{g_{b'c} + j\omega C_{b'c}}{(1 + r_{bb'}g_{b'e}) + j\omega C_{b'e}r_{bb'}} \tag{3.2.21}$$

由以上各式可见，4 个参数都是复数，为以后计算方便，可表示为

$$y_{ie} = g_{ie} + j\omega C_{ie} \tag{3.2.22}$$

$$y_{oe} = g_{oe} + j\omega C_{oe} \tag{3.2.23}$$

$$y_{fe} = |y_{fe}| \angle \varphi_{fe} \tag{3.2.24}$$

$$y_{re} = |y_{re}| \angle \varphi_{re} \tag{3.2.25}$$

式中，g_{ie}、g_{oe}分别称为输入、输出电导；C_{ie}、C_{oe}分别称为输入、输出电容。

根据复数运算，并令 $a = 1 + r_{bb'}g_{b'e}$，$b = \omega C_{b'e}r_{bb'}$，由式(3.2.18)至(3.2.21)可得

$$g_{ie} \approx \frac{ag_{b'e} + b\omega C_{b'e}}{a^2 + b^2}; \quad C_{ie} = \frac{C_{b'e}}{a^2 + b^2} \tag{3.2.26}$$

$$g_{oe} \approx g_{ce} + ag_{b'c} + \frac{b\omega C_{b'c}g_m r_{bb'}}{a^2 + b^2}; \quad C_{oe} \approx C_{b'c} + \frac{aC_{b'c}g_m r_{bb'} - bg_{b'c}}{a^2 + b^2} \tag{3.2.27}$$

$$|y_{fe}| \approx \frac{g_m}{\sqrt{a^2 + b^2}}; \quad \varphi_{fe} \approx -\arctan\frac{b}{a} \tag{3.2.28}$$

$$|y_{fe}| \approx \frac{\omega C_{b'c}}{\sqrt{a^2 + b^2}}; \quad \varphi_{re} \approx -\left(\frac{\pi}{2} + \arctan\frac{b}{a}\right) \tag{3.2.29}$$

通常，晶体管在高频运用时，4 个 y 参数都是频率的函数，与在低频时比较，输入导纳 y_{ie} 及输出导纳 y_{oe} 都比低频运用时为大，而 y_{fe} 却比低频运用时小。

3.2.4　晶体管的高频参数

为了分析和设计各种高频电子线路，必须了解晶体管的高频特性。下面介绍几个表征晶体管高频特性的参数。

1. 截止频率 f_β

共发射极电路的电流放大系数 β 将随工作频率的上升而下降，当 β 值下降至低频值 β_0 的 $1/\sqrt{2}$ 时的频率称为 β 截止频率，用 f_β 表示，见图 3.2.6。

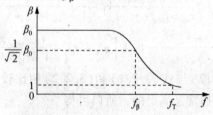

图 3.2.6　β 截止频率和特征频率

已经证明

$$\beta = \frac{\beta_0}{1 + j\dfrac{f}{f_\beta}} \tag{3.2.30}$$

其绝对值为

$$|\beta| = \frac{\beta_0}{\sqrt{1 + \left(\dfrac{f}{f_\beta}\right)^2}} \tag{3.2.31}$$

由于 β_0 比 1 大得多，在频率为 f_β 时，$|\beta|$ 值虽下降到 $\beta_0/\sqrt{2}$，但仍比 1 大得多，因此

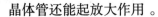

晶体管还能起放大作用 。

2. 特征频率 f_T

当频率增高，使 $|\beta|$ 下降至 1 时，这时的频率称为特征频率，用 f_T 表示，见图 3.2.6。根据定义，由式(3.2.31)得

$$\frac{\beta_0}{\sqrt{1+\left(\dfrac{f_T}{f_\beta}\right)^2}}=1$$

所以

$$f_T=f_\beta\sqrt{\beta_0{}^2-1} \tag{3.2.32}$$

当 $\beta_0 \gg 1$ 时，上式可近似地写成

$$f_T \approx \beta_0 f_\beta \tag{3.2.33}$$

特征频率 f_T 和电流放大系数 $|\beta|$ 之间还有下列简单的关系。因为 $\beta_0 \approx \dfrac{f_T}{f_\beta}$，由式 (3.2.31) ，得

$$|\beta| = \frac{\beta_0}{\sqrt{1+\left(\dfrac{f}{f_\beta}\right)^2}} \approx \frac{\dfrac{f_T}{f_\beta}}{\sqrt{1+\left(\dfrac{f}{f_\beta}\right)^2}}$$

当 $f \gg f_\beta$ 时，上式分母 $\sqrt{1+\left(\dfrac{f}{f_\beta}\right)^2} \approx \dfrac{f}{f_\beta}$，故得

$$|\beta| = \frac{f_T}{f} \text{或} f_T \approx f|\beta| \tag{3.2.34}$$

上式表明：当 $f \gg f_\beta$ 时，特征频率 f_T 等于工作频率 f 和晶体管在该频率的 $|\beta|$ 的乘积。因此，知道了某晶体管的特征频率 f_T（由手册查得） ，就可以粗略地计算该管在某一工作频率 f 的电流放大系数 β。

3. 最高振荡频率 f_{max}

晶体管的功率增益 $A_p = 1$ 时的工作频率称为最高振荡频率 f_{max}。

可以证明

$$f_{max} \approx \frac{1}{2\pi}\sqrt{\frac{g_m}{4r_{bb'}C_{b'e}C_{b'c}}} \tag{3.2.35}$$

f_{max} 表示一个晶体管所能适用的最高极限频率。在此频率工作时，晶体管已得不到功率放大。当 $f \gg f_{max}$ 时，无论用什么方法都不能使晶体管产生振荡，最高振荡频率的名称也由此而来。

通常，为使电路工作稳定，且有一定的功率增益，晶体管的实际工作频率应等于最高振荡频率的 1/4 ~ 1/3。

以上 3 个频率参数的大小顺序是：$f_{max} > f_T > f_\beta$。

3.3 单调谐回路谐振放大器

图3.3.1(a)为单调谐回路谐振放大器原理性电路，图中为了突出所要讨论的中心问题，故略去了在实际电路中所必加的附属电路(如偏置电路)等。由图3.3.1可知，由LC单回路构成集电极的负载，它调谐于放大器的中心频率。LC回路与本级集电极电路的连接采用自耦变压器形式(抽头电路)，与下级负载Y_L的连接采用变压器耦合。采用这种自相变压器 – 变压器耦合形式，可以减弱本级输出导纳与下级晶体管输入导纳Y_L对LC回路的影响，同时，适当选择初级线圈抽头位置与初次级线圈的匝数比，可以使负载导纳与晶体管的输出导纳相匹配，以获得最大的功率增益。

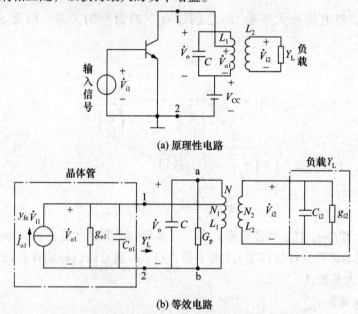

(a) 原理性电路

(b) 等效电路

图3.3.1 单调谐回路谐振放大器的原理电路和等效电路

本章所讨论的是小信号放大器，因而都工作于甲类，晶体管的作用可用上节所讨论的y参数等效电路来表示。此处只画出集电极部分的y参数等效电路，如图3.3.1(b)所示。图中：

$\dot{I}_{o1} = y_{fe}\dot{V}_{i1}$代表晶体管放大作用的等效电流源；

g_{o1}、C_{o1}代表晶体管的输出电导与输出电容；

$G_p = \dfrac{1}{R_p}$代表回路本身的损耗；

$Y_L = g_{i2} + jwC_{i2}$代表负载导纳，通常也就是下一级晶体管的输入导纳。

由图3.3.1(b)可见，小信号放大器是等效电流源与线性网络的组合，因而可用线性理论来求解。

3.3.1 电压增益

由式(3.2.10)可得放大器的电压增益为

$$\dot{A}_v = \frac{\dot{V}_{o1}}{\dot{V}_{i1}} = \frac{-y_{fe}}{y_{oe} + Y'_L}$$

(3.3.1)

此处 $y_{oe} = y_{o1} = g_{o1} + j\omega C_{o1}$，为晶体管的输出导纳；$Y'_L$ 为晶体管在输出端 1、2 两点之间看来的负载导纳，即下级晶体管输入导纳与 LC 谐振回路折算至 1、2 两点间的等效导纳。显然，$y_{oe} + Y'_L$ 可以看成是 1、2 两点之间的总等效导纳。

可利用接入系数概念将图 3.3.1(b)的所有元件参数都折算到 LC 回路两端，得到图 3.3.2(a)，再进一步可化简为图 3.3.2(b)。可见它就是并联谐振回路。

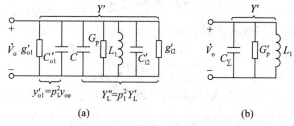

图 3.3.2 单调谐放大器的电路参数折算等效电路图

图中：

$$g'_{o1} = p_1^2 g_{o1}, \quad g'_{i2} = p_2^2 g_{i2}, \quad C'_{o1} = p_1^2 C_{o1}, \quad C'_{i2} = p_2^2 C_{i2},$$
$$p_1 = \frac{N_1}{N}, \quad p_2 = \frac{N_2}{N}, \quad G'_p = G_p + g'_{o1} + g'_{i2}, \quad C_\Sigma = C + C'_{o1} + C'_{i2}$$

由图 3.3.2 可知，由 LC 回路两端看来的总等效导纳为

$$Y' = p_1^2(y_{oe} + Y'_L)$$

于是式(3.3.1)的电压增益可写成

$$\dot{A}_v = \frac{\dot{V}_{o1}}{\dot{V}_{i1}} = -\frac{p_1^2 y_{fe}}{Y'}$$

(3.3.2)

但由图 3.3.1(a)可知，本级的实际电压增位应为 $\dfrac{\dot{V}_{i2}}{\dot{V}_{i1}}$。因此

$$\dot{A}_v = \frac{\dot{V}_{o1}}{\dot{V}_{i1}} = \frac{\left(\frac{N_2}{N_1}\right)\dot{V}_{o1}}{\dot{V}_{i1}} = \frac{\left(\frac{p_2}{p_1}\right)\dot{V}_{o1}}{\dot{V}_{i1}} = -\frac{p_1 p_2 y_{fe}}{Y'}$$

(3.3.3)

由图 3.3.2(b)可知

$$Y' = G'_p + j\left(\omega C_\Sigma - \frac{1}{\omega L_1}\right)$$

p_1、p_2 与 y_{fe} 为常数，因此，式(3.3.3)所表示的电压增益随频率的变化与 Y' 并联谐振曲线形式相同。

在谐振点（$\omega = \omega_0$）时，$\omega_0 C_\Sigma = \dfrac{1}{\omega_0 L_1}$，$Y' = G_p'$，因此得到谐振点的电压增益为

$$\dot{A}_{v0} = -\frac{p_1 p_2 y_{fe}}{G_p'} = -\frac{p_1 p_2 y_{fe}}{G_p + g_{o1}' + g_{i2}'} \tag{3.3.4}$$

为了获得最大的功率增益，应适当选取 p_1 与 p_2 的值，使负载导纳 Y_L 晶体电路的输出导纳相匹配。匹配的条件为

$$g_{i2}' = g_{o1}' + G_p = \frac{G_p'}{2}$$

亦即

$$p_2^2 g_{i2} = p_1^2 g_{o1} + G_p \tag{3.3.5}$$

通常 LC 回路本身的损耗 G_p 很小，与 $p_1^2 g_{o1}$ 相比可以忽略，因而上式变为

$$p_2^2 g_{i2} \approx p_1^2 g_{o1} = \frac{G_p'}{2} \tag{3.3.6}$$

于是求得匹配时所需的接入系数值为

$$p_1 = \sqrt{\frac{G_p'}{2g_{o1}}}, \quad p_2 = \sqrt{\frac{G_p'}{2g_{i2}}} \tag{3.3.7}$$

将式（3.3.6）、（3.3.7）代入式（3.3.4），即得在匹配时的电压增益为

$$(A_{v0})_{max} = \frac{|y_{fe}|}{2\sqrt{g_{o1} g_{i2}}} \tag{3.3.8}$$

3.3.2 功率增益

在非谐振点计算功率增益一般用处不大。因此下面只讨论谐振时的功率增益。

在谐振时，图 3.3.1(b) 可简化为图 3.3.3。

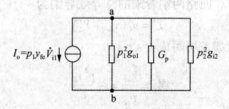

图 3.3.3 单调谐振放大简化电路

此时的功率增益为

$$A_{p0} = \frac{P_o}{P_i}$$

式中，P_i 为放大器的输入功率；P_o 为输出端负载 g_{i2} 上获得的功率。

由图 3.3.1 可知 $\qquad\qquad P_i = V_{i1}^2 g_{i1}$

由图 3.3.3 可知 $\qquad P_o = V_{ab}^2 p_2^2 g_{i2} = \left(\dfrac{p_1 |y_{fe}| |V_{i1}|}{G_p'}\right)^2 p_2^2 g_{i2}$

因此谐振时的功率增益为

$$A_{p0} = \frac{P_o}{P_i} = \frac{p_1^2 p_2^2 g_{i2} |y_{fe}|^2}{g_{i1}(G_p')^2} = (A_{v0})^2 \frac{g_{i2}}{g_{i1}} \tag{3.3.9}$$

式中，g_{i1} 为本级放大器的输入端电导；g_{i2} 为下一级晶体管的输入电导。

若采用相同的晶体管，则 $g_{i1} = g_{i2}$，因此得

$$A_{p0} = A_{v0}^2 \tag{3.3.10}$$

在忽略回路损耗 G_p 时，由式(3.3.8)得匹配时的最大功率增益为

$$(A_{p0})_{max} = \frac{|y_{fe}|^2}{4 g_{o1} g_{i2}} \tag{3.3.11}$$

考虑 G_p 损耗后，引入插入损耗 K_1，有

$$K_1 = \frac{\text{回路无损耗时的输出功率 } P_1}{\text{回路有损耗时的输出功率 } P_1'}$$

由图 3.3.3，不考虑 G_p 时，负载上 $p_2^2 g_{i2}$ 所获得的功率为

$$P_1 = V_{ab}^2 (p_2^2 g_{i2}) = \left(\frac{I_0}{p_1^2 g_{o1} + p_2^2 g_{i2}} \right)^2 (p_2^2 g_{i2})$$

在考虑 G_p 后，$p_2^2 g_{i2}$ 负载上所获得的功率为

$$P_1' = V_{ab}^2 (p_2^2 g_{i2}) = \left(\frac{I_0}{p_1^2 g_{o1} + p_2^2 g_{i2} + G_p} \right)^2 (p_2^2 g_{i2})$$

回路的无载 Q 值为

$$Q_0 = \frac{1}{G_p \omega_0 L} \text{ 或 } G_p = \frac{1}{\omega_0 L Q_0}$$

它的有载 Q 值为

$$Q_L = \frac{1}{(p_1^2 g_{o1} + p_2^2 g_{i2} + G_p) \omega_0 L}$$

即

$$p_1^2 g_{o1} + p_2^2 g_{i2} = \frac{1}{Q_L \omega_0 L} - G_p = \frac{1}{\omega_0 L} \left(\frac{1}{Q_L} - \frac{1}{Q_0} \right)$$

将以上的 P_1、P_1'、Q_0 与 Q_L 的关系式代入 K_1 表示式，即得

$$K_1 = \frac{P_1}{P_1'} = \left(\frac{p_1^2 g_{o1} + p_2^2 g_{i2} + G_p}{p_1^2 g_{o1} + p_2^2 g_{i2}} \right)^2 = \left[\frac{\frac{1}{\omega_0 L Q_L}}{\frac{1}{\omega_0 L} \left(\frac{1}{Q_L} - \frac{1}{Q_0} \right)} \right]^2 = \left(\frac{1}{1 - \frac{Q_L}{Q_0}} \right)^2 \tag{3.3.12}$$

如用分贝(dB)表示，则有

$$K_1(dB) = 10 \lg \left[1 \Big/ \left(1 - \frac{Q_L}{Q_0} \right)^2 \right] = 20 \lg \left[1 \Big/ \left(1 - \frac{Q_L}{Q_0} \right) \right] \tag{3.3.13}$$

式(3.3.13)说明，回路的插入损耗和 Q_L / Q_0 有关。Q_L / Q_0 越小，则插入损耗就越小。考虑插入损耗后，匹配时的最大功率增益成为

$$(A_{p0})_{max} = \frac{|y_{fe}|^2}{2 \sqrt{g_{o1} g_{i2}}} \left(1 - \frac{Q_L}{Q_0} \right)^2 \tag{3.3.14}$$

此时的电压增益为

$$(A_{v0})_{max} = \frac{|y_{fe}|}{2\sqrt{g_{o1}g_{i2}}}\left(1 - \frac{Q_L}{Q_0}\right) \tag{3.3.15}$$

从功率传输的观点来看，希望满足匹配条件，以获得$(A_{v0})_{max}$。但从降低噪声的观点来看，必须使噪声系数最小，这时可能不能满足最大功率增益条件。可以证明，采用共发射极电路时，最大功率增益与最小噪声系数可近似地同时获得满足。而在工作频率较高时，则采用共基极电路可以同时获得最小噪声系数与最大功率增益。

3.3.3 通频带与选择性

由式(3.3.3)与式(3.3.4)可得放大器的相对电压增益为

$$\frac{\dot{A}_v}{\dot{A}_{v0}} = \frac{G_p'}{Y'} = G_p'Z' \tag{3.3.16}$$

式中

$$Z' = \frac{1}{Y'} = \frac{1}{G_p' + j\left(\omega C_\Sigma - \frac{1}{\omega L_1}\right)} = \frac{1}{G_p'\left(1 + \frac{2Q_L\Delta f}{f_0}\right)} \tag{3.3.17}$$

式中，$f_0 = \frac{1}{2\pi\sqrt{L_1 C_\Sigma}}$为谐振频率；$\Delta f = f - f_0$为工作频率$f$对谐振频率$f_0$的失谐；$Q_L = \frac{\omega_0 C_\Sigma}{G_p'} = \frac{1}{\omega_0 L_1 G_p'}$为回路的有载品质因数。

由此得到

$$\frac{A_v}{A_{v0}} = \frac{1}{\sqrt{1 + \left(\frac{2Q_L\Delta f}{f_0}\right)^2}} \tag{3.3.18}$$

将式(3.3.18)与通频带的概念相比较，可得到通频带为

$$2\Delta f_{0.7} = \frac{f_0}{Q_L} \tag{3.3.19}$$

此时$\frac{A_v}{A_{v0}} = \frac{1}{\sqrt{2}}$。可见$Q_L$越高，则通频带越窄。

电压增益A_v也可用$2\Delta f_{0.7}$来表示。因为回路损耗电导G_p'可表示为

$$G_p' = \frac{\omega_0 C_\Sigma}{Q_L} = \frac{2\pi f_0 C_\Sigma}{f_0/(2\Delta f_{0.7})} = 4\pi C_\Sigma \Delta f_{0.7}$$

代入式(3.3.4)，得

$$\dot{A}_{v0} = -\frac{p_1 p_2 y_{fe}}{G_p'} = -\frac{p_1 p_2 y_{fe}}{4\pi C_\Sigma \Delta f_{0.7}} \tag{3.3.20}$$

此式说明，晶体管选定以后(即y_{fe}值已经确定)，接入系数不变时，放大器的谐振电压增益A_{v0}只决定于回路的总电容C_Σ和通频带$2\Delta f_{0.7}$的乘积。电容愈大，通频带$2\Delta f_{0.7}$愈

宽，则增益 A_{v0} 愈小。

显然，电容 C_{Σ} 愈大，通频带 $2\Delta f_{0.7}$ 愈宽，则要求 G_p' 大，亦即 G_p 加大，使 Q_L/Q_0 的比值变大，所以电压增益就愈小。

因此，要想既得到高的增益，又保证足够宽的通频带，除了选用 $|y_{fe}|$ 较大的晶体管外，还应该尽量减小谐振回路的总电容量 C_{Σ}。C_{Σ} 也不可能很小。在极限的情况下，回路不接外加电容（图3.3.2中的 C_{Σ}，），回路电容由晶体管的输出电容、下级晶体管的输入电容、电感线圈的分布电容和安装电容等组成。另外，这些电容都属于不稳定电容（随着晶体管电压变化或更换晶体管等而改变），其改变会引起谐振曲线不稳定，使通频带改变。因此，从谐振曲线稳定性的观点来看，希望外加电容大，亦即 C_{Σ} 大，以使不稳定电容的影响相对减小 。

通常，对宽带放大器而言，要使放大量大，则要求 C_{Σ} 尽量小。这时谐振曲线不稳定是次要的，因为频带很宽。反之，对窄频带放大器，则要求 C_{Σ} 大些（外加电容大），使谐振曲线稳定（不会使通频带改变，以致引起频率失真）。这时因频带窄，放大量是够大的。

如前所述，放大器的选择性是用矩形系数这个指标来表示的。

由式（3.1.5）有 $K_{v0.1} = \dfrac{2\Delta f_{0.1}}{2\Delta f_{0.7}}$，将 $\dfrac{A_v}{A_{v0}} = 0.1$ 代入式（3.3.18），解之得

$$2\Delta f_{0.1} = \sqrt{10^2 - 1}\,\frac{f_0}{Q_L}$$

由式（3.3.19）可得

$$2\Delta f_{0.1} = \frac{f_0}{Q_L}$$

所以矩形系数

$$K_{v0.1} = \frac{2\Delta f_{0.1}}{2\Delta f_{0.7}} = \sqrt{10^2 - 1} \approx 9.95 \tag{3.3.21}$$

上面所得结果表明，单调谐回路放大器的矩形系数远大于1。也就是说，它的谐振曲线和矩形相差较远，所以其邻道选择性差，这是单调谐回路放大器的缺点。

3.4 多级单调谐回路谐振放大器

若单级放大器的增益不能满足要求，就要采用多级放大器。

假如放大器有 m 级，各级的电压增益分别为 $A_{vm}(m = 1, 2, \cdots, m)$，总增益 A_m 是各级增益的乘积，即

$$A_m = A_{v1} \cdot A_{v2} \cdot \cdots \cdot A_{vm} \tag{3.4.1}$$

如果多级放大器是由完全相同的单级放大器组成的，即

$$A_m = A_{v1} = A_{v2} = \cdots = A_{vm}$$

那么，整个放大器的总增益是

$$A_m = A_{v1}^m \tag{3.4.2}$$

m 级相同的放大器级联时，其谐振曲线可用下式表示

$$\frac{A_{\mathrm{m}}}{A_{\mathrm{m0}}} = \frac{1}{\left[1 + \left(\frac{2Q_{\mathrm{L}}\Delta f}{f_0}\right)^2\right]^{\frac{m}{2}}} \qquad (3.4.3)$$

它等于各单级谐振曲线的乘积。所以级数愈多，谐振曲线愈尖锐，如图 3.4.1 所示。这时选择性虽很好，但通频带却变窄了。

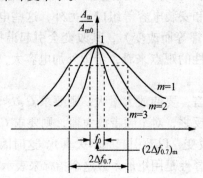

图 3.4.1　多级放大器的谐振曲线

对 m 级放大器而言，通频带的计算应满足下式：

$$\frac{1}{\left[1 + \left(\frac{2Q_{\mathrm{L}}\Delta f}{f_0}\right)^2\right]^{\frac{m}{2}}} = \frac{1}{\sqrt{2}} \qquad (3.4.4)$$

解上式，可求得 m 级放大器的通频带为 $(2\Delta f_{0.7})_m$ 为

$$(2\Delta f_{0.7})_m = \sqrt{2^{1/m} - 1} \cdot \frac{f_0}{Q_{\mathrm{L}}} \qquad (3.4.5)$$

在上式中，$\dfrac{f_0}{Q_{\mathrm{L}}}$ 等于单级放大器的通频带 $2\Delta f_{0.7}$。因此 m 级和单级放大器的通频带具有如下的关系：

$$(2\Delta f_{0.7})_m = \sqrt{2^{1/m} - 1} \cdot 2\Delta f_{0.7} \qquad (3.4.6)$$

由于 m 是大于 1 的整数，所以 $\sqrt{2^{1/m} - 1}$ 必定小于 1。因此，m 级相同的放大器级联时，总的通频带比单级放大器的通频带缩小了。级数愈多，m 愈大，总通频带愈小，如图 3.4.1 所示 。

如果要求 m 级的总通频带等于原单级的通频带，则每级的通频带要相应地加宽，即必须降低每级回路的 Q_{L}。这时

$$Q_{\mathrm{L}} = \sqrt{2^{1/m} - 1} \cdot 2\frac{f_0}{2\Delta f_{0.7}} \qquad (3.4.7)$$

式中，$\sqrt{2^{1/m} - 1}$ 称为带宽缩减因子。

利用式（3.4.3），采取和在单级时求矩形系数的同样方法，可求得 m 级单调谐放大器的矩形系数为

$$K_{r0.1} = \frac{2\Delta f_{0.1}}{2\Delta f_{0.7}} = \sqrt{\frac{100^{1/m}-1}{2^{1/m}-1}} \tag{3.4.8}$$

【例题 3.4.1】　若 $f_0 = 30$ MHz，所需通频带为 4 MHz，则在单级（$m=1$）时，所需回路 $Q_L = \frac{f_0}{2\Delta f_{0.7}} = \frac{30}{4} = 7.5$；$m=2$ 时，所需 $Q_L = \sqrt{2^{1/2}-1} \times \frac{30}{4} = 4.83$；$m=3$ 时，所需 $Q_L = \sqrt{2^{1/3}-1} \times \frac{30}{4} = 3.82$。

由此可见，m 越大，每级回路所需的 Q_L 值越低。亦即当通频带一定时，m 越大，则每级所能通过的频带应越宽。例如在本例中 $2\Delta f_{0.7} = 4$ MHz，则当 $m=2$ 时，单级通频带应为 $2\Delta f_{0.7} = \frac{(2\Delta f_{0.7})_m}{\sqrt{2^{1/2}-1}} = 6.2$ MHz；$m=3$ 时，单级通频带应为 $2\Delta f_{0.7} = \frac{4}{\sqrt{2^{1/3}-1}} = 7.85$ MHz。

由式(3.3.20)可知，当电路参数给定时，$2\Delta f_{0.7}$ 越大，则单级增益应越低。亦即，加宽通带是以降低增益为代价的。

由式(3.4.8)可列出 $K_{r0.1}$ 与 m 的关系，当级数 m 增加时，放大器的矩形系数有所改善，但是，这种改善是有限度的。级数愈多，$K_{r0.1}$ 的变化愈缓慢；即使级数无限加大，$K_{r0.1}$ 也只有 2.56，离理想的矩形（$K_{r0.1}=1$）还有很大的距离。

由以上分析可见，单调谐回路放大器的选择性较差，增益和通频带的矛盾比较突出。为了改善选择性和解决这个矛盾，可采用双调谐回路放大器和参差调谐放大器。下面分别对其加以讨论。

3.5　双调谐回路谐振放大器

双调谐回路谐振放大器具有频带较宽、选择性较好的优点。图 3.5.1(a)所示是一种常用的双调谐回路放大器电路。集电极电路采用互感耦合的谐振回路作负载，被放大的信号通过互感相合加到次级放大器的输入端。晶体管 T_1 的集电极在初级线圈的接入系数为 p_1，下一级晶体管 T_2 的基极在次级线圈的接入系数为 p_2。另外，假设初、次级回路本身的损耗都很小（回路 Q 较大 G_p 很小，这是符合实际情况的），可以忽略。

图 3.5.1(b)表示双调谐回路放大器的高频等效电路。为了讨论方便，把图3.5.1(b)的电流源 $y_{fe}V_i$ 及输出导纳（$g_{oe}C_{oe}$）折合到 L_1C_1 的两端，负载导纳（即下一级的输入导纳 $g_{ie}C_{ie}$）折合到 L_2C_2 的两端。变换后的等效电路和元件数值如图 3.5.1(c)所示。

在实际应用中，初、次级回路都调谐到同一中心频率 f_0。为了分析方便，假设两个回路元件参数都相同，即电感 $L_1 = L_2 = L$；初、次级回路总电容 $C_1 + p_1^2 C_{oe} \approx C_2 + p_2^2 C_{ie}$，折合到初、次级回路的导纳 $p_1^2 g_{oe} \approx p_2^2 g_{ie} = g$；回路谐振角频率 $\omega_1 = \omega_2 = \omega_0 = \frac{1}{\sqrt{LC}}$；初、次级回路有载品质因数 $Q_{L1} = Q_{12} \approx \frac{1}{g\omega_0 L} = \frac{\omega_0 C}{g}$。由图 3.5.1 (c)可知，它是一个典型的并联型

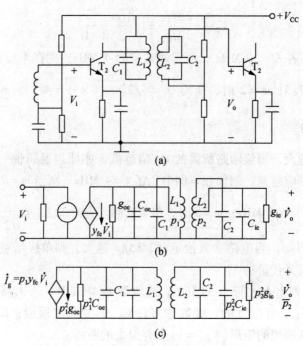

图 3.5.1 双调谐回路原理电路及其等效电路

互感相合回路。考虑到抽头系数 p_1、p_2，可以得出电压增益的表达式为

$$A_v = \frac{p_1 p_2 |y_{fe}|}{g} \cdot \frac{\eta}{(1 - \xi^2 + \eta^2)^2 + 4\xi^2} \tag{3.5.1}$$

在谐振时，$\xi = 0$，得

$$A_{v0} = \frac{\eta}{1 + \eta^2} \cdot \frac{p_1 p_2 |y_{fe}|}{g} \tag{3.5.2}$$

由式(3.5.2)可见，双调谐回路放大器的电压增益也与晶体管的正向传输导纳 $|y_{fe}|$ 成正比，与回路的电导 g 成反比。另外，A_{v0} 与耦合参数 η 有关。根据 η 的不同，可分为下列三种情况：

① 弱耦合 $\eta < 1$，谐振曲线在 $f_0 (\xi = 0)$ 处出现峰值。此时

$$A_{v0} = \frac{\eta}{1 + \eta^2} \cdot \frac{p_1 p_2 |y_{fe}|}{g}$$

随着 η 的增加，A_{v0} 的值增加。

② 临界耦合 $\eta = 1$，谐振曲线较平坦，在 $f_0 (\xi = 0)$ 处，出现最大峰值。

此时

$$A_{v0} = \frac{p_1 p_2 |y_{fe}|}{2g} \tag{3.5.3}$$

③ 强耦合 $\eta > 1$，谐振曲线出现双峰，两个峰点位置在

$$\xi = \pm \sqrt{\eta^2 - 1} \tag{3.5.4}$$

此时

$$A_{v0} = \frac{p_1 p_2 |y_{fe}|}{2g}$$

与 $\eta = 1$ 的峰值相同。

三种情况的曲线如图 3.5.2 所示。下面是在三种情况下，双调谐回路放大器的谐振曲线表示式，分别为：

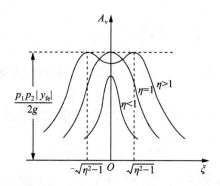

图 3.5.2　对于不同的耦合参数，双调谐回路放大器的谐振曲线

弱耦合 $\eta < 1$ 时有

$$\frac{A_v}{A_{v0}} = \frac{1 + \eta^2}{\sqrt{(1 - \xi^2 + \eta^2)^2 + 4\xi^2}} \qquad (3.5.5)$$

强耦合 $\eta > 1$ 时有

$$\frac{A_v}{A_{v0}} = \frac{2\eta}{\sqrt{(1 - \xi^2 + \eta^2)^2 + 4\xi^2}} \qquad (3.5.6)$$

临界耦合 $\eta = 1$ 时有

$$\frac{A_v}{A_{v0}} = \frac{2}{\sqrt{4 + \xi^4}} \qquad (3.5.7)$$

这是较常用的情况。

因此，很容易求出临界耦合时的通频$\left(\text{令} \dfrac{A_v}{A_{v0}} = \dfrac{1}{\sqrt{2}}\right)$

$$2\Delta f_{0.7} = \sqrt{2}\frac{f_0}{Q_L} \qquad (3.5.8)$$

由式(3.3.19)知，单调谐放大器的通频带是 $\dfrac{f_0}{Q_L}$，与式(3.5.8)对比可见，在回路有载品质因数 Q_L 相同的情况下，临界耦合双调谐回路放大器的通频带等于单调谐回路放大器通频带的 $\sqrt{2}$ 倍。

为了说明双调谐回路放大器的选择性优于单调谐回路放大器，先求出临界耦合时的矩形系数。根据定义，当 $A_v / A_{v0} = 1/10$ 时，代入式(3.5.7)，得

$$\frac{2}{\sqrt{4 + \left(\dfrac{2Q_L \Delta f_{0.1}}{f_0}\right)^4}} = \frac{1}{10}$$

解之得

$$2\Delta f_{0.1} = \sqrt[4]{100-1}\frac{\sqrt{2}f_0}{Q_L}$$

因此矩阵系数为

$$K_{r0.1} = \frac{2\Delta f_{0.1}}{2\Delta f_{0.7}} = \sqrt[4]{100-1} = 3.16$$

可见，双调谐回路放大器的矩形系数远比单调谐回路放大器的小，它的谐振曲线更接近于矩形。

如为 m 级（$\eta=1$）双调谐放大器，则同样可以证明其矩形系数为

$$K_{r0.1} = \sqrt[4]{\frac{10^{2/m}-1}{2^{1/m}-1}} \qquad (3.5.9)$$

上面只讨论了临界耦合的情况，这种情况在实际上应用较多。弱耦合时，放大器的谐振曲线和单调谐回路放大器的相似，通频带较窄，选择性也较差。强耦合时，虽然通频带变得更宽，矩形系数也更好，但谐振曲线顶部出现凹陷，回路的调节也较麻烦。因此，只在与临界耦合级配合时或特殊场合才采用。

3.6 谐振放大器的稳定性与稳定措施

3.6.1 谐振放大器的稳定性

前面已指出，小信号放大器的工作稳定性是重要的质量指标之一。这里将进一步讨论和分析谐振放大器工作不稳定的原因，并提出一些提高放大器稳定性的措施。

上面所讨论的放大器，都是假定工作于稳定状态的，即输出电路对输入端没有影响（$y_{re}=0$）。或者说，晶体管是单向工作的，输入可以控制输出，而输出则不影响输入。但实际上，由于晶体管存在着反向传输导纳 y_{re}（或称 y_{12}），输出电压 V_0 可以反作用到输入端，引起输入电流 I_i 的变化。这就是反馈作用。

y_{re} 的反馈作用可以从表示放大器输入导纳 Y_i 的式(3.2.6)中看出，即

$$Y_i = y_{ie} - \frac{y_{fe}y_{re}}{y_{oe}+Y'_L} = y_{ie} + Y_F \qquad (3.6.1)$$

式中，第一部分 y_{ie} 是输出端短路时晶体管(共射连接时)本身的输入导纳；第二部分 Y_F 是通过 y_{re} 的反馈引起的输入导纳，它反映了负载导纳 Y'_L 的影响。

如果放大器输入端也接有谐振回路（或前级放大器的输出谐振回路），那么输入导纳 Y_i 并联在放大器输入端回路后如图 3.6.1 所示。当没有反馈导纳 Y_F 时，输入端回路是调谐的。y_{ie} 中电纳部分 b_{ie} 的作用，已包括在 L 或 C 中；而 y_{ie} 中电导部分 g_{ie} 以及信号源内电导 g_s 的作用则

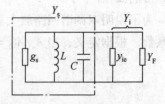

图 3.6.1 放大器等效输入端回路

是使回路有一定的等效品质因数 Q_L 值。然而由于反馈导纳 Y_F 的存在，就改变了输入端回路的正常情况。

Y_F 可写成
$$Y_F = g_F + jb_F \qquad (3.6.2)$$
式中，g_F 和 b_F 分别为电导部分和电纳部分。它们除与 y_{fe}、y_{re}、y_{oe} 和 Y_L' 有关外，还是频率的函数；随着频率的不同，其值也不同，且可能为正或负。

由于反馈导纳的存在，使放大器输入端的电导发生变化(考虑 g_F 作用)，也使得放大器输入端回路的电纳发生变化(考虑 b_F 作用)。前者改变了回路的等效品质因数 Q_L 值，后者引起回路的失谐。这些都会影响放大器的增益、通频带和选择性，并使谐振曲线产生畸变。特别值得注意的是，g_F 在某些频率上可能为负值，即呈负电导性，使回路的总电导减小，Q_L 增加，通频带减小，增益也因损耗的减小而增加。这也可理解为负电导 g_F 供给回路能量，出现正反馈。g_F 的负值愈大，这种影响愈严重。如果反馈到输入端回路的电导 g_F 的负值恰好抵消了回路原有电导 $g_s + g_{ie}$ 的正值，则输入端回路总电导为零，反馈能量抵消了回路的损耗能量，放大器处于自激振荡工作状态，这是绝对不允许的。即使 g_F 的负值还没有完全抵消 $g_s + g_{ie}$ 的正值，放大器不能自激，但已倾向于自激。这时放大器的工作也是不稳定的，称为潜在不稳定，这种情况同样是不允许的。因此必须设法克服或降低晶体管内部反馈的影响，使放大器远离自激，能稳定地工作。

上面说明了放大器工作不稳定甚至可能产生自激的原因，下面分析放大器不产生自激和远离自激的条件。

图 3.6.1 中，这时总导纳为 $Y_s + Y_i$，当总导纳
$$Y_s + Y_i = 0 \qquad (3.6.3)$$
时，表示放大器反馈的能量抵消了回路损耗的能量，且电纳部分也恰好抵消 。这时放大器产生自激。所以，放大器产生自激的条件是
$$Y_s + y_{ie} - \frac{y_{fe}y_{re}}{y_{oe} + Y_L'} = 0 \qquad (3.6.4)$$
即
$$\frac{(Y_s + y_{ie})(y_{oe} + Y')}{y_{fe}y_{re}} = 1 \qquad (3.6.5)$$

晶体管反向传输导纳 y_{re} 愈大，则反馈愈强，上式左边数值就愈小。它愈接近 1，放大器愈不稳定。反之，上式左边数值愈大，则放大器愈稳定。因此，上式左边数值的大小，可作为衡量放大器稳定与否的标准。

下面对上式复数形式的表示法作进一步推导，找出实用的稳定条件。参阅图 3.6.1，在式(3.6.4)与(3.6.5)中，有
$$Y_s + y_{ie} = g_s + g_{ie} + j\omega C + \frac{1}{j\omega L} + j\omega C_{ie}$$
$$= (g_s + g_{ie})(1 + j\xi_1)$$
式中
$$\xi_1 = Q_1\left(\frac{f}{f_0} - \frac{f_0}{f}\right)$$

$$f_0 = \frac{1}{2\pi\sqrt{L(C + C_{ie})}}$$

$$Q_1 = \frac{\omega_0(C + C_{ie})}{g_s + g_{ie}}$$

若用幅值与相角形式表示，则

$$Y_s + y_{ie} = (g_s + g_{ie})\sqrt{1 + \xi_1^2}\, e^{j\psi_1} \tag{3.6.6}$$

式中，$\psi_1 = \arctan \xi_1$。

同理，输出回路部分也可求得相同形式的关系式：

$$y_{oe} + Y'_L = (g_{oe} + G_L)\sqrt{1 + \xi_2^2}\, e^{j\psi_2} \tag{3.6.7}$$

式中，$\psi_2 = \arctan \xi_2$。

假设放大器输入、输出回路相同，即 $\xi = \xi_1 = \xi_2$，$\psi_1 = \psi_2 = \psi$，并将式（3.6.6）和（3.6.7）代入式（3.6.5），可得

$$\frac{(g_s + g_{ie})(g_{oe} + G_L)(1 + \xi^2)\, e^{j2\psi}}{|y_{fe}||y_{re}|\, e^{j(\varphi_{fe} + \varphi_{re})}} = 1 \tag{3.6.8}$$

式中，φ_{fe} 和 φ_{re} 分别为 y_{fe} 和 y_{re} 的相角。

要满足式（3.6.8），必须分别满足幅值和相位两个条件，即

$$\frac{(g_s + g_{ie})(g_{oe} + G_L)(1 + \xi^2)}{|y_{fe}||y_{re}|} = 1 \tag{3.6.9}$$

$$2\psi = \varphi_{fe} + \varphi_{re} \tag{3.6.10}$$

由式（3.6.10）相位条件可得

$$2\arctan \xi = \varphi_{fe} + \varphi_{re}$$

于是

$$\xi = \tan \frac{\varphi_{fe} + \varphi_{re}}{2} \tag{3.6.11}$$

式（3.6.9）说明，只有在晶体管的反向传输导纳 $|y_{re}|$ 足够大时，该式左边部分才可能减小到 1，满足自激的幅值条件。而当 $|y_{re}|$ 较小时，左边的分数值总是大于 1 的。$|y_{re}|$ 愈小，分数值愈大，离自激条件愈远，放大器愈稳定。因此，通常采用式（3.6.9）的左边量

$$S = \frac{(g_s + g_{ie})(g_{oe} + G_L)(1 + \xi^2)}{|y_{fe}||y_{re}|} \tag{3.6.12}$$

作为判断谐振放大器工作稳定性的依据，S 称为谐振放大器的稳定系数。若 $S = 1$，放大器将自激，只有当 $S \gg 1$ 时，放大器才能稳定工作，一般要求稳定系数 $S \approx 5 \sim 10$。

实用上，工作频率远低于晶体管的特征频率，这时 $y_{fe} = |y_{fe}|$，即 $\varphi_{fe} = 0$。并且反向传输导纳 y_{re} 中，电纳起主要作用，即 $y_{re} \approx -j\omega_0 C_{re}$，$\varphi_{re} \approx -90°$。将这些条件代入式（3.6.11），可得自激的相位条件为 $\xi = -1$。这说明当放大器调谐于 f_0 时，在低于 f_0 的某一频率上（$\xi = -1$），满足相位条件，可能产生自激。这是由于当 $\xi = -1$ 时（即 $f < f_0$），放大器的输入和输出回路（并联回路）都呈感性，再经反馈电容 C_{re} 的相合，形成电感反馈三端振荡器（将在正弦波振荡电路章节中进行详细讨论）。

将上述近似条件（$y_{fe} = |y_{fe}|$，$\varphi_{fe} = 0$；$y_{re} \approx -j\omega_0 C_{re}$，$\varphi_{re} \approx -90°$）代入式（3.6.12），

并假定 $g_s + g_{ie} = g_1$，$g_{oe} + G_L = g_2$，则得

$$S = \frac{2g_1 g_2}{\omega_0 C_{re} |y_{fe}|} \tag{3.6.13}$$

上式表明，要使 S 远大于 1，除选用 C_{re} 尽可能小的放大管外，回路的谐振电导 g_1，和 g_2 应愈大愈好。

如前所述，放大器的电压增益可写成

$$A_{v0} = \frac{|y_{fe}|}{g_2} \tag{3.6.14}$$

由此可见，放大器的稳定与增益的提高是相互矛盾的，增大 g_2 以提高稳定系数，必然降低增益。

当 $g_1 = g_2$ 时，将式(3.6.14)中 $g_2 = \dfrac{|y_{fe}|}{A_{v0}}$ 代入式(3.6.13)，可得

$$A_{v0} = \sqrt{\frac{2|y_{fe}|}{S\omega_0 C_{re}}} \tag{3.6.15}$$

取 $S = 5$，得

$$(A_{v0})_S = \sqrt{\frac{|y_{fe}|}{2.5\omega_0 C_{re}}} \tag{3.6.16}$$

式中，$(A_{v0})_S$ 是保持放大器稳定工作所允许的电压增益，称为稳定电压增益。通常，为保证放大器能稳定工作，其电压增益 A_{v0} 不允许超过 $(A_{v0})_S$。因此，式(3.6.16)可用以检验放大器是否稳定工作。

必须指出，上面只讨论了通过 y_{re} 的内部反馈所引起的放大器不稳定，并没有考虑外部其他途径反馈的影响。这些影响有输入、输出端之间的空间电磁耦合，公共电源的耦合等，外部反馈的影响在理论上是很难讨论的。

3.6.2　单向化

如前所述，由于晶体管存在着 y_{re} 的反馈，所以它是一个"双向元件"。作为放大器工作时，y_{re} 的反馈作用是有害的，其有害作用是可能引起放大器工作的不稳定，这在上节已详细讨论过。这里，讨论如何消除 y_{re} 的反馈，变"双向元件"为"单向元件"，这个过程称为单向化。

单向化的方法有两种：一种是消除 y_{re} 的反馈作用，称为中和法；另一种是使 G_L(负载电导)或 g_s(信号源电导)的数值加大，因而使得输入或输出回路与晶体管失去匹配，称为失配法。

中和法是在晶体管的输出和输入端之间引入一个附加的外部反馈电路(中和电路)，以抵消晶体管内部 y_{re} 的反馈作用。由于 y_{re} 中包含电导分量和电容分量，因此外部反馈电路也包括电阻分量 R_N 和电容分量 C_N 两部分，并要使通过 R_N、C_N 的外部反馈电流正好与通过 y_{re} 所产生的内部反馈电流相位差 180°，从而互相抵消，变双向器件为单向器件。

显然，严格的中和是很难达到的，因为晶体管的反向传输导纳 y_{re} 是随频率而变化的，因而只能对一个频率起到完全中和的作用。而且，在生产过程中，由于晶体管参数的离散

性，合适的中和电阻与电容量需要在每个晶体管的实际调整过程中确定，较麻烦且不宜大量生产。目前，由于晶体管制造技术的发展（y_{re}减小），且要求调整简化，中和法已基本不用。为此，重点讨论失配法。

失配是指信号源内阻不与晶体管输入阻抗匹配；晶体管输出端负载阻抗不与本级晶体管的输出阻抗匹配。

如果把负载导纳 Y'_L 取得比晶体管输出导纳 y_{oe} 大得多，即 $y_{oe} \ll Y'_L$，那么由式（3.6.1）可见，输入导纳 $Y_i = y_{ie} - \dfrac{y_{fe}y_{re}}{y_{oe} + Y'_L} \approx y_{ie}$。即 Y_i 式中的第二项 Y_F 很小，可以近似地认为 Y_i 就等于 y_{ie}，消除了由于 y_{re} 的反馈作用对 Y_i 的影响。

失配法的典型电路是共射－共基级联放大器，其交流等效电路如图 3.6.2 所示。图中由两个晶体管组成级联电路，前一级是共射电路，后一级是共基电路。由于共基电路的特点是输入阻抗很低（亦即输入导纳很大）和输出阻抗很高（亦即输出导纳很小），当它和共射电路连接时，相当于共射放大器的负载导纳很大。根据前面的讨论已知，在 Y'_L 很大（$y_{oe} \ll Y'_L$）时，$Y_i \approx y_{ie}$，即晶体管内部反馈的影响相应地减弱，甚至可以不考虑内部反馈的影响，因此，放大器的稳定性就得到提高。所以共射－共基级联放大器的稳定性比一般共射放大器的稳定性高得多。共射级在负载导纳很大的情况下，虽然电压增益很小，但电流增益仍较大，而共基级虽然电流增益接近 1，但电压增益却较大，因此级联后功率增益较大。

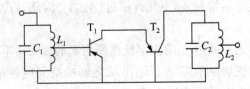

图 3.6.2　共射－共基级联放大器的交流等效电路

本 章 小 结

本章主要通过分析高频小信号放大器电路，依据放大电路的主要参考指标增益、通频带、选择性和稳定性等，进而判定高频小信号放大电路的优劣。针对高频小信号放大电路的分析，主要采用 y 参数等效电路和混合 π 等效电路分析方法，在分析放大电路的基础上完成高频小信号放大电路的参考指标计算。为保证高频小信号放大器稳定工作需要采用一些稳定措施。

1. 高频小信号放大器通常分为谐振放大器和非谐振放大器，谐振放大器的负载为串、并联谐振回路。

2. 小信号谐振放大器的选频性能可由通频带和选择性两个质量指标来衡量。用矩形系数可以衡量实际幅频特性接近理想幅频特性的程度，矩形系数越接近于 1，则谐振放大器的选择性越好。

3. 高频小信号放大器由于信号小，可以认为它工作在半导体的线性范围内，常采用有源线性四端网络进行分析。y 参数等效电路和混合 π 等效电路是描述晶体管工作状况的重要模型。y 参数不仅与静态工作点有关，而且是工作频率的函数。

4. 单级单调谐放大器是小信号放大器的基本电路，其电压增益主要取决于晶体管的参数、信号源和负载，为了提高电压增益，谐振与信号源和负载的连接常采用部分接入方式。

5. 由于晶体管内部存在反向传输导纳 y_{re}，使晶体管成为双向器件，在一定频率下使回路的总电导为零，这时，放大器会产生自激，为了克服自激常采用中和法和失配法使晶体管单向化。

习　题

3-1　晶体管高频小信号放大器为什么一般都采用共发射极电路？

3-2　晶体管低频放大器与高频小信号放大器的分析方法有什么不同？高频小信号放大器能否用特性曲线来分析，为什么？

3-3　为什么在高频小信号放大器中要考虑阻抗匹配问题？

3-4　小信号放大器的主要质量指标有哪些？设计时遇到的主要问题是什么？解决办法有哪些？

3-5　某晶体管的特征频率 $f_T = 250$ MHz，$\beta_0 = 50$。求该管在 $f = 1$ MHz、20 MHz 和 50 MHz 时的 β 值。（注：$f_T = \beta_0 f_\beta$）

3-6　说明 f_β、f_T 和 f_{max} 的物理意义。为什么 f_{max} 最高，f_T 次之，f_β 最低，f_{max} 受不受电路组态的影响，请分析说明。

3-7　某晶体管在 $V_{CE} = 10$ V，$I_E = 1$ mA 时的 $f_T = 250$ MHz，又 $r_{bb'} = 70$ Ω，$C_{b'e} = 3$ pF，$\beta_0 = 50$，求该管在频率 $f = 10$ MHz 时的共射电路的 y 参数。

3-8　试证明 m 级（$\eta = 1$）双调谐放大器的矩形系数为

$$K_{r0.1} = \sqrt[4]{\frac{10^{2/m} - 1}{2^{1/m} - 1}}$$

3-9　如图所示，晶体管的直流工作点是 $V_{CE} = 8$ V，$I_E = 2$ mA，工作频率 $f_0 = 10.7$ MHz，调谐回路采用中频变压器 $L_{1\sim3} = 4$ μH，$Q_0 = 100$，其抽头为 $N_{2\sim3} = 5$ 匝，$N_{4\sim5} = 5$ 匝，$N_{1\sim3} = 20$ 匝。试计算放大器的下列各值：电压增益、功率增益、通频带、回路插入损耗和稳定系数 S（设放大器和前级匹配 $g_s = g_{ie}$）。晶体管在 $V_{CE} = 8$ V，$I_E = 2$ mA 时参数如下：

$g_{ie} = 2\ 860$ μS；$C_{ie} = 18$ pF

$g_{oe} = 200$ μS；$C_{oe} = 7$ pF

$|y_{fe}| = 45$ mS；$\varphi_{fe} = -54°$

$|y_{re}| = 0.31$ mS；$\varphi_{re} = -88.5°$

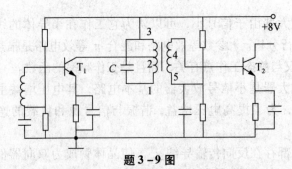

题 3－9 图

3－10 图中所示为一单调谐回路中频放大器。已知工作频率 $f_0 = 10.7$ MHz，回路电容 $C_2 = 56$ pF，回路电感 $L = 4$ μH，$Q_0 = 100$，L 的匝数 $N = 20$，接入系数 $p_1 = p_2 = 0.3$。晶体管 T_1 的主要参数为：$f_T \geqslant 250$ MHz，$r_{bb'} = 70$ Ω，$C_{b'c} \approx 3$ pF，$y_{ie} = (0.15 + j1.45)$ mS，$y_{oe} = (0.082 + j0.73)$ mS，$y_{fe} = (38 - j4.2)$ mS。静态工作点电流由 R_1、R_2、R_3 决定，现 $I_E = 1$ mA，对应的 $\beta_0 = 50$。求：

（1）单级电压增益 A_{v0}；

（2）单级通频带 $2\Delta f_{0.7}$；

（3）四级的总电压增益 $(A_{v0})_4$；

（4）四级的总通频带 $(2\Delta f_{0.7})_4$；

（5）如四级的总通频带 $(2\Delta f_{0.7})_4$ 保持和单级的通频带 $2\Delta f_{0.7}$ 相同，则单级的通频带应加宽多少，四级的总电压增益下降多少？

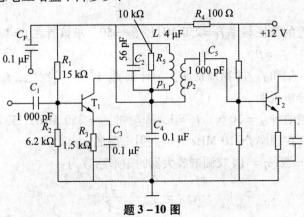

题 3－10 图

3－11 为什么晶体管在高频工作时要考虑单向化问题，而在低频工作时，则可不必考虑？

3－12 影响谐振放大器稳定性的因素是什么？反馈导纳的物理意义是什么？

3－13 用晶体管 CG30 做一个 30 MHz 中频放大器，当工作电压 $V_{CE} = 8$ V，$I_E = 2$ mA 时，其 y 参数是：

$$y_{ie} = (2.86 + j3.4) \text{ mS}; \quad y_{re} = (0.08 - j0.3) \text{ mS}$$

$$y_{fe} = (26.4 - j36.4) \text{ mS}; \quad y_{oe} = (0.2 + j1.3) \text{ mS}$$

求此放大器的稳定电压增益 $(A_{v0})_S$，要求稳定系数 $S \geqslant 5$。

3－14 场效应管高频小信号放大器与晶体管的比较有哪些优缺点？其适用范围如何？

第4章 高频功率放大器

在通信系统中，高频功率放大电路作为发射机的重要组成部分，用于对高频已调波信号进行功率放大，然后经天线将其辐射到空间，所以要求高频功率放大器输出功率很大，保证在一定区域内的接收机可以接收到满意的信号电平，并且不干扰相邻信道的通信。由于工作频率高，相对带宽很窄，如中波段广播信号的放大等，从节省能量的角度考虑，效率显得更加重要。因此，高频功率放大器用工作在效率较高的丙类工作状态，为了滤除丙类工作时产生的众多高次谐波分量，常采用 LC 谐振作为选频网络，故称为丙类谐振功率放大电路。

对于工作频带要求较宽，或要求经常迅速更换选频网络中心频率的情况，可采用宽带功率放大电路。宽带功率放大器一般工作在甲类状态，利用传输线变压器等作为匹配网络，并且可以采用功率合成技术来增大输出功率。

本章先讨论丙类谐振功率放大器的工作原理、特性及电路，然后介绍丙类倍频器，最后介绍宽带高频功率放大器。

4.1 丙类谐振功率放大器的工作原理

4.1.1 基本工作原理

1. 谐振功率放大器的组成

谐振功率放大器的原理电路如图 4.1.1 所示。图中三极管为高频大功率管，通常采用平面工艺制造的 NPN 高频大功率管，能承受高压和大电流，晶体管的主要作用是在基极注入信号的控制下，将集电极电源 V_{CC} 提供的直流能量转换为高频信号能量。V_{BB} 为基极的直流电源电压，调整 V_{BB} 可改变放大器的工作类型。为使晶体管工作在丙类状态，V_{BB} 应设在晶体管的截止区内。也就是说，当没有输入信号 u_i 时，晶体管处于截止状态，$i_C = 0$。V_{CC} 为集电极的直流电源电压。R_L 为外接负载电阻（实际情况下，外接负载一般为阻抗性的），L、C 为滤波匹配网络，它们与 R_L 构成并联谐振回路，调谐在输入信号频率上，作为晶体管集电极负载。由于 R_L 比较大，所以，谐振功率放大器中谐振回路的品质因数比小信号谐振放大器中谐振回路的要小得多，但这并不影响谐振回路对谐波成分的抑制作用。

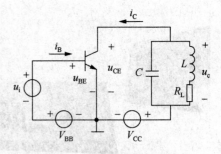

图 4.1.1 谐振功率放大器原理图

放大器电路由集电极回路和基极回路两部分组成，集电极回路由晶体管集电极、发射极、集电极直流电源和集电极负载组成。基极回路由晶体管基极、发射极、偏置电源和外加激励组成。由偏置电压 V_{BB} 和外加激励控制集电极电流的通断，由集电极回路通过晶体管完成直流能量转换为高频交流能量。高频谐振功率放大器主要研究集电极回路能量转换关系。

2. 电流、电压波形

要了解高频谐振功率放大器的工作原理，首先必须了解晶体管的电压、电流波形以及其对应关系。

设输入电压为一余弦电压，即

$$u_i = U_{im}\cos(\omega t)$$

则管子基极、发射极间电压 u_{BE} 为

$$u_{BE} = V_{BB} + u_i = V_{BB} + U_{im}\cos(\omega t) \tag{4.1.1}$$

当 u_{BE} 的瞬时值大于晶体管的基极和发射极之间的导通电压 $U_{BE(on)}$ 时，晶体管导通，产生基极电流，为余弦脉冲电流。基极导通后，晶体管由截止区进入放大区，集电极将流过电流 i_C，与基极电流相对应，i_C 也是余弦脉冲电流。把集电极电流脉冲用傅氏级数展开，可分解为直流、基波和各次谐波，因此，集电极电流可写为

$$i_C = I_{C0} + I_{C1m}\cos(\omega t) + I_{C2m}\cos(2\omega t) + \cdots \tag{4.1.2}$$

式中，I_{C0} 为直流电流，I_{C1m}、I_{C2m} 分别为基波、二次谐波电流分量的幅度。

当集电极回路调谐在输入信号频率 ω 上，即与高频输入信号的基波谐振时，谐振回路对基波电流等效为纯电阻。对其他各次谐波而言，回路失谐而呈现很小的电抗并可看成短路。直流分量只能通过电感线圈支路，其直流电阻很小，对直流也可看成短路。这样，脉冲形状的集电极电流 i_C，或者说包含有直流分量、基波和高次谐波成分的电流分量 i_C，流经谐振回路时，只有基波电流才能产生压降，因而，LC 谐振回路两端输出不失真的高频信号电压。若回路的谐振电阻为 R_e，则

$$u_e = -R_e I_{C1m}\cos(\omega t) = -U_{cm}\cos(\omega t) \tag{4.1.3}$$

$$U_{cm} = R_e I_{C1m} \tag{4.1.4}$$

式中，U_{cm} 为基波电压振幅。

所以，晶体管集电极与发射极之间的电压为

$$u_{CE} = V_{CC} + u_e = V_{CC} - U_{cm}\cos(\omega t) \tag{4.1.5}$$

u_i、i_B、i_C、u_{CE} 之间的时间关系波形如图 4.1.2 所示。

由此可见，利用谐振回路的选频作用，可以将失真的集电极电流脉冲变换为不失真的

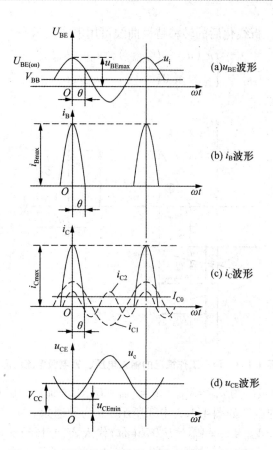

图 4.1.2 丙类谐振功率放大器中电流、电压波形

余弦电压输出。同时，谐振回路还可以将含有电抗分量的外接负载变换为纯电阻 R_e。通过调节 L、C 使并联谐振回路谐振电阻 R_e 与晶体管所需集电极负载值相等，实现阻抗匹配。因此，在谐振功率放大器中，谐振回路除了起滤波作用外，还起到阻抗变换作用。

由图 4.1.2 可见，丙类放大器在一个信号周期内，只有小于半个周期的时间内有集电极电流通过，形成了余弦脉冲电流，将 i_{Cmax} 称为余弦脉冲电流的最大值，θ 为导通角。丙类放大器的导通角小于 90°。余弦脉冲电流依靠 LC 谐振回路的选频作用，滤除直流及各次谐波，输出电压仍是不失真的余弦波。集电极高频交流输出电压 u_c 与基极输入电压 u_i 相位相反。当 u_{BE} 为最大值 u_{BEmax} 时，i_C 为最大值 i_{Cmax}，u_{CE} 为最小值，它们出现在同一时刻。可见，i_C 只在 u_{CE} 很低的时间内出现，故集电极损耗很小，功率放大器的效率因而比较高，而且 i_C 越小，效率就越高。

4.1.2 余弦脉冲电流的分解

在大信号条件下，晶体管特性的非线性部分影响减小，通过理想化正向传输特性，晶体管高频功率放大器的转移特性可近似为折线，如图 4.1.3 所示。折线化后的斜线与横轴的交点，即为基极与发射极之间的导通电压 $U_{BE(on)}$。从处理后的折线图中可以看出，当输入电压低于导通电压 $U_{BE(on)}$ 时，电流 i_C 为零。当输入电压高于导通电压 $U_{BE(on)}$ 时，电流 i_C

随 u_{BE} 线性增长。因此,折线化后的转移特性曲线可用下式表示:

$$i_C = \begin{cases} g_c(u_{BE} - U_{BE(on)}) & u_{BE} > U_{BE(on)} \\ 0 & u_{BE} \leq U_{BE(on)} \end{cases} \qquad (4.1.6)$$

式中, g_c 为斜线的斜率。

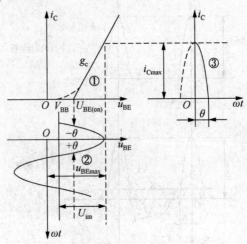

图 4.1.3 丙类工作情况的输入电压、集电极电流波形

在晶体管基极施加电压为 $u_{BE} = V_{BB} + u_i = V_{BB} + U_{im}\cos(\omega t)$,其波形如图 4.1.3 中②所示,则集电极电流 i_C 的波形如图 4.1.3 中③所示。 θ 为导通角。

在放大区,将 $u_{BE} = V_{BB} + u_i = V_{BB} + U_{im}\cos(\omega t)$ 代入式(4.1.6),可以得到

$$i_C = g_c[V_{BB} + U_{im}\cos(\omega t) - U_{BE(on)}] \qquad (4.1.7)$$

当 $\omega t = \theta$ 时, $i_C = 0$,由式(4.1.7)可得

$$\theta = \arccos \frac{U_{BE(on)} - V_{BB}}{U_{im}}$$

或写成

$$\cos\theta = \frac{U_{BE(on)} - V_{BB}}{U_{im}} \qquad (4.1.8)$$

丙类工作状态的导通角可根据式(4.1.8)来设置。

当 $\omega t = 0$ 时, $i_C = i_{Cmax}$,由式(4.1.7)和(4.1.8)可得

$$g_c U_{im} = \frac{i_{Cmax}}{1 - \cos\theta} \qquad (4.1.9)$$

所以,式(4.1.7)可以写成

$$i_C = g_c U_{im}\left[\cos(\omega t) - \frac{U_{BE(on)} - V_{BB}}{U_{im}}\right] = i_{Cmax}\frac{\cos(\omega t) - \cos\theta}{1 - \cos\theta} \qquad (4.1.10)$$

式(4.1.10)是集电极电流 i_C 的表达式,从该式可以看出,这是一个周期性的尖顶余弦脉冲函数,因此,可以用傅立叶级数展开,即

$$i_C = I_{C0} + I_{C1m}\cos(\omega t) + I_{C2m}\cos(2\omega t) + \cdots + I_{Cnm}\cos(n\omega t) + \cdots$$

其中,各个系数可用积分方法求得。例如

$$I_{C0} = \frac{1}{2\pi}\int_{-\theta}^{\theta} i_C \, d\omega t, \quad I_{C1m} = \frac{1}{\pi}\int_{-\theta}^{\theta} i_C \cos(\omega t) \, d\omega t, \quad \cdots$$

式中，i_C 用式(4.1.10)代入。由于 i_C 是 i_{Cmax} 和 θ 的函数，因此，它的直流分量和各次谐波也是 i_{Cmax} 和 θ 的函数，若 i_{Cmax} 固定，则只是 θ 的函数，通常表示为

$$I_{C0} = i_{Cmax}\alpha_0(\theta), \qquad I_{C1m} = i_{Cmax}\alpha_1(\theta), \qquad I_{C2m} = i_{Cmax}\alpha_2(\theta), \cdots \qquad (4.1.11)$$

其中，$\alpha_0(\theta)$，$\alpha_1(\theta)$，$\alpha_2(\theta)$，… 被称为尖顶余弦脉冲的分解系数，可计算出

$$\alpha_0(\theta) = \frac{\sin\theta - \theta\cos\theta}{\pi(1 - \cos\theta)}$$

$$\alpha_1(\theta) = \frac{\theta - \sin\theta\cos\theta}{\pi(1 - \cos\theta)}$$

$$\vdots$$

图 4.1.4 给出了 θ 在 $0\sim180°$ 范围内的分解系数曲线和波形系数曲线。表 4.1.1 列出了部分余弦脉冲分解系数值，以供查用。波形系数为

$$g_1(\theta) = \frac{\alpha_1(\theta)}{\alpha_0(\theta)} \qquad (4.1.12)$$

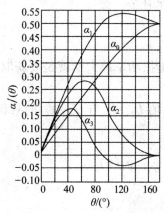 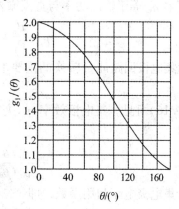

图 4.1.4　尖顶余弦脉冲的分解系数 $\alpha(\theta)$ 与波形系数 $g_1(\theta)$

表 4.1.1　常用余弦脉冲分解系数

$\theta°$	$\cos\theta$	α_0	α_1	α_2	g_1	$\theta°$	$\cos\theta$	α_0	α_1	α_2	g_1
0	1.000	0.000	0.000	0.000	2.00	75	0.259	0.269	0.455	0.258	1.69
40	0.766	0.147	0.280	0.241	1.90	80	0.174	0.286	0.472	0.245	1.65
50	0.643	0.183	0.339	0.267	1.85	90	0.000	0.319	0.500	0.212	1.57
55	0.574	0.201	0.366	0.273	1.82	100	-0.174	0.350	0.520	0.172	1.49
60	0.500	0.218	0.391	0.276	1.80	110	-0.342	0.379	0.531	0.131	1.40
65	0.423	0.236	0.414	0.274	1.76	120	-0.500	0.406	0.536	0.092	1.32
68	0.375	0.246	0.427	0.270	1.74	130	-0.643	0.431	0.534	0.058	1.24
70	0.342	0.253	0.436	0.267	1.73	150	-0.866	0.472	0.520	0.014	1.10
72	0.309	0.259	0.444	0.264	1.71	180	-1.000	0.500	0.500	0.000	1.00

4.1.3 输出功率与效率

由于输出回路谐振在基波频率上，输出电路中的高次谐波处于失谐状态，相应的输出电压很小，因此，在谐振功率放大器中只需研究直流及基波功率。放大器的输出功率 P_o 等于集电极电流基波分量在负载 R_e 上的平均功率，即

$$P_o = \frac{1}{2} I_{C1m} U_{cm} = \frac{1}{2} I_{C1m}^2 R_e = \frac{U_{cm}^2}{2R_e} \tag{4.1.13}$$

集电极直流电源提供的直流输入功率 P_E 为

$$P_E = I_{C0} V_{CC} \tag{4.1.14}$$

直流输入功率 P_E 与集电极输出功率 P_o 之差为集电极耗散功率 P_C，即

$$P_C = P_E - P_o \tag{4.1.15}$$

它是耗散在晶体管集电结上的损耗功率。

集电极效率 η_C 等于输出功率与直流输入功率的比值，即

$$\eta_C = \frac{P_o}{P_E} = \frac{1}{2} \cdot \frac{I_{C1m} U_{cm}}{I_{C0} V_{CC}} \tag{4.1.16}$$

它是表示集电极回路能量转换的重要参数。谐振功率放大器就是要获取尽量大的 P_o 和尽量高的 η_C。

由式(4.1.16)可见，集电极效率 η_C 决定于比值 I_{C1m}/I_{C0} 与 U_{cm}/V_{CC} 的乘积，前者称为波形系数，即

$$\frac{I_{C1m}}{I_{C0}} = \frac{i_{Cmax} \alpha_1(\theta)}{i_{Cmax} \alpha_0(\theta)} = \frac{\alpha_1(\theta)}{\alpha_0(\theta)} = g_1(\theta) \tag{4.1.17}$$

后者称为集电极电压利用系数，即

$$\xi = \frac{U_{cm}}{V_{CC}} \tag{4.1.18}$$

因此，式(4.1.16)又可写为

$$\eta_C = \frac{1}{2} g_1(\theta) \cdot \xi \tag{4.1.19}$$

可见，要提高 η_C，应提高输出电压幅度 U_{cm} 和增大波形系数 $g_1(\theta)$。从图 4.1.4 可以看出，θ 越小，$g_1(\theta)$ 越大，放大器的效率也就越高。在 $\xi = 1$ 的情况下，由式(4.1.19)可求得不同工作状态下放大器的效率分别为：

甲类工作状态，$\theta = 180°$，$g_1(\theta) = 1$，$\eta_C = 50\%$。

乙类工作状态，$\theta = 90°$，$g_1(\theta) = 1.57$，$\eta_C = 78.5\%$。

丙类工作状态，$\theta < 90°$，$g_1(\theta)$ 随 θ 减小而增大，$\theta = 0°$ 时，$g_1(\theta) = 2$，$\eta_C = 100\%$。但实际的 θ 不可能为零，因此，效率也不可能达到 100%。从图 4.1.4 可以看出，$\theta = 60°$ 时，$g_1(\theta) = 1.8$，$\eta_C = 90\%$。当 $\theta < 40°$ 后，继续减小 θ，波形系数的增加变得很缓慢，也就是说，θ 过小后，放大器的效率的提高就不显著了，而此时 $\alpha_1(\theta)$ 却迅速下降，为了达到一定的输出功率，所要求的输入激励信号 u_i 就要求增大，电路的安全性就会受到影响，所以，谐振功率放大器一般取 θ 为 70° 左右。

【例 4.1.1】 在图 4.1.1 中，若 $U_{BE(on)} = 0.6$ V，$g_c = 10$ mA/V，$i_{Cmax} = 20$ mA，$V_{CC} = 12$ V，求当 θ 分别为 180°、90° 和 60° 时的输出功率和相应的基极偏压 V_{BB}，以及 $\theta = 60°$ 时的集电极效率。（忽略集电极饱和压降）

解： 由图 4.1.4 可知

$$\alpha_0(60°) = 0.22，\ \alpha_1(180°) = \alpha_1(90°) = 0.5，\ \alpha_1(60°) = 0.39$$

在 $\xi = \dfrac{U_{cm}}{V_{CC}} = 1$ 时，$U_{cm} = V_{CC} = 12$ V

所以，根据式（4.1.11）和式（4.1.13）可得

在 $\theta = 180°$（甲类工作状态）时，有

$$I_{C1m} = i_{Cmax}\alpha_1(180°) = 20 \times 0.5 = 10 \text{ mA}$$

$$P_o = \frac{1}{2}I_{C1m}U_{cm} = \frac{1}{2} \times 10 \times 12 = 60 \text{ mW}$$

$$V_{BB} = U_{BE(on)} + U_{im} = U_{BE(on)} + \frac{i_{Cmax}}{g_c(1-\cos\theta)} = 0.6 + \frac{20}{10 \times 2} = 1.6 \text{ V}$$

在 $\theta = 90°$（乙类工作状态）时，有

$$I_{C1m} = i_{Cmax}\alpha_1(90°) = 20 \times 0.5 = 10 \text{ mA}$$

$$P_o = \frac{1}{2}I_{C1m}U_{cm} = \frac{1}{2} \times 10 \times 12 = 60 \text{ mW}$$

$$V_{BB} = U_{BE(on)} = 0.6 \text{ V}$$

在 $\theta = 60°$ 时，有

$$I_{C1m} = i_{Cmax}\alpha_1(60°) = 20 \times 0.39 = 7.8 \text{ mA}$$

$$P_o = \frac{1}{2}I_{C1m}U_{cm} = \frac{1}{2} \times 7.8 \times 12 = 46.8 \text{ mW}$$

$$I_{C0} = i_{Cmax}\alpha_0(60°) = 20 \times 0.22 = 4.4 \text{ mA}$$

$$\eta_C = \frac{1}{2} \cdot \frac{I_{C1m}U_{cm}}{I_{C0}V_{CC}} = \frac{1}{2} \times \frac{7.8 \times 12}{4.4 \times 12} = 0.86 = 86\%$$

由式（4.1.9）可知

$$U_{im} = \frac{i_{Cmax}}{g_c(1-\cos\theta)}$$

故由式（4.1.8）可求得

$$V_{BB} = U_{BE(on)} - U_{im}\cos\theta = U_{BE(on)} - \frac{i_{Cmax}\cos\theta}{g_c(1-\cos\theta)}$$

$$= 0.6 - \frac{20\cos 60°}{10(1-\cos 60°)} = -1.4 \text{ V}$$

4.2 谐振功率放大器的工作状态分析

影响谐振功率放大器的输出功率、效率及集电极功耗的参数有输入信号幅度（U_{im}）、

基极偏置电压(V_{BB})、集电极偏置电压 V_{CC}，以及集电极负载回路的谐振电阻(R_e)等，当改变这些参数的大小时，放大器的工作状态会产生相应变化，放大器的特性也会发生相应变化。通过对这些特性的分析，可以了解谐振功率放大器的应用及正确的调试方法。

4.2.1 谐振功率放大器工作状态与负载特性

1. 欠压、临界和过压工作状态

放大器的工作状态可以根据晶体管的工作是否进入截止区和进入截止区的时间相对长短分为甲类、甲乙类、乙类和丙类等。而在丙类谐振放大器中还可根据晶体管工作是否进入饱和区，将其分为欠压、临界和过压工作状态。将不进入饱和区的工作状态称为欠压状态，其集电极电流如图 4.2.1 曲线①所示，为尖顶余弦脉冲。将进入饱和区的工作状态称为过压状态，其集电极电流脉冲形状如图 4.2.1 曲线③所示，为中间凹陷的余弦脉冲。如果晶体管工作刚好不进入饱和区，称为临近工作状态，其集电极电流脉冲形状如图 4.2.1 曲线②所示，虽然仍为尖顶余弦脉冲，但顶端变化平缓。

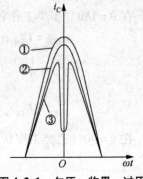

图 4.2.1 欠压、临界、过压
状态集电极电流脉冲形状

在谐振功率放大器中，虽然三种状态下集电极电流都是脉冲波形，由于谐振回路的滤波作用，放大器的输出电压仍然为没有失真的余弦波形。

下面对三种工作状态的特点加以说明。

（1）欠压工作状态

丙类谐振功率放大器工作在欠压状态时，晶体管工作在放大区，因此，需要满足 $u_{CE} > u_{BE}$（此时发射结为正向偏置，集电结为反向偏置），而基极电压最大值 u_{BEmax} 和集电极电压最小值 U_{CEmin} 出现在同一时刻，所以只要 U_{CEmin} 较大（大于 u_{BEmax}），晶体管就不会进入饱和区而工作在欠压状态。

（2）过压工作状态

丙类谐振功率放大器工作在过压状态时，晶体管工作在饱和区，因此，需满足 $u_{CE} < u_{BE}$（此时发射结为正向偏置，集电结也是正向偏置），u_{CE} 的最小值 U_{CEmin} 出现在 $\omega t = 0$ 附近，所以在此附近晶体管的工作最先进入饱和区，而在饱和区晶体管集电结被加上正向电压，u_{BE} 的增加对 i_C 的影响很小，而 i_C 却随 u_{CE} 的下降迅速减小，所以使得集电极电流脉冲顶部产生下凹现象。U_{CEmin} 越小，过压程度越深，脉冲凹陷越深。

（3）临界工作状态

晶体管工作在欠压区和过压区之间的临界点上，晶体管刚好不进入饱和区。

2. 负载特性

负载特性是指当保持 U_{im}、V_{BB}、V_{CC} 不变而改变 R_e 时，放大器的集电极电流 I_{C0}、I_{C1m}、电压 U_{cm}、输出功率 P_o、集电极功耗 P_C、电源功率 P_E 及集电极效率 η_C 随之变化的特性。

由于 $u_{CE} = V_{CC} + u_c = V_{CC} - U_{cm}\cos(\omega t)$，在 U_{im}、V_{BB}、V_{CC} 不变的情况下，随着 R_e 的由

小变大，会出现 $u_{CE} > u_{BE}$、$u_{CE} = u_{BE}$、$u_{CE} < u_{BE}$ 三种情况，因此，随着 R_e 由小变大，放大器的工作状态为由欠压状态→临界状态→过压状态。集电极电流脉冲变化情况如图 4.2.2 所示。

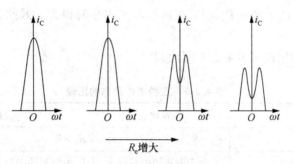

R_e 增大

图 4.2.2　i_C 波形随 R_e 的变化特性

其他参数随 R_e 的变化规律如图 4.2.3 所示

在欠压状态，晶体管工作在放大区，随着 R_e 的增加 I_{C0}、I_{C1m} 基本保持不变，$U_{cm} = I_{C1m}R_e$，因此 U_{cm} 基本保持不变。但在过压状态 i_C 脉冲的凹陷程度迅速增加，I_{C0}、I_{C1m} 急剧下降，所以 U_{cm} 随着 R_e 的增加缓慢上升，如图 4.2.3(a) 所示。

放大器的功率与效率随 R_e 变化的曲线如图 4.2.3(b) 所示，根据图 4.2.3(a) 的分析不难说明它们的变化规律。

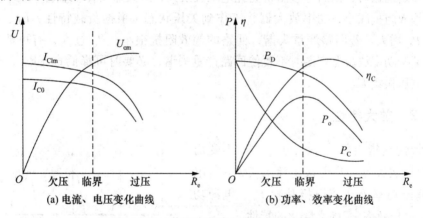

(a) 电流、电压变化曲线　　　　(b) 功率、效率变化曲线

图 4.2.3　谐振功率放大器的负载特性

在欠压状态输出功率 P_o 较小，P_C 较大，η_C 低；过压状态，U_{cm} 基本保持不变，P_o、P_C 随 R_e 增加而下降，η_C 略有上升；临界状态，P_o 最大，η_C 较高；弱过压状态，P_o 虽不是最大，但仍较大，且 η_C 还略有提高。由此可见，谐振功率放大器要得到大功率、高效率的输出，应工作在临界或弱过压状态。临界状态对应的负载电阻称为临界电阻，用 R_{eopt} 表示。谐振功率放大器要匹配工作，就要保证负载阻抗等于 R_{eopt}，因此，又称临界状态为最佳工作状态。工程上，R_{eopt} 可以根据所需输出功率 P_o 由下式近似确定。

$$R_{eopt} = \frac{1}{2} \frac{U_{cm}^2}{P_o} = \frac{1}{2} \frac{(V_{CC} - U_{CE(Sat)})^2}{P_o} \tag{4.2.1}$$

式中，$U_{CE(sat)}$ 为集电结饱和压降。R_{eopt} 为放大器的匹配电阻，或者说，当 R_{eopt} 与晶体管的输出阻抗相匹配时，放大器的输出功率最大、效率较高。同时，为了保证放大器的输出功率最大、效率较高，就要求负载阻抗 R_L 在谐振时通过滤波匹配网络产生的等效阻抗应等于 R_{eopt}。

需要注意的是，$P_C = P_E - P_o$，P_C 在回路阻抗很小时很大。因此，回路失谐大时易损坏功率管，须加以注意。

三种工作状态的比较如表 4.2.1 所示。

表 4.2.1 三种工作状态的比较

欠压状态	临界状态	过压状态
$R_e < R_{eopt}$	$R_e = R_{eopt}$	$R_e > R_{eopt}$
i_C 为不失真的余弦脉冲	i_C 为不失真的余弦脉冲	i_C 为失真的尖顶余弦脉冲(顶部下凹)
P_o 小、P_C 大、η_C 低	P_o 最大、η_C 较高	η_C 高，但 P_o 小
当 $R_e = 0$ 时，$P_C = P_E$ 即直流功率全加在集电结上，会烧坏功率管		R_e 越大，P_o 就越小，要获得大功率，就要增大 U_{im}，功率管会因过载而烧毁

【例 4.2.1】 谐振功率放大器原来工作在临界状态，若集电极回路稍有失谐，放大器的 I_{C0}、I_{C1m} 将如何变化？P_C 将如何变化？

解： 回路谐振时，回路等效阻抗为纯电阻且最大，放大器工作在临界状态。当回路失谐，回路等效阻抗减小，功率放大器将工作到欠压状态，根据负载特性，I_{C0}、I_{C1m} 增大，P_o 减小，P_C 增大。若回路严重失谐，回路的等效阻抗很小，P_C 过大，有可能损坏功率管。所以谐振功率放大器调谐时不要使回路严重失谐，必要时可降低直流电源电压 V_{CC} 或降低输入电压振幅 U_{im}。

4.2.2 放大特性

放大特性是指当保持 V_{BB}、V_{CC}、R_e 不变而改变 U_{im} 时，放大器的集电极电流 I_{C0}、I_{C1m}、电压 U_{cm}、输出功率 P_o、集电极功耗 P_C、电源功率 P_E 及集电极效率 η_C 随之变化的特性。

在 V_{BB}、V_{CC}、R_e 不变的情况下，随着 U_{im} 由小变大，会出现 $u_{CE} > u_{BE}$、$u_{CE} = u_{BE}$、$u_{CE} < u_{BE}$ 三种情况，因此，随着 U_{im} 由小变大，放大器的工作状态由欠压状态→临界状态→过压状态。集电极电流脉冲变化情况如图 4.2.4(a) 所示。I_{C0}、I_{C1m}、U_{cm} 随 U_{im} 的变化情况如图 4.2.4(b) 所示。

由图可见，在欠压区域输出电压振幅与输入电压振幅基本成正比，即电压增益近似为常数。利用这一特点可将谐振功率放大器用作电压放大

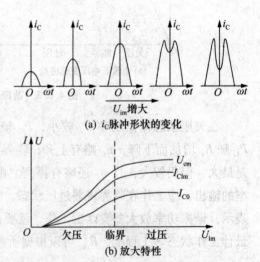

(a) i_C 脉冲形状的变化

(b) 放大特性

图 4.2.4 U_{im} 对放大器工作状态的影响

器，所以也称这组曲线为放大特性曲线。

4.2.3　基极调制特性

基极调制特性是指当保持 U_{im}、V_{CC}、R_e 不变而改变 V_{BB} 时，放大器的集电极电流 I_{C0}、I_{C1m}、电压 U_{cm}、输出功率 P_o 及集电极效率 η_C 随之变化的特性。

在 U_{im}、V_{CC}、R_e 不变的情况下，随着 V_{BB} 由小变大，会出现 $u_{CE} > u_{BE}$、$u_{CE} = u_{BE}$、$u_{CE} < u_{BE}$ 三种情况，因此，随着 V_{BB} 由小变大，放大器的工作状态由欠压状态→临界状态→过压状态。集电极电流脉冲变化情况如图 4.2.5(a)所示。I_{C0}、I_{C1m}、U_{cm} 随 V_{BB} 的变化情况如图 4.2.5(b)所示。

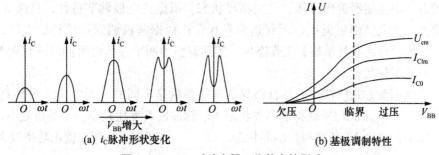

(a) i_C 脉冲形状变化　　　　　　　　(b) 基极调制特性

图 4.2.5　V_{BB} 对放大器工作状态的影响

由图可见，在欠压区域，集电极电压的幅度 U_{cm} 与 V_{BB} 基本成正比，利用这一特点，可控制 V_{BB} 实现对电流、电压、功率的控制，称这种工作方式为基极调制，所以把图 4.2.5(b)所示的特性曲线称为基极调制特性曲线。也就是说，要实现基极调制，必须使放大器工作在欠压状态。

4.2.4　集电极调制特性

集电极调制特性是指当保持 U_{im}、V_{BB}、R_e 不变而改变 V_{CC} 时，放大器的集电极电流 I_{C0}、I_{C1m}、电压 U_{cm}、输出功率 P_o 及集电极效率 η_C 随之变化的特性。

在 U_{im}、V_{BB}、R_e 不变的情况下，随着 V_{CC} 由小变大，会出现 $u_{CE} < u_{BE}$、$u_{CE} = u_{BE}$、$u_{CE} > u_{BE}$ 三种情况，因此，随着 V_{CC} 由小变大，放大器的工作状态由过压状态→临界状态→欠压状态。集电极电流脉冲变化情况如图 4.2.6(a)所示。I_{C0}、I_{C1m}、U_{cm} 随 V_{CC} 的变化情况如图 4.2.6(b)所示。

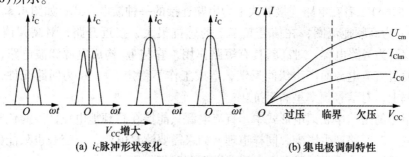

(a) i_C 脉冲形状变化　　　　　　　　(b) 集电极调制特性

图 4.2.6　V_{CC} 对放大器工作状态的影响

由图可见，在过压区域，集电极电压的幅度 U_{cm} 与 V_{CC} 基本成正比，利用这一特点，可控制 V_{CC} 实现对电流、电压、功率的控制，称这种工作方式为集电极调制，所以把图4.2.6(b)所示的特性曲线称为集电极调制特性曲线。也就是说，要实现集电极调制，必须使放大器工作在过压状态。

【例 4.2.2】 已知一谐振功率放大器原来工作在过压状态，现欲将它调整到临界状态，可改变哪些参数？不同的调整方法所得到的输出功率是否相同？

解： 在条件允许的情况下，分别调节 R_e、V_{CC}、V_{BB} 和 U_{im} 都可使谐振功率放大器退出过压达到临界工作状态。

根据负载特性，其他参数不变，只调节谐振回路等效谐振电阻 R_e，使其数减小，放大器工作状态，将会逐渐退出过压，达到临界状态；根据集电极调节特性，只调节 V_{CC}，使其数值增大，放大器便可退出过压到达临界状态；根据基极调制特性和放大特性，降低 V_{BB} 或 U_{im} 也可使放大器处于临界工作态度。实际调整中四个参数也可同时进行调节，以便获得最理想的工作状态。

四种单独调节方式所获得的各自临界状态的参数是不同的，所以输出功率 P_o 是不相同的。其中降低 V_{BB} 或 U_{im} 所获得的临界状态，i_C 脉冲的高度比较小，导通角变小，所以输出功率比较小；增大 V_{CC} 所获得的临界状态，由于 u_c 幅度较大，所以输出功率较大。

4.3 谐振功率放大器电路

谐振功率放大器电路通常包括直流馈电电路(包括集电极馈电和基极馈电)和滤波匹配网络(包括输入滤波匹配网络和输出滤波匹配网络)组成，由于工作频率及使用场合的不同，电路组成形式也各不相同，现对常用电路组成形式进行讨论。

4.3.1 直流馈电电路

1. 集电极直流馈电电路

集电极馈电可分为两种形式，一种为串联馈电，一种为并联馈电。

(1) 串联馈电

串联馈电，是指直流电源 V_{CC}、集电极谐振回路负载(滤波匹配网络)和晶体管集电极(c)、发射极(e)三者在电路连接形式上为串联连接的一种馈电方式，如图 4.3.1(a)所示。

图中 L_C 为高频扼流圈，在信号频率上的感抗很大，接近开路，对高频信号具有"抑制"作用。C_{C1} 为旁路电容，对高频具有短路作用，它与 L_C 构成电源滤波电路，用以避免信号电流通过直流电源而产生级间反馈，造成工作不稳定。L、C 为回路元件，它们谐振在信号频率上，对信号频率呈高阻抗。

需要指出的是，串联馈电形式中，直流电源只能接在高频地电位，以避免直流电源对地的分布电容对回路产生影响。同样道理，如果需要测量电流，电流表也只能串接在高频地电位，以避免电流表对地的分布电容对谐振回路产生影响。

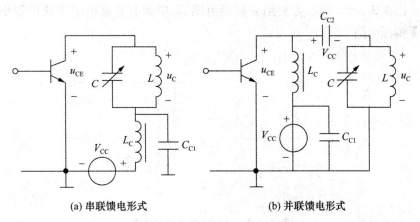

(a) 串联馈电形式　　　　　　　(b) 并联馈电形式

图 4.3.1　集电极直流馈电电路

（2）并联馈电

如果把上述三部分并联连接在一起，如图 4.3.1（b）所示，称为并联馈电。

图中 L_C 为高频扼流圈，在信号频率上的感抗很大，接近开路，对高频信号具有"抑制"作用。C_{C1} 为旁路电容，C_{C2} 为隔直电容，对信号频率短路，对直流开路，防止直流电源通过 L 对地短路。

需要指出的是，L_C 感抗的大小是相对谐振电阻 R_e 而言的。因为在信号频率上，L_C 和 R_e 是并联的，当满足 $\omega L_C \gg R_e$ 时，则认为集电极电流中的基波分量只通过谐振回路。同样道理，$\dfrac{1}{\omega C_{C1}}$ 的大小也是相对 R_e 而言的，应满足 $\dfrac{1}{\omega C_{C1}} \ll R_e$。

串联馈电与并联馈电这两种馈电方式各有其特点。对于串联馈电，主要优点是线路简单，馈电元件处于高频地电位，分布电容不影响回路的谐振频率；主要缺点是谐振回路处于直流高电位，回路不能直接接地，调整不方便，维护使用不安全。对于并联馈电，其谐振回路两端均处于直流地电位，因而调整起来安全方便，这是它的优点；缺点是馈电线路元件 L_C、C_{C1} 处于高频高电位，因而分布电容直接影响谐振回路的谐振频率。

2. **基极直流馈电电路**

要使放大器工作在丙类，功率管基极应加反向偏压或加小于导通电压 $U_{BE(on)}$ 正向偏压。基极馈电电路原则上和集电极馈电相同，为减少直流电源数量，基极偏置电压可采用集电极直流电源经电阻分压后供给，也可采用自给偏压电路来获得，其中采用 V_{CC} 分压后供给，只能提供小的正向基极偏压，自给偏压只能提供反向偏压。

V_{CC} 分压后供给电路如图 4.3.2 所示。调节 R_1、R_2 的数值，可改变偏压值的大小。应当注意，电阻数值应尽量选大一些，以减小分压电阻的损耗。

常见的自给偏压电路如图 4.3.3 所示。图 4.3.3（a）所示是利用基极电流脉冲 i_B 中直流成分 I_{B0} 流经 R_B 来产生偏置电压，故称为基极自给偏压电路。显然，根据 I_{B0} 的流向它是反向的。由图可见，偏置电压 $V_{BB} = -I_{B0}R_B$。电容 C_B 的容量要足够大，以便有效短路基波及各次谐波电流，使得 R_B 上产生稳定的直流压降。改变 R_B 的大小，可调节反向偏置电压的大小。图 4.3.3(b)所示为利用高频扼流圈 L_B 中固有直流电阻来获得很小的方向偏压，称为零偏压电路。

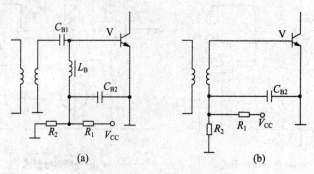

图 4.3.2　分压式基极偏置电路

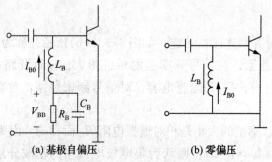

图 4.3.3　基极自给偏压电路

　　自给偏置电路提供的偏压数值，会随输入信号幅度 U_{im} 而变化。若 U_{im} 增大，I_{B0}、I_{E0} 增大，负偏压亦增大，这种效应称为自给偏置效应。自给偏置效应能使放大器工作状态变化小，因而能够自动维持放大器的工作稳定。这一特点，对于要求输出电压稳定（如用于放大载波或调频波）的放大器来说是有利的，但对于要求具有线性放大特性（如用于调幅波）的放大器来说则是不利的。

4.3.2　滤波匹配网络

1. 对滤波匹配网络的要求

　　为了使谐振功率放大器的输入端能够从信号源或前级功放获得较大的有效功率，输出端能向负载输出不失真的最大功率或满足后级功放的要求，在谐振功率放大器的输入和输出端必须加上匹配网络。如果谐振功率放大器的负载是下级放大器输入阻抗，应采用"输入匹配网络"或"级间耦合网络"；如果谐振功率放大器的负载是天线或其他终端负载，应采用"输出匹配网络"。对输入匹配网络与输出匹配网络的要求略有不同，但基本设计方法相同，这里主要讨论输出匹配网络。

　　对输出匹配网络的主要要求如下：

　　（1）匹配网络应有选频作用，充分滤除不需要的直流和谐波分量，以保证外接负载上仅输出高频基波。

（2）匹配网络还应具有阻抗变换作用，即把实际负载 R_L 的阻抗转变为纯阻性，且其数值应等于谐振功率放大器所要求的最佳负载电阻值，以保证放大器工作在所设计的状态。若要求大功率、高效率输出，则应工作在临界状态，因此需将外接负载变换成临界负载电阻 R_{eopt}。

（3）匹配网络应能将功率管给出的信号功率高效率传送到外接负载 R_L 上，即要求匹配网络的效率高。匹配网络本身固有损耗应尽可能地小。

（4）在有多个电子器件同时输出功率的情况下，应保证它们都能有效地传送功率给公共负载，同时又要尽可能地使这几个电子器件彼此隔离，互不影响。

在谐振功率放大器中，常用的匹配网络有 L 型、Π 型、T 型以及由它们组成的多级网络。下面将对它们的阻抗变换特性进行分析。

2. LC 网络的阻抗变换作用

（1）串并联阻抗变换公式

若需将一个由电抗和电阻接成的串联支路转换为等效的并联支路或将并联支路转换为等效的串联支路（图 4.3.4），则根据等效的原理，令两者的端导纳相等

由图 4.3.4（a）可得

$$Y_S = \frac{1}{R_S + jX_S} = \frac{R_S}{R_S^2 + X_S^2} - j\frac{X_S}{R_S^2 + X_S^2}$$

由图 4.3.4（b）可得

$$Y_P = \frac{1}{R_P} + \frac{1}{jX_P} = \frac{1}{R_P} - j\frac{1}{X_P}$$

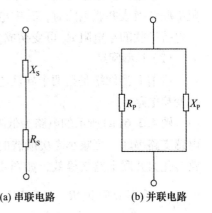

(a) 串联电路　　　　(b) 并联电路

图 4.3.4　串、并联电路阻抗转换

由此可得它们之间的转换关系为

$$R_P = \frac{R_S^2 + X_S^2}{R_S} = R_S\left(1 + \frac{X_S^2}{R_S^2}\right) = R_S(1 + Q_e^2) \tag{4.3.1}$$

$$X_P = \frac{R_S^2 + X_S^2}{X_S} = X_S\left(1 + \frac{R_S^2}{X_S^2}\right) = X_S\left(1 + \frac{1}{Q_e^2}\right) \tag{4.3.2}$$

式中

$$Q_e = \frac{X_S}{R_S} = \frac{R_P}{X_P} \tag{4.3.3}$$

反之，可得出并联阻抗转换为串联阻抗的关系式为

$$R_S = \frac{X_P^2}{R_P^2 + X_P^2}R_P = \frac{1}{1 + Q_e^2}R_P \tag{4.3.4}$$

$$X_S = \frac{R_P^2}{R_P^2 + X_P^2}X_P = \frac{1}{1 + \frac{1}{Q_e^2}}X_P \tag{4.3.5}$$

通过上述分析可知，当 Q_e 取定后，将串联支路转换为并联支路时，并联支路的等效电阻和等效电抗恒大于串联支路的电阻和电抗。反之，将并联支路转换为串联支路时，串

联支路的等效电阻和等效电抗恒小于并联支路的电阻和电抗。

【例4.3.1】 将图4.3.5(a)所示电感与电阻串联电路变换成图4.3.5(b)所示并联电路。已知工作频率为100 MHz，$L_S = 100$ nH，$R_S = 10$ Ω，求 R_P 和 L_P。

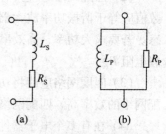

解：由式(4.3.3)可得

$$Q_e = \frac{|X_S|}{R_S} = \frac{\omega L_S}{R_S} = \frac{2\pi \times 100 \times 10^6 \times 100 \times 10^{-9}}{10} = 6.28$$

再由式(4.3.1)和(4.3.2)分别求得

图 4.3.5 电感、电阻串并联电路变换

$$R_P = R_S(1 + Q_e^2) = 10 \times (1 + 6.28^2) = 404 \ \Omega$$

$$L_P = L_S\left(1 + \frac{1}{Q_e^2}\right) = 100 \times \left(1 + \frac{1}{6.28^2}\right) = 102.5 \ \text{nH}$$

由上述计算结果可知，当 $Q_e \gg 1$ 时，L_P 与 L_S 的值相差不大，这就是说，将电抗与电阻串联变换成并联电路时，其中电抗元件参数近似不变，但电阻值却发生了较大的变化，与电抗串联的小电阻 R_S 可变换成与电抗并联的一大电阻 R_P；反之亦然。

(2) L型网络

所谓 L 型网络是指两个异性电抗支路连接成"L"形结构的匹配网络，它是最简单的阻抗变换电路。

图4.3.6(a)所示的电路为低阻变高阻滤波匹配网络，R_L 为外接实际负载电阻，它与电感支路串联，可减小高次谐波的输出，对提高滤波性能有利。将它的 L 和 R_L 的串联支路转化为并联电路来等效，如图4.3.5(b)所示。在工作频率上并联谐振回路谐振，$\omega = \frac{1}{\sqrt{L'C}}$，其等效阻抗 R_e 等于 R'_L，$R'_L = R_L(1 + Q_e^2)$，由于 $Q_e > 1$，因此 $R_e > R_L$，即图4.3.6(a)所示的 L 型网络可以将低电阻变为高电阻，其变换倍数取决于 Q_e。

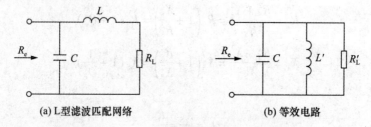

(a) L型滤波匹配网络   (b) 等效电路

图 4.3.6 低阻变高阻 L 型滤波匹配网络

为实现阻抗匹配，在已知 R_e、R_L 的情况下，即可求出回路的品质因数 Q_e。

$$Q_e = \sqrt{\frac{R_e}{R_L} - 1} \tag{4.3.6}$$

【例4.3.3】 已知某谐振功放的 $f = 50$ MHz，实际负载电阻 $R_L = 10$ Ω，放大器处于临界工作状态，所要求的匹配负载为 $R_e = 200$ Ω，试确定图4.3.6(a)所示 L 形滤波匹配网络的参数。

解：由式(4.3.6)可得

$$Q_e = \sqrt{R_e/R_L - 1} = \sqrt{19} = 4.36$$

由式(4.3.3)和(4.3.2)可求得

$$L = \frac{Q_e R_L}{\omega} = \frac{4.36 \times 10}{2 \times 3.14 \times 5 \times 10^7} H = 139 \text{ nH}$$

$$L' = L(1 + 1/Q_e^2) = 139 \times (1 + 1/4.36^2) \text{ mH} = 146 \text{ nH}$$

$$C = \frac{1}{\omega^2 L'} = 69 \text{ pF}$$

如果外接负载电阻 R_L 较大，而放大器要求的负载 R_e 较小，则采用图 4.3.7(a)所示的高阻变低阻 L 型滤波匹配网络。在工作频率上并联谐振回路谐振，$\omega = \dfrac{1}{\sqrt{L'C}}$，其等效阻抗 R_e 等于 R_L'，$R_L' = R_L/(1 + Q_e^2)$，由于 $Q_e > 1$，因此 $R_e < R_L$，即图 4.3.7(a)所示的 L 型网络可以将高电阻变为低电阻。

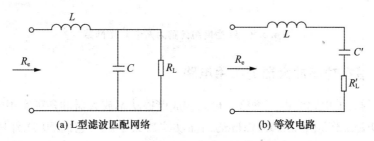

(a) L型滤波匹配网络　　　(b) 等效电路

图 4.3.7　高阻变低阻 L 型滤波匹配网络

在已知 R_e、R_L 的情况下，为实现阻抗匹配，即可求出回路的品质因数 Q_e

$$Q_e = \sqrt{\frac{R_L}{R_e} - 1} \tag{4.3.7}$$

L 型网络的优点是结构简单，但是，当 R_e 和 R_L 给定后，Q_e 值也就完全确定了，不能再进行调整。因此，这种网络只能实现阻抗变换，而无法兼顾滤波特性和回路效率。

(3) Π 型网络和 T 型网络

由 L 型滤波匹配网络阻抗变换前后的电阻值相差$(1 + Q_e^2)$倍（或$\dfrac{1}{1 + Q_e^2}$倍），但是，如果给定的 R_e 和 R_L 相差很小时，此时回路的品质因数 Q_e 值会很小，Q_e 值越小，回路的滤波特性就越差。为了克服这一缺点，可以采用 Π 型网络和 T 型网络来实现其阻抗变换。

所谓 Π 型和 T 型网络是指三个电抗支路（其中两个电抗支路是同性电抗，另一个支路是异性电抗）接成"Π"形和"T"形结构的匹配网络，如图 4.3.8 所示。

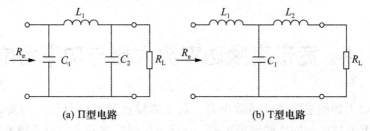

(a) Π型电路　　　　　　(b) T型电路

图 4.3.8　Π 型和 T 型滤波匹配网络

实际上 Ⅱ 型和 T 型网络的各种实现电路都可看成由两个串联的 L 型网络组成。但是，分解时必须注意每个 L 型网络的两个元件的电抗应是异性的。

以图 4.3.9 为例，Ⅱ 型分割后组成两个 L 型网络，L_{12} 和 C_2 构成由高到低的阻抗变换网络，它将实际负载电阻 R_L 变换成低阻 R_L'，L_{11} 和 C_1 构成由低到高的阻抗变换网络，再将 R_L' 变换成谐振功放所要求的最佳负载电阻。恰当选择两个 L 型网络的 Q 值，就可以兼顾到滤波和阻抗匹配的要求。

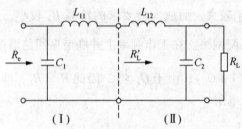

图 4.3.9　Ⅱ 型网络分解为两个 L 型网络

4.3.3　谐振功率放大器的实用电路

采用不同的馈电电路和匹配网络，可以构成谐振功率放大器的各种实用电路。

图 4.3.10 是工作频率为 160 MHz 的谐振功率放大电路，它向 50 Ω 外接负载提供 13 W 功率，功率增益达到 9 dB。电路基极采用自给偏置电路，由高频扼流圈 L_B 中的直流电阻产生很小的反向偏置电压。集电极采用并联馈电电路，L_C 为高频扼流圈，C_{C1} 为旁路电容。在放大器的输入端采用 T 型匹配网络，调节 C_1 和 C_2，使该滤波匹配网络谐振在工作频率上，并将功率管的输入阻抗变换为前级放大器所要求的 50 Ω 匹配电阻。放大器的输出端采用 L 型匹配网络，通过调节 C_3 和 C_4，使该滤波匹配网络谐振在工作频率上，并将 50 Ω 外接负载电阻变换为放大管所要求的匹配阻抗。

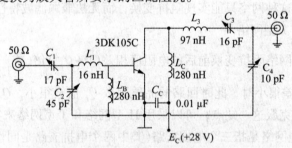

图 4.3.10　160 MHz 谐振功率放大电路

4.4　宽带高频功率放大器与功率合成

谐振功率放大器的主要优点是效率高，其主要缺点是调谐烦琐，当要改变工作频率时，必须改变其滤波匹配网络的谐振频率，这在现代通信中的多频道通信系统和相对带宽较宽的高频设备中就不适用了。对于要求工作于多个频道，快速换频的发射机、电子对抗系统等设备，必须采用无需人工调节工作频率的宽频带高频功率放大器。

显然，宽频带高频功率放大器中不再用选频网络作为滤波匹配网络，而是选用宽频带变压器作为输入、输出、级间耦合电路，并实现阻抗匹配。其中，最常见的是用传输线变压器作为匹配网络。由于无选频滤波性能，所以宽带高频功率放大器一般工作在甲类状态，不能工作在丙类状态。同时，为了减小失真，应避免让功放管工作时接近截止或饱和状态。因此，宽带高频功率放大器的效率较低，输出功率小。为了获得大的功率输出，通常采用功率合成技术来实现。

4.4.1 传输线变压器的特性及其应用

1. 宽频带特性

普通变压器上、下限频率的扩展方法是相互制约、相互矛盾的。为了扩展下限频率，就需要增大初级线圈电感量，使其在低频段也能获得较大的输入阻抗，例如采用高导磁率的高频磁芯和增加初级线圈的匝数，但这样做将使变压器的漏感和分布电容增大，降低了上限频率。为了扩展上限频率，就需要减小漏感和分布电容，减小高频功耗，例如采用低磁导率的高频磁芯和减少线圈的匝数，但这样做又会使下限频率提高。

传输线变压器是基于传输线原理和变压器原理二者相结合而产生的一种耦合元件。它是将传输线（双绞线、带状线或同轴线等）绕在高导磁率的高频磁芯上构成的，以传输线方式与变压器方式同时进行能量传输。

图 4.4.1(a) 所示为 1 : 1 传输线变压器的结构示意图，它是由两根等长的导线紧靠在一起并绕在磁环上构成的。用虚线表示的导线 1 端接信号源，2 端接地。用实线表示的另一根导线 3 端接地，4 端接负载。图 4.4.1(b) 所示为以传输线方式工作的电路形式，图 4.4.1(c) 所示为以普通变压器方式工作的电路形式。为了便于比较，它们的一次、二次侧都有一端接地。

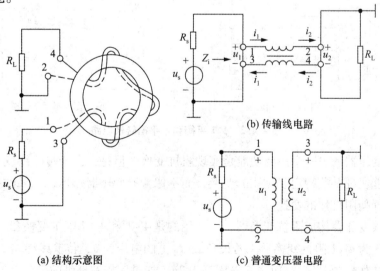

(a) 结构示意图

(b) 传输线电路

(c) 普通变压器电路

图 4.4.1 1 : 1 传输线变压器结构和工作原理

在以传输线方式工作时，信号从1、3端输入，2、4端输出。如果信号的波长与传输线的长度可以相比拟，两根导线固有的分布电感和相互间的分布电容就构成了传输线的分布参数等效电路。若传输线是无损耗的，则传输线的特性阻抗为

$$Z_C = \sqrt{\frac{2(L_0 - M_0)}{C_0}} \quad (4.4.1)$$

式中，L_0、M_0、C_0 分别是两导线单位长度的电感量、互感量和电容量。

若 Z_C 与负载电阻 R_L 相等，则称为传输线终端匹配。

在无耗、匹配情况下，若传输线长度 l 与工作波长 λ 相比足够小（$l < \lambda_{min}/8$）时，可以认为传输线上任何位置处的电压或电流的振幅均相等，且输入阻抗 $Z_i = Z_C = R_L$，故为1:1变压器。可见，此时负载上得到的功率与输入功率相等且不因频率的变化而变化。

在以变压器方式工作时，信号从1、2端输入，3、4端输出。由于输入、输出线圈长度相同，从图4.4.1(c)可见，这是一个1:1反相变压器。

当工作在低频段时，由于信号波长远大于传输线长度，分布参数很小，可以忽略，故变压器方式起主要作用。由于磁芯的磁导率高，因此虽传输线较短也能获得足够大的初级电感量，保证了传输线变压器的低频特性较好。

当工作在高频段时，传输线起主要作用，在无耗且匹配的情况下，上限频率将不受漏感、分布电容、高导磁率磁芯的限制。其上限频率取决于传输线长度，长度越短，上限频率越高。

由以上分析可知，传输线变压器具有良好的宽频带特性。

2. 传输线变压器的功能

传输线变压器除了可以实现1:1倒相作用以外，还可以实现1:1平衡和不平衡电路的转换。

图4.4.2(a)为将不平衡输入转化为平衡输出的电路；图4.4.2(b)为将平衡输入转化为不平衡输出的电路。在此两种情况下，两个绕组上的电压值均为 $U/2$。

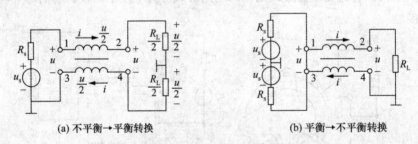

(a) 不平衡→平衡转换　　　　　　(b) 平衡→不平衡转换

图4.4.2　1:1平衡和不平衡转换电路

传输线变压器的另一个主要功能是实现阻抗变换。但是，由于传输线变压器结构的限制，它还只能实现某些特定阻抗比的变换，而不像普通变压器那样，依靠改变初次级绕组的匝数实现任何阻抗比的变换。

用传输线变压器构成阻抗变换器，最常用的是4:1和1:4阻抗变换器。

图4.4.3为4:1阻抗变换器。若设负载 R_L 上的电压为 u，传输线终端2、4和始端1、3的电压也均为 u，则1端对地输入电压等于 $2u$。如果信号源提供的电流为 i，则流过传输

线变压器上、下两个线圈的电流也为 i。由图 4.4.3 可知，通过负载 R_L 的电流为 $2i$，因此可得

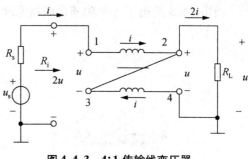

图 4.4.3　4:1 传输线变压器

$$R_L = \frac{u}{2i} \qquad (4.4.2)$$

而信号源端呈现的输入阻抗为

$$R_i = \frac{2u}{i} = 4\frac{u}{2i} = 4R_L \qquad (4.4.3)$$

可见

$R_i : R_L = 4:1$，从而实现了 $4:1$ 阻抗比的变换。

为了实现阻抗匹配，要求传输线的特性阻抗为

$$Z_C = \frac{u}{i} = 2\frac{u}{2i} = 2R_L \qquad (4.4.4)$$

如果将传输线变压器按图 4.4.4 接线，则可实现 $1:4$ 的阻抗变换。

由图可知

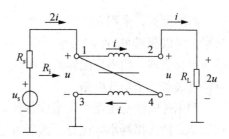

图 4.4.4　1:4 传输线变压器

$$R_L = \frac{2u}{i} \qquad (4.4.5)$$

信号输入端呈现的阻抗为

$$R_i = \frac{u}{2i} = \frac{1}{4}\frac{2u}{i} = \frac{1}{4}R_L \qquad (4.4.6)$$

可见

$R_i : R_L = 1:4$，从而实现了 $1:4$ 阻抗比的变换。

为了实现阻抗匹配，要求传输线的特性阻抗为

$$Z_C = \frac{u}{i} = \frac{1}{2}\frac{2u}{i} = \frac{1}{2}R_L \qquad (4.4.7)$$

4.4.2　功率合成

1. 功率合成与分配

利用多个功率放大电路同时对输入信号进行放大，然后设法将各个功放的输出信号相加，这样得到的总输出功率可以远远大于单个功放电路的输出功率，这就是功率合成技术。利用功率合成技术可以获得几百瓦甚至上千瓦的高频输出功率。

功率合成器中实际上包含有功率合成网络和功率分配网络。功率分配是功率合成的反过程。功率合成器和功率分配器多以传输线变压器为基础构成，二者之间的差别仅在于端口的连接方式不同。

理想的功率合成器不但应具有功率合成的功能，还必须在输入端使与其相接的前级各功率放大器互相隔离，即当其中某一个功率放大器损坏时，相邻的其他功率放大器的工作状态不受影响，仅仅是功率合成器输出总功率减小一些。

图 4.4.5 给出了一个功率合成器原理方框图。

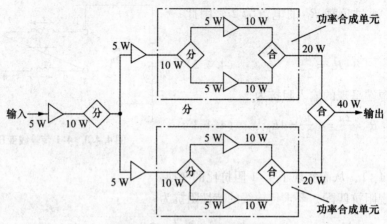

图 4.4.5　功率合成器原理框图

由图可见，采用 6 个功率增益为 2，最大输出功率为 10 W 的高频功放，利用功率合成技术，可以获得 40 W 的功率输出。其中采用了 3 个一分为二的功率分配器和 3 个二合一的功率合成器。功率分配器的作用在于将前级功放的输出功率平分为若干份，然后分别提供给后级若干个功放电路。

利用传输线变压器可以组成各种类型的功率分配器和功率合成器，且具有频带宽、结构简单、插入损耗小等优点，然后可进一步组成宽频带大功率高频功放电路。

2. 功率合成网络

由传输线变压器构成的功率合成网络如图 4.4.6 所示，图中，Tr_1 为混合网络，R_c 为混合网络的平衡电阻；Tr_2 为 1∶1 传输线变压器，在电路中起平衡→不平衡转换作用，R_d 为合成负载。两功率源相同，即 $R_a = R_b$，$u_{sa} = u_{sb}$，它们分别由 A、B 端加入。为了实现阻抗匹配，要求：

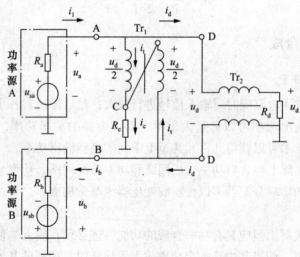

图 4.4.6　反相功率合成网络

$$\left.\begin{array}{l} R_a = R_b = Z_c = R \\ R_c = Z_c/2 = R/2 \\ R_d = 2Z_c = 2R \end{array}\right\} \tag{4.4.8}$$

式中，$Z_c = R$ 为传输线变压器 Tr_1 的特性阻抗。

若两功率源在 A、B 端加入大小相等、方向相反的电压，如图 4.4.6 所示，则称为反向功率合成器，此时功率在 D 端合成，R_d 上获得功率源合成功率，而 C 端无输出。

设流入传输线变压器 Tr_1 的电流为 i_t，两功率源向网络提供的电流分别为 i_a 和 i_b，通过 Tr_2 的电流，即流过 R_d 的电流为 i_d。因此，由图可得：

$$\left.\begin{array}{l} i_a = i_d + i_t \\ i_b = i_d - i_t \end{array}\right\} \tag{4.4.9}$$

则

$$\left.\begin{array}{l} i_d = (i_a + i_b)/2 \\ i_t = (i_a - i_b)/2 \end{array}\right\} \tag{4.4.10}$$

流过电阻 R_c 的电流为：

$$i_c = 2i_t = i_a - i_b \tag{4.4.11}$$

若电路工作在平衡状态，即 $i_a = i_b$，$u_a = u_b$，则有

$$\left.\begin{array}{l} i_d = i_a = i_b \\ i_c = 0 \\ u_d = u_a + u_b = 2u_a = 2u_b \end{array}\right\} \tag{4.4.12}$$

可见，R_c 上获得的功率为零，而 R_d 上所获得的功率为

$$P_d = P_a + P_b \tag{4.4.13}$$

这就是说，两功率源输入的功率全部传输到负载 R_d 上。

由于传输线变压器的作用，A 端与 B 端之间互相隔离，当一个功率源发生故障将不会影响到另一个功率源的输出功率，若一个功率源损坏时，另一功率源的输出功率将平均分配在 R_d 和 R_c 上，R_d 上的合作成功率减小到两个功率源正常工作的 1/4。

若 A、B 端两个输入功率源电压相位相同，则称为同相功率合成器，应用上述类似的分析方法，可得 C 端有合成功率输出，而 D 端无输出。

此外，两输入功率也可由 C 端和 D 端引入，而把 A 端和 B 端作为功率合成端和平衡端。反相功率合成时，B 为合成端，A 为平衡端；同相功率合成时，A 为合成端，B 为平衡端。

3. 功率分配网络

图 4.4.7(a) 所示为最基本的功率二分配网络，它可实现同相功率分配。该电路与图 4.4.6 所示功率合成电路相似，它们的区别仅在于分配网络的信号功率由 C 端输入，两个负载 R_a、R_b 则分别接 A 端和 B 端，D 为平衡端。

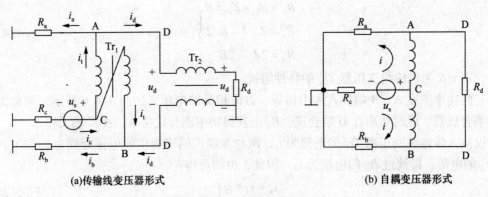

(a)传输线变压器形式   (b) 自耦变压器形式

图 4.4.7 同相功率分配网络

为了满足网络的最佳传输条件，同样要求

$$\left.\begin{array}{l} R_a = R_b = Z_c = R \\ R_c = Z_c/2 = R/2 \\ R_d = 2Z_c = 2R \end{array}\right\} \tag{4.4.14}$$

式中，$Z_c = R$ 为传输线变压器 Tr_1 的特性阻抗。

为了分析方便，可将图 4.4.7(a)所示传输变压器改变画成自耦变压器形式，如图 4.4.7(b)所示。由图可见，R_a、R_b、变压器的两个绕组构成电桥电路，当电桥平衡时，C 端与 D 端是互相隔离的，即 C 端加电压，D 端无输出，而 A、B 端获得等值同相功率。

如果将信号功率由 D 端引入，A、B 仍为负载端，A、B 端将等分输入信号功率，但此时 A 端和 B 端的输出电压是反相的，故称为反相功率分配器。

必须指出，同相和反相功率分配器中，当 $R_a \neq R_b$ 时，功率放大器的输出功率就不能均等地分配到 R_a 和 R_b 上，当 $R_d = 2R$ 时，B 端输出功率不会随 R_a 变化而改变；同样，A 端输出功率也不会随 R_b 变化而改变。

4.4.3 宽频带功率合成电路

图 4.4.8 所示为功率合成应用电路，这是一个反相功率合成原理电路。图中，Tr_3 和 Tr_4 为混合网络，其中，Tr_3 为功率分配网络，将输入信号源提供的功率反相地均等分配给功放管 T_1 和 T_2，使这两个功放管输出反相等值电流。若输入信号源要求的匹配电阻为 40 Ω，而两个功率管的输入电阻各为 5 Ω，则必须通过平衡→不平衡变换器 Tr_2 和 4∶1 阻抗变换器 Tr_1 将混合网络 Tr_3 在 D 端呈现的 10 Ω 电阻变换为 40 Ω。Tr_4 为功率合成网络，用来将两个功放管的输出功率相加，而后通过平衡→不平衡变换器 Tr_5 馈送到输出负载上。若输出负载电阻为 25 Ω，则为了实现隔离，接在 Tr_4C 端上的电阻应为 6.25 Ω，因而，两功率管各自的等效输出负载电阻均为 12.5 Ω。

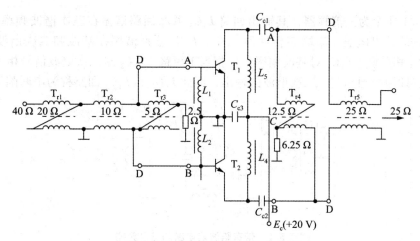

图 4.4.8 反相功率合成放大电路

4.5 倍 频 器

倍频电路，即输出信号的频率是输入信号频率整数倍，通常也称为倍频器。它广泛应用在无线电发射机、频率合成器等电子设备中。因为，振荡器的频率越高，频率稳定性就越差。因此，当发射机频率比较高(一般高于 5 MHz)时，通常采用倍频器来实现所需的工作频率。

倍频器按其实现方式不同，一般可分为三类：第一类是从丙类放大器集电极脉冲电流谐波中利用选频的方法获得倍频信号；第二类是采用模拟乘法器实现倍频；第三类是参量倍频器，它是利用 PN 结的结电容与电压的关系，得到输入信号的谐波，然后经选频回路获得倍频信号。

4.5.1 丙类倍频器

当工作频率不超过几十兆赫兹时，主要采用丙类谐振放大器构成的丙类倍频器。

由谐振功率放大器的分析已经知道，在丙类工作状态，晶体管集电极电流脉冲含有丰富的谐波分量，如果把集电极谐振回路调谐在二次或三次谐波频率上，那么放大器只有二次谐波电压或三次谐波电压输出，这样谐振功率放大器就成了二倍频器或三倍频器。通常丙类倍频器工作在欠压或临界工作状态。

由于集电极电流中的谐波分量的振幅总是小于基波分量的振幅，而且谐波次数越高，对应的谐波分量的振幅也就越小。因此倍频器的输出功率和效率总是小于基波放大器的功率和效率。对于 n 倍频器来说，输出谐振回路需要滤除高于 n 次谐波和低于 n 次谐波的各次谐波等无用分量，只输出有用分量，而低次谐波的振幅特别是基波分量振幅都比有用谐波分量的振幅要大，要将它们滤除掉比较困难。因此，倍频次数过高，会因为对谐振回路提出的要求过高而难以实现，所以，一般单级丙类倍频器取 $n = 2$ 或 3，若要提高倍频次数，可将倍频器进行级联来实现。

图 4.5.1 所示为三倍频器，其输出回路 L_3C_3 并联回路谐振在三次谐波频率上，用以获得三倍频的输出电压。串联谐振回路 L_1C_1、L_2C_2 分别谐振在基波和二次谐波频率上，它们与 L_3C_3 相并联。L_1C_1 对基波频率信号相当于短路，L_2C_2 对二次谐波信号相当于短路，从而可以有效地抑制基波、二次谐波的输出，因此 L_1C_1 和 L_2C_2 回路称为串联陷波电路。

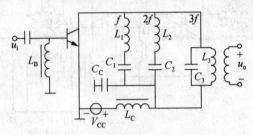

图 4.5.1　带有陷波器电路的三倍频器

4.5.2　参量倍频器

当工作频率高于 100 MHz 时，通常采用参量倍频器。目前常用的是采用变容二极管电路做参量倍频器。

1. 变容二极管的特性及原理

变容二极管是利用 PN 结势垒电容的一种非线性电容器件，变容二极管工作时应处于反向偏置状态，结电容 C_j 与外加电压之间的关系为

$$C_j = \frac{C_{j0}}{\left(1 - \dfrac{u}{U_D}\right)^{\gamma}} \tag{4.5.1}$$

式中，C_{j0} 为 $u = 0$ 时的结电容，U_D 为 PN 结势垒电位差，常温时，硅管 $U_D = 0.6 \sim 0.8$ V，锗管 $U_D = 0.2 \sim 0.3$ V；γ 为变容指数，它取决于 PN 的工艺结构，一般在 $\dfrac{1}{3} \sim 6$ 之间。

图 4.5.2(a) 为 C_j 与外加电压 u 的关系曲线。图 4.5.2(b) 为变容二极管的电路符号。变容二极管的等效电路如图 4.5.3 所示，C_j 是结电容，r_s 为串联电阻。

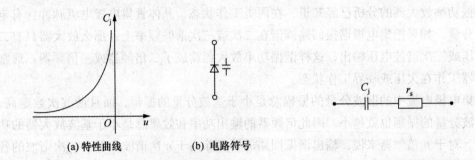

(a) 特性曲线　　　　(b) 电路符号

图 4.5.2　变容二极管的特性及符号　　　图 4.5.3　变容二极管的等效电路

若变容二极管两端加上反向偏压 U_Q 及正弦波电压 $u_\Omega = U_{\Omega m}\cos(\omega t)$，如图 4.5.4 所示。

$$u = -(U_Q + u_\Omega) = -[U_Q + U_{\Omega m}\sin(\omega t)] \tag{4.5.2}$$

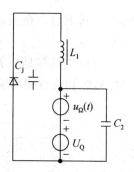

图 4.5.4 变容二极管的接入电路

相应的变容二极管的结电容变化规律为

$$C_j = \frac{C_{j0}}{\left(1 - \dfrac{u}{U_D}\right)^\gamma} = \frac{C_{jQ}}{\left[1 + m\sin(\omega t)\right]^\gamma} \qquad (4.5.3)$$

式中

$$m = \frac{U_{\Omega m}}{U_D + U_Q} \qquad (4.5.4)$$

$$C_{jQ} = \frac{C_{j0}}{\left(1 + \dfrac{U_Q}{U_D}\right)^\gamma}$$

C_{jQ} 为变容二极管在静态工作点上的结电容大小。

流过变容二极管的电流与电容量、电压的关系为

$$i = C_j \frac{\mathrm{d}u}{\mathrm{d}t} \qquad (4.5.5)$$

式中

$$\frac{\mathrm{d}u}{\mathrm{d}t} = \frac{\mathrm{d}\left[U_Q + U_{\Omega m}\sin(\omega t)\right]}{\mathrm{d}t} = U_{\Omega m}\omega\cos(\omega t) \qquad (4.5.6)$$

所以

$$i = C_j \frac{\mathrm{d}u}{\mathrm{d}t} = \frac{C_{jQ}U_{\Omega m}\omega\cos(\omega t)}{\left[1 + m\sin(\omega t)\right]^\gamma} \qquad (4.5.7)$$

从上式可以看出，流过变容二极管的电流 i 为非正弦周期电流，其中包含有丰富的谐波分量，通过选频滤波网络，可获得所要的倍频信号。

2. 变容管倍频器

变容管倍频器有并联型和串联型两种基本形式。如图 4.5.5 所示，其中，图(a)是并联型电路(变容管、信号源和负载三者为并联连接)，图(b)是串联型电路(变容管、信号源和负载三者为串联连接)。

图 4.5.5(a)所示的并联型倍频器中，F_1 和 F_n 为分别调谐于基波和 n 次谐波的理想带通滤波器，在实际电路中，它们往往由高 Q 值的串联谐振回路构成由信号源 u_g 产生频率为 f_1 的正弦电流 i_1，通过 F_1 和变容管，由于变容管的非线性作用，其两端电压产生较大的

畸变，该电压中的 nf_1 分量经谐振回路 F_n 选取后，在负载 R_L 上便可获得 n 倍频信号输出。这时变容管可以看成是一个谐波电压发生器。

并联型倍频器电路中，变容管一端可以直接接地，管子的散热和偏置问题易于解决。但它的输入、输出阻抗较低，难于与信号源和负载相匹配，故倍频器的转换效率较低，应用于 $2 \sim 3$ 次倍频较为合适。

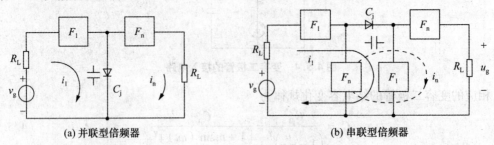

(a) 并联型倍频器   (b) 串联型倍频器

图 4.5.5　变容二极管倍频器原理

图 4.5.5(b) 所示的串联型倍频器中，F_1、F_n 为分别调谐于基波和 n 次谐波的理想带通滤波器。信号源 V_g 产生的基波激励电流 i_1，沿图中实线所示线路通过变容管，在 C_j 上产生了包含各次谐波的电压，其中 n 次谐波电压产生的 n 次谐波电流 i_n 沿着图中虚线所示的路线通过负载 R_L，因此，倍频器输出端即有 n 次谐波信号输出。

串联型倍频器的优点是输入、输出阻抗较高，易于实现与信号源及负载的匹配，且随倍频次数增加，转换效率降低的程度比并联电路小，因此，串联倍频器适于 $n > 3$ 以上的高次倍频。

4.6　高频功率放大电路印刷电路板(PCB)设计

高频电路 PCB 板的设计流程和低频电路 PCB 板的设计流程是一样的。但是，由于高频电路中的元件工作在高频状态，器件本身会产生分布参数，器件与器件之间、相邻的线条与线条之间也会产生一些分布参数，相互产生影响(干扰)，特别是在功放电路中，前级产生的很小的噪声信号(干扰)，通过后级的逐步放大，在输出端就有可能产生较大的干扰输出，影响整个电路的性能，所以，抗干扰处理是高频电子线路 PCB 设计时必须考虑的问题。主要有电源噪声、传输线干扰、耦合、电磁干扰(EMI)四方面的干扰存在。作为一个电子工程师，电路设计是一项必备的硬功夫，但是原理设计再完美，如果电路板设计不合理，性能将大打折扣，严重时甚至不能正常工作。

高频电子线路的 PCB 设计并无一定的规律可循，不同的电路，不同的结构，不同的工作状态和环境，对 PCB 布线的要求也不完全相同，但是，设计 PCB 板时，一般应参照以下原则。

4.6.1　元件的布局

元件的布局与走线对产品的寿命、稳定性、电磁兼容都有很大的影响，是应该特别注意的地方。

　　放置元件时，除了应考虑整体结构要求外(如电位器、开关、变压器等器件，其在线路板上的位置应首先满足结构配合要求)，还应考虑器件之间的相互干扰与影响。例如，电感线圈的放置，如果两个线圈平行放置，而且二者离得很近，则线圈之间的互感就会很大。反过来，如果二者相互垂直放置，或相距较大，则二者之间的互感就会减小许多。如果热敏器件放置在大功率器件旁边，则热敏器件的特性会发生改变，从而影响整个电路的性能。

4.6.2　注意散热

　　元件布局还要特别注意散热问题。对于大功率电路，应该将那些发热元件如功率管、变压器等尽量靠边分散布局放置，便于热量散发，不要集中在一个地方，也不要离电容太近，以免使电解液过早老化。需要加散热器的器件，应充分考虑散热器的安装空间。

4.6.3　布线

　　(1)大电流信号、高电压信号与小信号之间应该注意隔离。

　　(2)单层板布线时，要注意信号线近距离平行走线所引入的交叉干扰。双面板布线时，两面的导线宜相互垂直、斜交或弯曲走线，避免相互平行，以减小寄生耦合；作为电路的输入及输出用的印制导线应尽量避免相邻平行，以免发生回馈，在这些导线之间最好加接地线。

　　(3)高频电路器件管脚间的引线弯折越少越好。高频电路布线的引线最好采用全直线，需要转折时，拐角尽可能大于90°，杜绝90°以下的拐角，也尽量少用90°拐角，也可圆弧转折。这种要求在低频电路中仅仅用于提高铜箔的固着强度，而在高频电路中满足这一要求却可以减少高频信号对外的发射和相互间的耦合。

　　(4)走线尽量走在焊接面，特别是通孔工艺的 PCB。

　　(5)高频电路器件管脚间的引线越短越好。

　　(6)高频电路器件管脚间的引线层间交替越少越好。所谓引线的层间交替越少越好是指元件连接过程中所用的过孔 Via 越少越好。据测一个过孔可带来约 0.5 pF 的分布电容，减少过孔数能显著提高频率。

　　(7)单面板焊盘必须要大，焊盘相连的线一定要粗，能放泪滴就放泪滴。

　　(8)大面积敷铜要用栅格状的，如果在放置敷铜时，把多边形取为整个印制板的一个面并把栅格条与电路的 GND 网络连通，那么该功能将能实现整块电路板的某一面的敷铜操作，经过敷铜的电路板除能提高高频抗干扰能力外，还对散热、印制板强度等有很大好处。另外，在电路板金属机箱上的固定处若加上镀锡栅条，不仅可以提高固定强度，保障接触良好，更可利用金属机箱构成合适的公共线。

　　(9)对特别重要的信号线或局部单元实施地线包围的措施。该措施在 Protel 软件中也能自动实现。它就是 Edit 菜单的 Place 下的 Outline Select editems，即绘制所选对象的外轮廓线，利用此功能可以自动地对所选定的重要信号线进行所谓的包地处理。当然把此功能

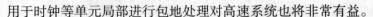

用于时钟等单元局部进行包地处理对高速系统也将非常有益。

（10）各类信号走线不能形成环路，地线也不能形成电流环路。

（11）每个集成电路块的附近应设置一个高频退耦电容，如果两者相距太远，退耦效果会大打折扣。

（12）模拟地线、数字地线等接往公共地线时，要用高频扼流圈——磁珠。在实际装配高频扼流圈时用的往往是中心孔穿有导线的高频铁氧体磁珠，在电路原理图上对它一般不予表达，由此形成的网络表 netlist 就不包含这类元件，布线时就会因此而忽略它的存在，针对这种情况，可在原理图中把它当作电感，在 PCB 元件库中单独为它定义一个元件封装，布线前把它手工移动到靠近公共地线汇合点的合适位置上。

4.6.4 减小电源噪声的方法

高频电路中，电源所带有的噪声对高频信号影响尤为明显。因此，首先要求电源是低噪声的。干净的地和干净的电源同样重要，因为电源是具有一定阻抗的，并且阻抗是分布在整个电源上的，所以，噪声也会叠加在电源上。那么，我们就应该尽可能地减小电源的阻抗，最好要有专有的电源层和接地层。在高频电路设计中，电源以层的形式设计在大多数情况下都比以总线的形式设计要好得多，这样，回路一直可以沿着阻抗最小的路径走。此外，电源板还须为 PCB 上所有产生和接收的信号提供一个信号回路，以最小化信号回路，从而减小噪声，这一点常常为低频电路设计人员所忽视。

PCB 设计中消除电源噪声的方法有以下几种：

（1）注意板上通孔。通孔使得电源层上需要刻蚀开口以留出空间给通孔通过。而如果电源层开口过大，势必影响信号回路，信号被迫绕开，回路面积增大，噪声加大。同时，如果一些信号线都集中在开口附近，共用这一段回路，公共阻抗将引发串扰。

（2）连接线需要足够多的地线。每一信号需要有自己专有的信号回路，而且，信号和回路的环路面积尽可能小，也就是说，信号与回路要并行。

（3）模拟与数字的电源要分开。高频器件一般对数字噪声非常敏感，所以两者要分开，在电源的入口处接在一起。若信号要跨越模拟和数字两部分的话，可以在信号跨越处放置一条回路以减小环路面积。

（4）避免分开的电源在不同层间重叠。否则，电路噪声很容易通过寄生电容耦合过来。

（5）隔离敏感元件。

（6）放置电源线。为了减小信号回路，可通过在信号线边上放置电源线来实现减小噪声。

4.6.5 减小传输线干扰的方法

在 PCB 中只可能出现两种传输线，即带状线（stripline）和微波线（microstrip）。传输线最大的问题就是反射，反射会引发很多问题。任何反射信号基本上都会使信号质量降低，都会使输入信号形状发生变化。大原则上来说，解决的办法主要是阻抗匹配（例如，互连阻抗应与系统的阻抗非常匹配）。但有时候阻抗的计算比较麻烦，可以考虑一些传输线阻抗的计算软件。

PCB 设计中消除传输线干扰的方法为：避免传输线阻抗的不连续性。阻抗不连续的点就是传输线突变的点，如直拐角、过孔等，应尽量避免。方法有：避免走线的直拐角、尽可能走 45°角或者弧线，大弯角也可以；尽可能少用过孔，因为每个过孔都是阻抗不连续点。

4.6.6　减小电磁干扰（EMI）的方法

随着频率的提升，EMI 将变得越来越严重，并表现在很多方面（例如互连处的电磁干扰）。高速器件对此尤为敏感，它会因此接收到高速的假信号，而低速器件则会忽视这样的假信号。

PCB 设计中消除电磁干扰的方法有：

（1）减小环路。每个环路都相当于一个天线，因此，要尽量减小环路的数量、环路的面积以及环路的天线效应。确保信号在任意的两点上只有唯一的一条回路路径，避免人为环路，尽量使用电源层。

（2）滤波。在电源线和信号线上都可以采取滤波来减小 EMI，方法有三种：去耦电容、EMI 滤波器、磁性元件。

（3）屏蔽。由于篇幅问题，再加上讨论屏蔽的文章很多，不再具体介绍。

（4）尽量降低高频器件的速度。

（5）增加 PCB 板的介电常数，可防止靠近 PCB 板的传输线等高频部分向外辐射；增加 PCB 板的厚度，尽量减小微带线的厚度，可以防止电磁线的外溢，同样可以防止辐射。

4.7　功放管的工作特性

功放管是功率放大器的重要组成部分，它的工作特性直接影响着功率放大器的性能。对功率放大器的要求是，在保证功放管安全的条件下，在允许失真范围内，高效率地提供足够大的输出功率，因此在设计各种功率放大器时，应在满足输出功率的前提下着重考虑以下三个问题。

4.7.1　保证功率放大管安全工作

为了输出足够大的功率，功放管必须有大的电压和电流的动态工作范围，这样就会使功放管接近极限运用状态。因此，如何保护功放管能安全工作就成为必须着重考虑的第一问题。

就晶体三极管而言，它有三个极限参数，即集电极最大允许管耗、集电极反向击穿电压和集电极最大允许电流。因此，讨论管子安全工作问题时，应该从这些参数入手。

集电极最大允许管耗 P_{CM} 取决于管内最高允许的结温，而由于热惰性的原因，结温的高低仅取决于平均管耗的大小。因此，为了保证管子不因结温过高而烧坏，只需要最大平均管耗 P_{Cmax} 不超过 P_{CM}，即 $P_{Cmax} \leqslant P_{CM}$，而无须要求在任何瞬间的瞬时管耗不超过 P_{CM}。

集电极反向击穿电压的大小与放大器的组态有关。在共发射极放大器中，通常取 BV_{CEO} 为集电极反向击穿电压。因此，为了保证管子不会因击穿而损坏，最大集电极电压 u_{CEmax} 就不应超过 BV_{CEO}，即 $u_{CEmax} \leqslant BV_{CEO}$。

虽然集电极最大允许电流 I_{CM} 不是功放管安全工作的极限参数，但当集电极电流超过 I_{CM} 时，功放管的 β 值将明显下降，从而导致输出信号的波形产生严重失真。因此，为了保证放大器不产生严重失真，最大集电极电流 i_{Cmax} 不应超过 I_{CM}，即 $i_{Cmax} \leqslant I_{CM}$。必须指出，当管子处于脉冲状态工作时，可以不必考虑因 β 减小而引起的失真问题。因此，允许的最大集电极电流可以超过 I_{CM}，通常取到 $(1.5 \sim 3)I_{CM}$。

除了上述三个极限参数外，为保证功放管安全工作，还必须考虑功放管的二次击穿特性。实践表明，功放管的损坏往往是因为二次击穿造成的。

4.7.2 减小非线性失真

由于大信号工作时，由功放管特性非线性及其他原因引起的失真比较严重，因此，如何减小非线性失真，使其限制在允许范围内，就成为必须着重加以考虑的第二个问题。

4.7.3 提高功率放大器的效率

各种放大器都是能量转换器，它具有将直流电源供给的功率 P_D 转换成输出功率 P_o 的功能。在实现能量转换的过程中，功放管本身必定消耗一部分功率，也就是管耗 P_C。因此，放大器的效率为

$$\eta_C = \frac{P_o}{P_o + P_C} \times 100\% \tag{4.7.1}$$

其数值恒小于1。显然，η_C 越接近1，放大器的效率越高，则在相同的输出功率下，直流电源供给的直流功率就越小，消耗在管子本身的功率也就越小。这样，不仅节约了能源，而且有利于功放管的安全工作。因此，如何提高放大器的效率是在功率放大器中必须考虑的又一个重要问题。通常采取的措施是在功放管与负载之间增加匹配网络。

4.7.4 功放管的散热

在大功率放大器中，功放管的散热也是放大器设计的一个重要问题。如果功放管具有良好的散热特性，不仅可以增大它的最大允许管耗 P_{CM}，还可以防止产生热崩现象。通常采取的措施是为功放管增加散热器。散热器的面积设计应当合理，面积小，散热效果不好，面积过大，又会增加散热器占用的空间。

本 章 小 结

1. 高频功率放大电路是发射机的重要组成部分，其功能是对高频已调波信号进行功

率放大，然后经天线将其辐射到空间。

2. 高频功率放大器的主要技术指标是输出功率、效率、非线性失真和安全性。

3. 功率放大器按晶体管集电极电流流通的时间（导通角）不同，可分为甲类、乙类、丙类、丁类和戊类等工作状态。其中，丙类工作状态（导通角小于 $90°$）效率最高，但这时晶体管集电极电流的波形严重失真。采用 LC 谐振网络作为放大器的集电极负载，可克服工作在丙类状态所带来的失真，但滤波匹配网络的通频带较窄，所以，丙类谐振功率放大器适用于窄带信号的功率放大。

4. 谐振功率放大器的工作状态可分为三类：欠压、临界和过压。

欠压状态：输出电压幅度 U_{cm} 较小，晶体管工作时不会进入饱和区，集电极电流波形为尖顶余弦脉冲。放大器输出功率小，管耗大，效率低。

临界状态：输出电压幅度 U_{cm} 比较大，集电极电流波形为尖顶余弦脉冲。放大器输出功率大，管耗小，效率高。

过压状态：输出电压幅度 U_{cm} 过大，集电极电流波形顶部出现下凹。放大器输出功率较大，管耗小，效率高。

5. 影响谐振功率放大器性能的主要因素有：负载谐振电阻（R_e）、基极直流偏置（V_{BB}）、集电极直流偏置（V_{CC}）和基极输入信号幅度（U_{im}）。

当 U_{im}、V_{BB}、V_{CC} 保持不变，谐振功率放大器工作状态随 R_e 改变而发生变化的特性称为其负载特性。由负载特性分析可知，在临界状态，输出功率最大，效率最高，此时的谐振电阻称为谐振功率放大器的最佳负载电阻，也称匹配电阻。

6. 谐振功率放大器的直流馈电电路有串联馈电和并联馈电两种电路形式。通常，基极馈电采用自给偏压供电。零偏压供电可提高电路的稳定性。

7. 窄带功率放大器中的滤波匹配网络的主要作用，一是将实际负载变换为放大器所需的最佳负载电阻；二是滤除不需要的谐波分量，并把有用信号高效率地传输给负载。

8. 宽带功率放大器中，通常采用传输线变压器作为匹配网络，同时，为了获得大功率输出，需采用功率合成技术。

9. 倍频器按其实现方式不同，一般可分为三类：第一类是从丙类放大器集电极脉冲电流谐波中利用选频的方法获得倍频信号；第二类是采用模拟乘法器实现倍频；第三类是参量倍频器。当工作频率不超过几十兆赫兹时，主要采用丙类谐振放大器构成的丙类倍频器。当频率比较高时，通常采用由变容管构成的参量倍频器来产生。

10. 设计高频功率放大电路印刷电路板（PCB）时，必须考虑各种干扰带来的影响。对不同的电路，应根据实际情况采取相应的措施。

11. 功放管的主要特征参数为：集电极最大允许管耗、集电极反向击穿电压和集电极最大允许电流。另外，散热问题也是在设计功放时所必须考虑的问题。

习　　题

4-1　为什么高频功率放大器一般要工作于丙类状态？为什么要采用谐振回路作

负载?

4-2 为什么低频功率放大器不能工作于丙类状态,而高频功率放大器可以工作在丙类状态?

4-3 当谐振功率放大器的输入信号为余弦电压时,为什么集电极电流为余弦脉冲波形? 但放大器为什么又能输出不失真的余弦波电压?

4-4 小信号放大器与谐振功率放大器的主要区别是什么?

4-5 简述丙类高频功率放大器电路中各元件的作用。

4-6 已知集电极电流余弦脉冲 $i_{Cmax} = 100$ mA,试求通角 $\theta = 120°$,$\theta = 70°$时集电极电流的直流分量 I_{C0} 和基波分量 I_{C1m};若 $U_{cm} = 0.95V_{CC}$,求出两种情况下放大器的效率各为多少?

4-7 已知谐振功率放大器的 $V_{CC} = 24$ V,$I_{C0} = 250$ mA,$P_o = 5$ W,$U_{cm} = 0.9V_{CC}$,试求该放大器的 P_D、P_C、η_C 以及 I_{C1m}、i_{Cmax}、θ。

4-8 一谐振功率放大器,$V_{CC} = 30$ V,测得 $I_{C0} = 100$ mA,$U_{cm} = 28$ V,$\theta = 70°$,求 R_e、P_o 和 η_C。

4-9 丙类谐振功率放大器中,已知 $V_{CC} = 24$ V,$i_{Cmax} = 1.2$ A,$\theta = 70°$,$\xi = 0.9$,试求该功率放大器的 η_C、P_o、P_D、P_C 及谐振回路的等效谐振电阻 R_e。

4-10 已知 $V_{CC} = 12$ V,$U_{BE(on)} = 0.6$ V,$U_{BB} = -0.3$ V,放大器工作在临界状态 $U_{cm} = 10.5$ V,要求输出功率 $P_o = 1$ W,$\theta = 60°$,试求该放大器的谐振电阻 R_e、输入电压 U_{im} 及集电极效率 η_C。

4-11 某谐振功率放大器,当增大 V_{CC} 时,发现输出功率增大,为什么? 若发现输出功率增大不明显,则又为什么?

4-12 谐振功率放大器工作于临界状态,若负载电阻 R_e 突然变化:① 增大 1 倍;② 减小一半,则其输出功率 P_o 将如何变化,为什么?

4-13 放大电路中自给偏置电路有何特点? 说明产生自偏压的条件。

4-14 已知谐振功率放大器的工作频率为 10 MHz,实际负载电阻为 $R_L = 20$ Ω,放大器处于临界状态所要求的谐振阻抗为 $R_e = 200$ Ω。用 L 型网络作为输出滤波匹配网络,试计算该网络的元件值。

4-15 一谐振功率放大器,要求工作在临界状态。已知 $V_{CC} = 20$ V,$P_o = 0.5$ W,$R_L = 50$ Ω,集电极电压利用系数为 0.95,工作频率为 10 MHz。用 L 型网络作为输出滤波匹配网络,试计算该网络的元件值。

第 5 章

正弦波振荡器

振荡器是一种在没有外加激励的情况下，能够自动产生一定波形信号的装置或电路。振荡器与放大器都是能量转换装置，它们都是把直流电源的能量转换为交流能量输出，但是，放大器需要外加激励，即必须有信号输入，而振荡器却不需要外加激励。振荡器输出的信号频率、波形、幅度完全由电路自身的参数决定。

振荡器在各种电子设备中有着广泛的应用。例如，无线电发射机中的载波信号源，超外差接收机中的本地振荡信号源，电子测量仪器中的信号源，高频感应加热炉中的交变能源等。

振荡器按照所产生的波形是否为正弦波，可以分为正弦波振荡器和非正弦波振荡器。正弦波振荡器可分成两大类：一类是利用正反馈原理构成的反馈型振荡器，它是目前应用最多的一类振荡器；另一类是负阻振荡器，它是将负阻器件直接接到谐振回路中，利用负阻器件的负电阻效应抵消回路中的损耗，从而产生等幅的自由振荡，这类振荡器主要工作在微波波段。根据电路的组成不同，可分成 RC 振荡器、LC 振荡器和石英晶体振荡器。本章主要介绍利用正反馈原理构成的正弦波振荡器。

5.1　反馈振荡器的工作原理

5.1.1　反馈振荡器产生振荡的基本原理

反馈型振荡器是通过正反馈连接方式实现等幅正弦振荡的电路。正弦波振荡电路由放大器和反馈网络组成。其电路原理框图如图 5.1.1 所示。

假如开关 S 处在位置 1，即在放大器的输入端加输入信号 u_i 为一定频率和幅度的正弦波，此信号经放大器放大后产生输出信号 u_o，而 u_o 又作为反馈网络的输入信号，在反馈网络输出端产生输出反馈信号 u_f。如果 u_f 和原来的输入信号大小相等相位相同，假如这时除去外加信号并将开关 S 接到 2 端，由放大器和反馈网络组成一闭环系统，在没有外加输入信号的情况下，输出端可维持一定频率和幅度的信号 u_o 输出，从而实现了自激振荡。

为使振荡电路的输出为一个固定频率的正弦波，要求自激振荡只能在某一频率上产生，而在其他频率上不能产生，所以以图 5.1.1 所示的闭环系统内，必须含有选频网络，使得只有选频网络中心频率上的信号才满足 u_f 和 u_i 相同的条件而产生自激振荡，其他频率的信号不满足 u_f 和 u_i 相同的条件而不能产生自激振荡。选频网络可以放在放大器内，也可以放在反馈网络内。

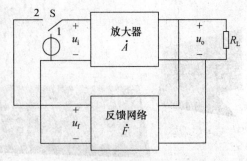

图 5.1.1　反馈振荡电路原理框图

综上所述，反馈振荡电路是一种将反馈信号作为输入电压来维持一定输出电压的闭环正反馈系统，实际上它是不需要外加输入信号就可以产生输出信号的。振荡电路中各部分总是存在各种电的扰动，例如接通电源瞬间引起的电流突变、电路的内部噪声等，它们包含了非常多的频率分量，由于选频网络的选频作用，使得只有某一频率的信号能够反馈到放大器的输入端，其他频率分量均被选频网络所滤除。通过反馈网络送到放大器输入端的信号就是输入信号。这一频率信号经放大器放大后，又通过反馈网络回送到输入端，并且信号幅度比前一瞬时要大，再经过放大、反馈，使回送到输入端的信号幅度进一步增大，最后将使放大器进入非线性工作区，放大器的增益下降，振荡电路输出幅度越大，增益下降也就越多，最后当反馈电压正好等于原输入信号电压时，振荡幅度不再增大而进入平衡状态。

5.1.2　平衡条件和起振条件

1. 振荡的平衡条件

振荡的平衡条件是指振荡电路进入稳态振荡而言的。当反馈信号 u_f 等于放大器的输入信号 u_i 时，振荡电路的输出电压不再发生变化，电路达到平衡状态，因此 $\dot{U}_f = \dot{U}_i$ 为振荡的平衡条件。需要注意的是这里的 $\dot{U}_f$ 和 $\dot{U}_i$ 都是复数，所以两者大小相等而且相位相同。

根据图 5.1.1，放大器的电压放大倍数 $\dot{A}$ 和反馈网络的反馈系数 $\dot{F}$ 分别为

$$\dot{A} = \frac{\dot{U}_o}{\dot{U}_i}; \quad \dot{F} = \frac{\dot{U}_f}{\dot{U}_o} \tag{5.1.1}$$

所以

$$\dot{U}_f = \dot{F}\,\dot{U}_o = \dot{F}\dot{A}\,\dot{U}_i \tag{5.1.2}$$

由 $\dot{U}_f = \dot{U}_i$ 可知

$$\dot{A}\dot{F} = \left| \dot{A}\dot{F} \right| e^{\varphi_a + \varphi_f} = 1 \tag{5.1.3}$$

由此可得振荡器的平衡条件。其中，$\left| \dot{A} \right|$、φ_a 为放大倍数 $\dot{A}$ 的模和相角；$\left| \dot{F} \right|$、φ_f 为

反馈系数 $\dot{F}$ 的模和相角。因此，振荡的平衡条件应包括振幅平衡条件和相位平衡条件两个方面。

（1）相位平衡条件

$$\varphi_{a} + \varphi_{f} = 2n\pi\,(\,n = 0,\ 1,\ 2,\ \cdots\,) \tag{5.1.4}$$

上式说明，放大器与反馈网络的总相移必须等于 2π 的整倍数，使得反馈电压与输入电压相位相同，以保证环路构成正反馈。

（2）振幅平衡条件

$$|\dot{A}\dot{F}| = 1 \tag{5.1.5}$$

上式说明，由放大器与反馈网络构成的闭合环路中，其环路传输系数应等于 1，以使反馈电压与输入电压大小相等。

作为一稳态振荡，相位平衡条件和振幅平衡条件必须同时得到满足，此时电压供给的能量正好抵消整个环路的损耗，平衡时输出振幅将不再变化，因此振幅平衡条件决定了振荡器输出振幅大小。必须指出，环路只有在某一特定频率上才能满足相位条件，因此利用相位平衡条件可以确定振荡频率。

2. 振荡的起振条件

振荡的平衡条件，是指振荡器已进入稳定振荡而言。为使振荡电路的输出振荡电压在接通直流电源后能够由小增大直到平衡，则在相位上要求反馈电压与输入电压同相，在幅度上要求反馈电压幅度必须大于输入电压幅度，因此振荡的起振条件包括相位条件和振幅条件两个方面，即

振幅起振条件

$$|\dot{A}\dot{F}| > 1 \tag{5.1.6}$$

相位起振条件

$$\varphi_{a} + \varphi_{f} = 2n\pi\,(\,n = 0,\ 1,\ 2,\ \cdots\,) \tag{5.1.7}$$

综上所述，反馈振荡器既要满足起振条件，又要满足平衡条件，其中相位起振条件与相位平衡条件是一致的，相位条件是构成振荡的关键，即闭合环路必须是正反馈。同时，振荡电路中的放大环节应具有非线性放大特性，及具有放大倍数随振荡幅度的增大而减小的特性，这样起振时，放大倍数 $|\dot{A}|$ 比较大，满足 $|\dot{A}\dot{F}| > 1$，振荡幅度迅速增大，随着振荡幅度的增大，放大倍数 $|\dot{A}|$ 随之减小，直至 $|\dot{A}\dot{F}| = 1$，振荡幅度不再增大，振荡器进入平衡状态。

3. 振荡的稳定条件

稳定条件是指外界因素的变化破坏了电路的平衡条件，电路能够建立起新的平衡，包括振幅稳定和相位稳定两方面。

（1）振幅稳定条件

设振荡器在 $U_{i} = U_{iA}$ 满足振幅平衡条件，如图 5.1.2 所示，此时满足 $|\dot{A}\dot{F}| = 1$。若由

于某种原因使振幅突然增大到 U'_{iA}，此时由图可知，放大器增益下降，使振荡器作减幅振荡，从而会破坏原有的平衡状态。每经过一次反馈循环，振幅衰减一些，当幅度减小到 A 点以后，又重新达到平衡。反之，若由于某种原因使振幅减小到 U''_{iA}，由图可知放大器增益上升，使振荡器作增幅振荡，幅度不断增大，当幅度增大到 A 点以后，又重新达到平衡。因此，A 点为一稳定的平衡点。一般情况下，放大器会自发调整在稳定的平衡点，若不满足，应采用硬激励的办法使其工作在稳定的平衡点。

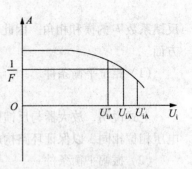

图 5.1.2　振荡幅度的稳定

（2）相位稳定条件

相位稳定条件是指相位平衡条件遭到破坏时，振荡器能够重新建立相位平衡点的条件，由于频率 ω 是瞬时相位 φ 对时间 t 的导数，即 $\omega = \dfrac{\mathrm{d}\varphi}{\mathrm{d}t}$。因此，相位的变化会引起频率的改变，而频率的改变会引起相位的变化。

设振荡器在 ω_0 满足相位平衡条件 $\varphi_a + \varphi_f = 2n\pi$（$n = 0$，1，2，…），当外界干扰引入相位增量 $\Delta\varphi < 0$，由图 5.1.3 的相频特性曲线可知等效角频率 $\omega_{01} = \omega_0 + \Delta\omega$ 使振荡频率升高，产生正的附加相移抵消 $\Delta\varphi$，从而重新调整到平衡点 ω_0。反之当 $\Delta\varphi > 0$ 时，回路通过降低频率产生负的相位偏移抵消 $\Delta\varphi$，由此可见，并联谐振回路的相频特性曲线提供

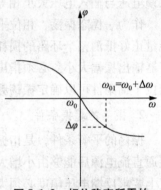

图 5.1.3　相位稳定所需的相频特性曲线

了相位的稳定条件。并且曲线越陡峭，相位受到干扰时调整就越快，相位就越稳定。

5.1.3　振荡电路分析举例

【例 5.1.1】　试分析图 5.1.4 振荡电路的工作原理。

解：由图可知，该振荡器由晶体管、LC 谐振回路构成选频放大器，变压器 Tr 构成反馈网络。在 LC 回路的谐振频率上，输出电压 $\dot{U}_o$ 与输入电压 $\dot{U}_i$ 反相。又根据反馈线圈 L_f 的同名端可知，反馈电压 $\dot{U}_f$ 与 $\dot{U}_o$ 反相，所以 $\dot{U}_f$ 与 $\dot{U}_i$ 同相，振荡闭合环路构成正反馈，满足了振荡的相位条件，如电路满足环路放大倍数大于 1，就能产生正弦波振荡。因为只有在 LC 回路谐振频率上电路才能满足振荡的相位条件，所以振荡频率 f_0 近似等于

$$f_0 \approx \frac{1}{2\pi\sqrt{LC}} \tag{5.1.8}$$

图 5.1.4 中，R_{B1}、R_{B2}、R_E 等构成谐振放大器的直流偏置电路，使得放大器在小信号的时候工作在甲类状态，保证振荡的起始阶段，谐振放大器有较大的谐振放大倍数。反系数决定于变压器 Tr 的匝数比，当一次线圈匝数为 N_1，二次线圈匝数为 N_2 时，由图可见

$$\dot{F} = \frac{\dot{U}_f}{\dot{U}_o} = -\frac{N_2}{N_1} \tag{5.1.9}$$

在实用电路中，Tr 采用降压变压器，所以反馈系数 $F < 1$，只要匝数比选择合适，该振荡器的环路放大倍数在起振阶段完全可以做到大于 1 而满足振幅起振条件。

起振时，电路工作在小信号状态，因此可将振荡电路作为线性电路来处理，随着振荡幅度的增大，u_i 幅度也越来越大，放大器的工作状态由线性状态进入到非线性状态，再加上电路中偏置电路的自给偏压效应，使得晶体管的基极偏置电压随 u_i 的增大而减小，进一步使得放大器的工作状态进入甲乙类、乙类或丙类非线性工作状态。相应的放大倍数随之减小，直至 $AF = 1$，振荡进入平衡状态。由此可知，振荡器起振阶段是在小信号工作，平衡状态是在大信号工作。图 5.1.5 说明了上述过程。

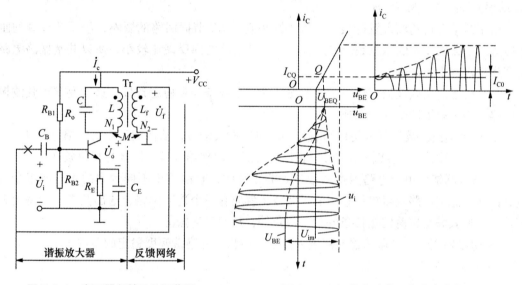

图 5.1.4　变压器反馈 LC 振荡器　　　**图 5.1.5　振荡电路的工作状态变化**

【例 5.1.2】　分析图 5.1.6 所示电路能否满足相位平衡条件。

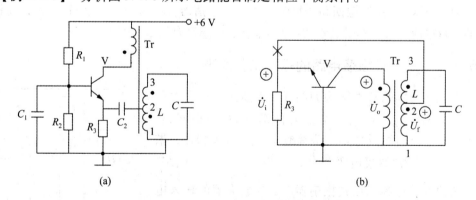

图 5.1.6　共基变压器反馈 LC 振荡器

解：由图 5.1.6(a)可见，R_1、R_2、R_3 组成分压式直流偏置电路，晶体管 V 与变压器 Tr 等组成放大电路，C_1 为基极旁路电容，C_2 为发射极耦合电容，它们在工作频率上容抗近似为 0，可画出其交流通路，如图 5.1.6(b)所示，可见放大器构成共基电路，LC 回路构成反馈选频网络。

当输入信号 $\dot{U}_i$ 由晶体管发射极输入时，由集电极输出，经变压器 Tr 耦合，将放大器的输出电压 $\dot{U}_o$ 送到 LC 回路，经选频后取变压器二次线圈 1、2 两端电压为反馈电压 $\dot{U}_f$，送到放大器输入端，从而构成闭合反馈环路。根据共基放大电路的特点，放大器输出电压 $\dot{U}_o$ 与输入电压 $\dot{U}_i$ 同相，由图中所示变压器的同名端，在谐振回路谐振频率上 $\dot{U}_f$ 与 $\dot{U}_o$ 同相，因此 $\dot{U}_f$ 与 $\dot{U}_i$ 同相，构成闭合环路的正反馈，满足了振荡的相位平衡条件，其振荡频率取决于 LC 谐振回路的谐振频率。

由于共基电路的输入阻抗很小，为了减小它对 LC 谐振回路的影响，故反馈线圈的匝数应远小于二次线圈的总匝数。另外，由于共基电路的内反馈比较小，所以共基振荡电路能产生稳定的高频振荡。

一个稳定的正弦波振荡器应满足起振条件、平衡条件和稳定条件，这就要求正弦波振荡电路必须由以下四个部分组成：

① 放大电路。放大部分使电路有足够的电压放大倍数，从而满足振荡的幅值条件。

② 正反馈网络。它将输出信号以正反馈形式引回到输入端，以满足相位条件。

③ 选频网络。由于电路的扰动信号是非正弦的，它由若干不同频率的正弦波组合而成，因此要想使电路获得单一频率的正弦波，就应有一个选频网络，选出其中一个特定频率信号，使其满足振荡的相位条件和幅值条件，从而产生振荡。

④ 稳幅环节。它是振荡器能够进入振幅平衡状态并维持幅度稳定的条件。

5.2　正弦波振荡器

选频网络采用 LC 谐振回路的反馈式正弦波振荡器，称为 LC 正弦波振荡器，简称 LC 振荡器。目前应用最广的是三点式(电容耦合、电感耦合)振荡电路。

5.2.1　三点式振荡电路的基本工作原理

三点式振荡器的基本结构如图 5.2.1 所示，放大器采用晶体管，X_1、X_2、X_3 三个电抗元件组成 LC 谐振回路，回路中有三个引出端点分别与晶体管的三个电极相连，谐振回路既是晶体管的集电极负载，又是正反馈选频网络，所以把这种电路称为三点式振荡器。$\dot{U}_i$ 为放大器的输入电压，$\dot{U}_o$ 为放大器的输出电压，$\dot{U}_f$ 为反馈电压。

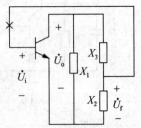

图 5.2.1　三点式振荡器的结构

如果要产生振荡，电路首先要满足相位的平衡条件，即电路应构成正反馈。为了便于说明，略去电抗元件的损耗及管子输入和输出阻抗的影响，当 X_1、X_2、X_3 组成的谐振回路谐振，即 $X_1 + X_2 + X_3 = 0$ 时，回路等效为纯电阻，放

大器的输出电压 $\dot{U}_o$ 与 $\dot{U}_i$ 反相，电抗 X_2 上的压降 $\dot{U}_f$ 必须与 $\dot{U}_o$ 反相，$\dot{U}_f$ 才会与 $\dot{U}_i$ 同相，满足电路的相位平衡条件。由图 5.2.1 可知，反馈电压 $\dot{U}_f$ 为

$$\dot{U}_f = \dot{U}_o \frac{jX_2}{j(X_2 + X_3)} \qquad (5.2.1)$$

由于 $X_1 + X_2 \approx -X_1$，所以式(5.2.1)可以写成

$$\dot{U}_f = -\frac{X_2}{X_1}\dot{U}_o \qquad (5.2.2)$$

则三点式振荡器的反馈系数 $\dot{F}$ 为

$$\dot{F} = \dot{U}_f / \dot{U}_o = -\frac{X_2}{X_1} \qquad (5.2.3)$$

因此，要使 $\dot{U}_f$ 与 $\dot{U}_o$ 反相，电抗 X_2 与 X_1 就必须为同性质的电抗元件，即同为感性或同为容性元件。再由 $X_1 + X_2 + X_3 \approx 0$ 可知，X_3 必须与 $X_1(X_2)$ 为异性质的电抗元件。

综上所述，三点式振荡器的组成原则可以概括为：X_1 与 X_2 的电抗性质必须相同，X_3 与 X_1、X_2 的电抗性质必须相异。从电路组成来看，接在发射极与集电极、发射极与基极之间的为同性质电抗，接在基极与集电极之间的为异性质电抗。简单来说，与发射极相连的为同性质电抗，不与发射极连接的为异性质电抗。根据这个原则，构成三点式振荡器的基本形式有两种，分别为电感三点式和电容三点式，如图 5.2.2 所示。

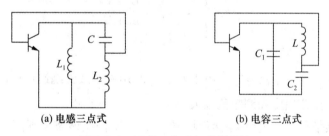

(a) 电感三点式　　　　　　　　　　(b) 电容三点式

图 5.2.2　两种三点式振荡器结构

5.2.2　电感三点式振荡电路

1. 电路组成

电感三点式振荡电路(又称哈托莱振荡器)的原理电路如图 5.2.3(a)所示。R_{B1}、R_{B2}、R_E 组成分压式偏置电路；C_E 为发射极旁路电容，C_B、C_C 分别为基极和集电极隔直电容，R_C 为集电极负载电阻；C 和 L_1、L_2 为并联谐振回路。画出其交流通路，如图 5.2.3(b)所示，根据三点式振荡器的组成原则，可知其为电感三点式振荡器。

电感三点式的构成法则是三极管的发射极接两个性质相同的感性元件(或感性支路)，而集电极与基极则接不同性质的电抗元件。

由图 5.2.3(b)可知，当 L_1、L_2 和 C 并联回路谐振时，输出电压 $\dot{U}_o$ 与输入电压 $\dot{U}_i$ 反相，而反馈电压 $\dot{U}_f$ 与 $\dot{U}_o$ 反相，所以 $\dot{U}_f$ 与 $\dot{U}_i$ 同相，电路在回路谐振频率上构成正反馈，满足了振

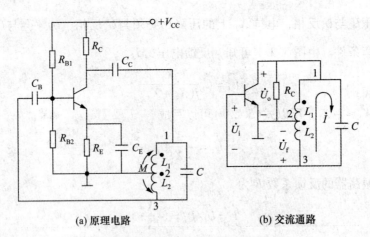

(a) 原理电路   (b) 交流通路

图 5.2.3　电感三点式振荡电路

荡的相位条件。由此可得电路的振荡频率 f_0 为

$$f_0 \approx \frac{1}{2\pi\sqrt{LC}} \tag{5.2.4}$$

式中，$L = L_1 + L_2 + 2M$，M 为 L_1、L_2 间的互感。

振荡器的反馈系数可根据式(5.2.3)求得，即

$$\dot{F} = \frac{\dot{U}_f}{\dot{U}_o} = -\frac{X_2}{X_1} = \frac{L_2 + M}{L_1 + M} \tag{5.2.5}$$

2. 电路特点

（1）对于电感三点式振荡电路，由于 L_1、L_2 是由一个线圈绕制而成的，耦合紧密，因而容易起振，并且振荡幅度和调频范围大。

（2）由于反馈信号取自电感 L_2 两端压降，而 L_2 对高次谐波呈现高阻抗，故输出电压高次谐波多，导致输出波形质量较差。

（3）极间电容与回路电感并联，在频率高时极间电容影响大，有可能使电抗性质发生改变，所以最高振荡频率较低。

5.2.3　电容三点式振荡电路

1. 电路组成

电容三点式振荡电路又称考毕兹振荡器，其原理电路如图 5.2.4（a）所示，图 5.2.4(b)是其交流通路。由图可知，C_1、C_2、L 组成选频网络，根据前面的分析，该电路符合三点式振荡电路的组成原则，满足振荡相位的平衡条件。由于反馈信号 U_f 取自电容 C_2 两端的电压，故称为电容反馈式三点式振荡器，简称电容三点式振荡器。

当丙类谐振回路谐振时，振荡电路满足振荡的相位平衡条件，由此可求得其振荡频率为

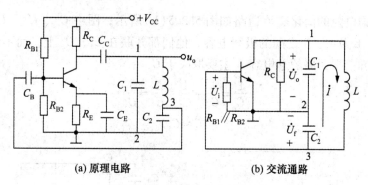

图 5. 2. 4　电容三点式振荡器

$$f_0 \approx \frac{1}{2\pi\sqrt{LC}} \tag{5.2.6}$$

式中，$C = \dfrac{C_1 C_2}{C_1 + C_2}$，为并联谐振回路串联总电容值。

由式(5.2.3)可知反馈系数为

$$\dot{F} = \frac{\dot{U}_f}{\dot{U}_o} = -\frac{X_2}{X_1} = -\frac{C_1}{C_2} \tag{5.2.7}$$

由式(5.2.7)可知，若增大 C_1 与 C_2 的比值，可增大反馈系数值，有利于起振和提高输出电压的幅度，但它会使晶体管输入阻抗影响增大，致使回路的等效品质因数下降，不利于起振，同时波形的失真也会增大。所以 C_1/C_2 不宜过大，一般取 $C_1/C_2 = 0.1 \sim 0.5$，或通过调试决定。

2. 电路特点

（1）由于反馈电压取自 C_2，电容对高次谐波容抗小，反馈中谐波分量少，振荡产生的正弦波形较好。

（2）极间电容与回路电容并联，不存在电抗性质改变的问题，故工作频率高，最高频率可以达到 100 MHz 以上。

（3）因为改变 C_1、C_2 调频的同时，也改变了反馈系数，从而导致振荡器工作状态的变化；另外，由于受晶体管输入和输出电容的影响，为保证振荡频率的稳定，振荡频率的提高将受到限制。

5.2.4　改进型电容三点式振荡电路

电容三点式振荡器的性能较好，但存在下述缺点：调节频率会改变反馈系数，晶体管的输入电容 C_i 和输出电容 C_o 对振荡频率的影响限制了振荡频率的提高。为了提高频率的稳定性，目前较普遍地应用改进型电容振荡电路。

1. 克拉泼振荡器

图 5.2.5(a)为改进型电容三点式振荡电路，称为克拉泼电路，与基本的电容振荡电路相比，仅在谐振回路电感支路中串接一个容量较小的电容 C_3，对其要求为 $C_3 \ll C_1$，C_3

$\ll C_2$。其不考虑电阻的简化交流通路如图 5.2.5(b) 所示，图中 C_{ce}、C_{be}、C_{cb} 分别为晶体管 C、E 和 B、E 及 C、B 之间的极间电容，他们都并联在 C_1、C_2 上，而不影响 C_3 的值，因此，由图可知谐振回路的总电容 C 主要取决于 C_3

$$\frac{1}{C} = \frac{1}{C_1} + \frac{1}{C_2} + \frac{1}{C_3} \approx \frac{1}{C_3} \tag{5.2.8}$$

所以
$$C \approx C_3$$

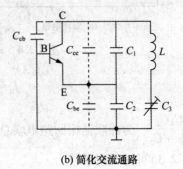

(a) 原理电路　　　　　　　　(b) 简化交流通路

图 5.2.5　克拉泼振荡器

因此该振荡电路的谐振频率，即振荡频率为

$$f_0 \approx \frac{1}{2\pi\sqrt{LC_3}} \tag{5.2.9}$$

由此可见，在克拉泼电路中，当 C_3 比 C_1、C_2 小得多时，振荡频率仅由 C_3 和 L 决定，与 C_1、C_2 基本无关，C_1、C_2 构成正反馈，它们的容量相对来说可以取得较大，从而减小与之相并联的晶体管输入电容、输出电容的影响，提高了频率的稳定度。但要注意的是，谐振回路接入 C_3 后，使得晶体管输出端与回路的耦合减弱，晶体管的等效负载减小，放大器的放大倍数下降，晶体管输出振幅减小。因此减小 C_3 来提高回路的稳定性是以牺牲环路增益为代价的。如果 C_3 取值过小，振荡器就会不满足振幅条件而停振。

2. 西勒振荡器

为了克服上述克拉泼振荡器的不足，在其电感两端再并联一个可变电容，就构成了另一种改进型电容式振荡器，如图 5.2.6(a) 所示，称为西勒振荡器。其简化交流通路如图 5.2.6(b) 所示。与克拉泼电路不同的是仅在于电感 L 上并联了一个调节振荡频率的可变电容 C_4。C_1、C_2、C_3 均为固定电容，且满足 $C_3 \ll C_1$，$C_3 \ll C_2$。通常 C_3、C_4 为同一数量级的电容，因 C_3 不变，所以谐振回路反映到晶体管输出端的等效负载阻抗变化很慢，故调节 C_4 对放大器增益影响不大，从而可以保持振荡幅度的稳定。回路总电容 $C \approx C_3 + C_4$，则西勒电路的振荡频率为

$$f_0 \approx \frac{1}{2\pi\sqrt{L(C_3 + C_4)}} \tag{5.2.10}$$

西勒振荡电路具有频率稳定度高，频率调节范围宽、幅度平稳，输出波形好等优点，常用于可调高频振荡器。

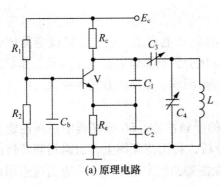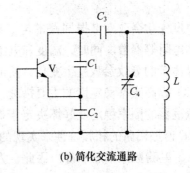

(a) 原理电路   (b) 简化交流通路

图 5.2.6　西勒振荡器

5.2.5　振荡器的频率稳定和振幅稳定

一个振荡器除了它的输出信号要满足一定的频率和幅度外，还必须保证输出信号频率和振幅的稳定，频率稳定度和振幅稳定度是振荡器两个重要的性能指标，而频率稳定度尤为重要。

1. 频率稳定

（1）频率稳定度

频率稳定度的定义是：在规定时间内，规定的温度、湿度、电源电压等变化范围内，振荡频率的相对变化量。如振荡器的标称频率为 f_0，实际频率为 f，则绝对误差 Δf 为

$$\Delta f = f - f_0 \tag{5.2.11}$$

也称为绝对频率准确度。因此频率稳定度可表示为

$$\frac{\Delta f}{f_0} = \frac{f - f_0}{f_0} \tag{5.2.12}$$

通常测量频率准确度时要反复多次进行，Δf 取多次测量中的最大值。Δf 越小，频率稳定度就越高。

根据所规定时间长短不同，频率稳定度有长期、短期和瞬时之分。长期稳定度一般指一天以上乃至几个月内振荡频率的相对变化量，它主要取决于元器件的老化特性；短期频率稳定度一般指一天以内振荡频率的相对变化量，它主要决定于温度、电源电压等外界因素的变化；瞬时频率稳定度是指秒或毫秒内振荡频率的相对变化量，这是一种随机变化，这些变化均由电路内部噪声或各种突发性干扰所引起。

通常所讲的频率稳定度一般指短期频率稳定度。对振荡器频率稳定度的要求视振荡器的用途不同而不同。例如，用于中波广播电台发射机的频率稳定度为 10^{-5} 数量级，电视发射机为 10^{-7} 数量级，普通信号发生器为 $10^{-3} \sim 10^{-5}$ 数量级，作为频率标准振荡器则要求达到 $10^{-8} \sim 10^{-9}$ 数量级。

（2）导致振荡频率不稳定的原因

由前面分析知道，LC 振荡器振荡频率主要取决于谐振回路的参数，也与其他电路元器件参数有关。由于振荡器使用中，不可避免地会受到各种外界因素的影响，使得这些参数发生变化，导致振荡频率不稳定。这些外界因素主要有温度、电源电压以及负载变

化等。

温度变化会改变谐振回路的电感线圈的电感量和电容量，也会直接改变晶体管结电容、结电阻等参数。同时，温度和电源电压的变化会影响晶体管的工作点及工作状态，也会使晶体管的等效参数发生变化，使谐振回路谐振频率、品质因数发生变化。

（3）提高频率稳定度的主要措施

振荡器的频率稳定度好坏决定于振荡电路的稳频性能。LC 振荡器中稳频性能主要是利用 LC 谐振回路的相频特性来实现的。根据分析，在振荡频率上，回路相频特性的变化率越大，其稳频效果就越好。因此，为了提高振荡器的频率稳定度，一方面应选用高质量的电感、电容构成谐振回路，使回路有较高的品质因数；另一方面在电路设计时，应力求使电路的振荡频率接近于回路的谐振频率。

根据上述讨论可知，引起频率不稳定的原因是外界因素的变化，但是引起频率不稳定的内因则是决定振荡频率的谐振回路对外因变化的敏感性。因此，欲提高振荡频率的稳定度，可以从以下两方面入手。

① 减少外界因素的变化。减少外界因素变化的措施很多，例如，可将决定振荡频率的主要元件或整个振荡器置于恒温槽中，以减小温度的变化；采用高稳定度直流稳压电源来减小电源电压的变化；采用金属屏蔽罩减小外界电磁场的影响；采用减振器可减小机械运动；采用密封工艺来减小大气压力和湿度的变化，从而减小可能发生的元件参数变化；在负载和振荡器之间加一级射极跟随器作为缓冲可减小负载的变化等。

② 提高谐振回路的标准性。谐振回路在外界因素变化时，保持其谐振频率不变的能力称为谐振回路的标准性。回路标准性越高，频率稳定度就好。由于振荡器中谐振回路的总电感包括回路的电感和反映到回路的引线电感；回路的总电容包括回路电容和反映到回路中的晶体管极间电容及其他分布杂散电容。因此，欲提高谐振回路的标准性可用如下措施：

a. 采用参数稳定的回路电感器和电容器；采用温度补偿法，即在谐振回路中选用合适的具有不同温度系数的电感和电容(一般电感具有正温度系数、电容温度系数有正、有负)，从而使因温度变化引起的电感和电容值的变化互相抵消，可使回路谐振频率的变化减小。

b. 改进安装工艺，缩短引线、加强引线机械强度。元件和引线安装牢固，可减小分布电容和分布电感及其变化量。

c. 增加回路总电容量，减小晶体管与谐振回路之间的耦合，均能有效减小晶体管极间电容在总电容中的比重，也可有效地减小管子输入和输出电阻以及它们的变化量对谐振回路的影响。前述改进型电容三点式振荡电路就是按这一思路设计出来的高频率稳定度振荡器。但在一定的频率下，增加回路总电容势必减小回路电感，电感量过小，反而不利于频率稳定度的提高。

2. 振幅稳定

振荡器在外界因素的影响下，输出电压将会发生波动。为了维持输出电压的稳定，振荡器应具有自动稳幅性能，即当输出电压增大时，振荡器的环路增益 AF 应自动减小，迫使输出电压下降，反之亦然。为了衡量振荡器稳幅性能的好坏，常引用振幅稳定度这一性能指标。它定义为：在规定的条件下，输出信号幅度的相对变化量。如振荡器输出电压标称值为 U_0，实际输出电压与标称值之差为 ΔU，则振幅稳定度为 $\Delta U/U_0$。

由前面振荡器工作原理讨论可知，振荡器的稳幅性能是利用放大器件工作于非线性区来实现的，把这种稳幅方法称为内稳幅。另外，在振荡电路中使放大器保持为线性工作状态，而另外接入非线性环节进行稳幅，称为外稳幅。

内稳幅效果与晶体管的静态起始工作状态、自给偏压效应以及起振时 AF 的大小有关。静态工作点电流越小，起振时 AF 越大，自给偏压效应越灵敏，稳幅效果也就越好，但振荡波形的失真也会越大。

采用高稳定的直流稳压电源供电，减小负载与振荡器的耦合，也是提高输出幅度稳定度的重要措施。

5.3　石英晶体振荡器

在 LC 振荡器中，尽管采取了许多稳频措施，但实践证明，它的稳定度一般很难突破 10^{-5} 数量级，为了进一步提高振荡频率的稳定度，可以采用石英谐振器作为选频网络，构成晶体振荡器，其频率稳定度可达 $10^{-6} \sim 10^{-8}$，甚至更高。这是因为石英晶体具有极高的 Q 值和很高的标准性。下面讨论石英谐振器的基本特性及晶体振荡器的构成和工作原理。

5.3.1　石英谐振器及其特性

石英是一种各向异性的结晶体，其化学成分为二氧化硅。从一块晶体上按一定的方位角切下的薄片称为晶片，其形状可以是正方形、矩形或圆形等，然后在晶片的两个面上镀上银层作为电极，再用金属或玻璃外壳封装并引出电极，就成了石英谐振器，简称为石英晶体，如图 5.3.1 所示。

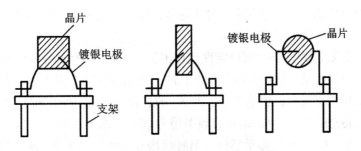

图 5.3.1　石英谐振器的内部结构

石英晶体之所以能做成谐振器是基于它的压电效应。若在晶片两面施加机械力，则沿受力方向将产生电场，晶片两面产生异性电荷。若在晶片两面加一交变电场，晶片就会产生机械振动。当外加电场的频率等于晶体的固有频率时，机械振动幅值明显加大，晶片两面的电荷数量和其间的交变电流也最大，类似于 LC 回路中串联谐振的效应。这种效应称为石英晶体的压电谐振。为此，晶片的固有机械振动频率又称为谐振频率，其尺寸与晶片的几何尺寸有关，具有很高的稳定性。

石英晶体谐振器在电路中的符号如图 5.3.2(a) 所示，其等效电路如图 5.3.2(b) 所示。C_0 是晶片的静态电容，它相当于一个平板电容，即由晶片作为介质，镀银电极和支架引线作为极板所构成的电容，它的大小与晶片的几何尺寸和电极面积有关，一般在几皮法到十几皮法之间。L 和 C 分别为晶片振动时的等效动态电感和电容，R 等效为晶片振动时的摩擦损耗。晶片的等效电感 L 很大，几十到几百毫亨，动态电容 C 很小，约百分之几皮法，损耗电阻 R 大约几欧到几百欧，所以晶体的品质因数 Q 很高，一般可达 10^5 以上。同时石英晶片的机械性能十分稳定，因此用石英谐振器作为选频网络构成振荡器就会有很高的回路标准性，因而有很高的频率稳定度。

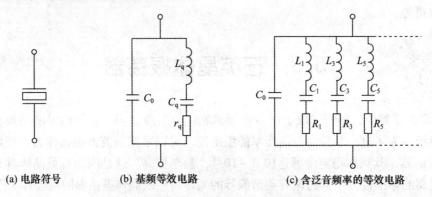

(a) 电路符号　　　(b) 基频等效电路　　　(c) 含泛音频率的等效电路

图 5.3.2　石英晶体的电路符号及其等效电路

在外加交变电压的作用下，晶片产生机械振动，其中除了基频的机械振动外，还有许多奇次(3 次、5 次……)频率的机械振动，这些机械振动(谐波)统称为泛音。晶片不同频率的机械振动，可以分别用一个 LC 串联谐振回路来等效，如图 5.3.2(c) 所示。利用晶片的基频可以得到较强的振荡，但在振荡频率很高时，晶片的厚度会变很薄。薄的晶片加工困难，使用中也容易损坏，所以如果需要的振荡频率较高，建议使用晶体的泛音频率，以使晶片的厚度可以增加。利用基频振动称为基频晶体，利用泛音振动称为泛音晶体，泛音晶体广泛应用 3 次和 5 次的泛音振动。

若略去等效电阻 r_q 的影响，可以定性地作出图 5.3.2(b) 所示等效电路的电抗频率特效曲线。当加在回路两端的信号频率很低时，两个支路的容抗都很大，因此回路总的等效阻抗呈容性。信号频率增加，容抗减小，当 C_q 的容抗与 L_q 感抗相等时，C_q 与 L_q 支路发生串联谐振，回路总阻抗 $X = 0$，此时的频率用 f_s 表示，称为晶片的串联谐振频率。当频率继续升高时，L_q、C_q 串联支路呈感性，当感抗增加到刚好和 C_0 的容抗相等时，回路产生并联谐振，回路总电抗趋于无穷大，此时的频率用 f_p 表示，称为晶片的并联谐振频率。当 $f > f_p$ 时，C_0 支路的容抗减小，对回路的分流起主要作用，回路又呈容性。因此可以得到图 5.3.3 所示石英谐振器的电抗频率特效曲线。

由此可见，石英晶体振荡器应有两个谐振频率。一个是 L_q、C_q、r_q 支路的串联谐振频率

$$f_s = \frac{1}{2\pi\sqrt{L_q C_q}} \qquad (5.3.1)$$

另一个是 L_q、C_q 和 C_0 组成的并联谐振回路的谐振频率

$$f_p = \frac{1}{2\pi\sqrt{L_q \dfrac{C_0 C_q}{C_0 + C_q}}} = f_s\sqrt{1 + \frac{C_q}{C_0}} \qquad (5.3.2)$$

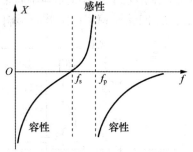

图 5.3.3　石英谐振器的电抗频率特效曲线

通常 $C_0 \gg C_q$，故 f_p 与 f_s 非常接近，f_p 略大于 f_s，说明两个谐振频率 f_p、f_s 相差很小，其相对频差通常小于 1%，所以感性区非常窄，则 f_s 与 f_p 之间的等效电感的电抗频率特性曲线非常陡峭，具有很高的 Q 值，从而具有很强的稳频作用。实用中，石英谐振器就工作在这一频率狭窄的电感区内，电容区是不宜使用的。

石英谐振器使用时应注意以下两点：

(1) 石英晶片都规定要接一定的负载电容 C_L，标在晶体外壳上的振荡频率(称晶体的标称频率)就是接有规定负载电容 C_L 后晶片的并联谐振频率。通常对于高频晶体 C_L 为 30 pF 或标为 ∞(指无需外接负载电容，常用于串联型晶体振荡器)。

(2) 石英晶体工作时要有合适的激励电平。激励电平过大会影响频率稳定度、振坏晶片；过小会使噪声影响大，振荡输出减小，甚至可能停振。所以在振荡器中必须注意不超过晶片额定的激励电平，并尽量保持激励电平的稳定。

5.3.2　石英晶体振荡电路

用石英晶体构成的正弦波振荡电路有两类：一类是石英晶体作为一个高 Q 值的电感元件，和回路中的其他元件形成并联谐振，称为并联型晶体振荡电路；另一类是石英晶体作为一个正反馈通路元件(相当于短路线)，工作在串联谐振状态，称为串联型晶体振荡电路。

1. 并联型晶体振荡器

图 5.3.4 所示为并联型晶体振荡器的原理电路及其交流电路。由图可见，石英晶体与外部电容 C_1、C_2、C_3 构成并联谐振回路，它在回路中起电感作用，构成电容三点式 LC 振荡器，该电路被称为皮尔斯晶体振荡器。电路中 C_3 用来微调电路的振荡频率，使振荡器振荡在石英晶体的标称频率上，C_1、C_2、C_3 串联组成石英晶体的负载电容 C_L。

2. 串联型晶体振荡器

图 5.3.5(a) 所示为串联型晶体振荡器原理电路，图中石英晶体串接在正反馈通路内。由图 5.3.5(b) 所示交流通路可见，将石英晶体短接，就构成了电容三点式振荡电路。当反馈信号的频率等于石英晶体串联谐振频率时，石英晶体阻抗最小，且为纯电阻，此时正反馈最强，电路满足振荡的相位和幅度条件而产生振荡；当偏离串联谐振频率时，石英晶体阻抗迅速增大并产生较大的相移，振荡条件不能满足而不能产生振荡。由此可见，这种

振荡器的振荡频率受石英晶体串联谐振频率 f_s 的控制，具有很高的频率稳定度。为了减小 L、C_1，C_2 回路对频率稳定度的影响，要求将该回路调谐在石英晶体的串联谐振频率上。

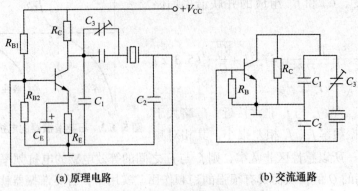

(a) 原理电路   (b) 交流通路

图 5.3.4　并联型晶体振荡电路

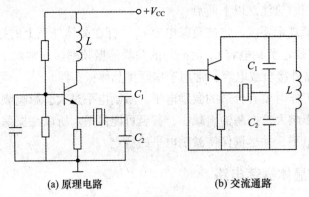

(a) 原理电路   (b) 交流通路

图 5.3.5　串联型晶体振荡器

5.4　负阻正弦波振荡器

负阻正弦波振荡器是由负阻器件和 LC 谐振回路组成，它在 100 MHz 以上的超高频段得到广泛的应用。目前它的振荡频率已扩展到几十吉赫兹。

5.4.1　负阻器件的伏安特性

具有负增量电阻特性的电子器件称为负阻器件，它可以分为电压控制型和电流控制型两类，其伏安特性分别示于图 5.4.1 中。它们的共同特点是：特性曲线中间 AB 段的斜率值为负，即在该区域内，器件的增量电阻为负值。对于图 5.4.1(a) 所示伏安特性曲线，同一个电流值可以对应一个以上的电压值，但一个电压值只对应一个电流值，把具有这种特性的负阻器件称为电压控制型负阻器件，意思是只要确定了电压值，器件的工作点便可确定下来。对于图 5.4.1(b) 所示伏安特性曲线同一个电压值可以对应一个以上的电流值，但一个电流值只对应一个电压值，把具有这种特性的负阻器件称为电流控制型负阻器件，意思是只要确定了电流值，器件的工作点便可以确定下来。实用中，隧道二极管具有电压控制型负阻器件特性，单结晶体管、雪崩管等具有电流控制型负阻器件特性。

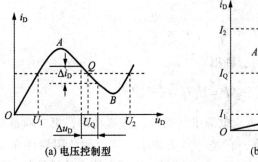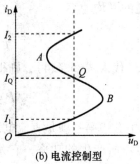

(a) 电压控制型　　　　　　　(b) 电流控制型

图 5.4.1　负阻器件的伏安特性

由图 5.4.1(a) 可见，在负阻区内 Q 点处，电压有一正增量 Δu_D，其对应的电流增量 Δi_D 为负值，所以，该点处的增量电阻为负值，用 $-r_n$ 标识增量电阻（负号表示负电阻），因此可得

$$r_n = -\frac{\Delta u_D}{\Delta i_D} = \frac{1}{g_n} \tag{5.4.1}$$

式中，g_n 为 r_n 的倒数，称为负电导。

如果在图 5.4.1(a) 所示负阻区内工作点电压 U_Q 上叠加一幅度很小的正弦电压 $u = U_m \sin(\omega t)$，在负阻特性线性化后，流过负阻器件的交流电流 i 也是正弦波，电压、电流对应波形如图 5.4.2 所示。由图可见，电压、电流的相位相反，即

$$i = \frac{u}{-r_n} = \frac{U_m}{-r_n}\sin(\omega t) = -I_m(\omega t) \tag{5.4.2}$$

式中，$I_m = \dfrac{U_m}{r_n} = g_n U_m$ 为电流振幅。

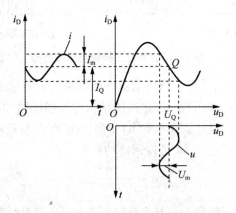

图 5.4.2　负阻输出交流功率

由图 5.4.2 可见，作用于器件上的合成电压和电流分别为

$$u_D = U_Q + u = U_Q + U_m \sin(\omega t) \atop i_D = I_Q + i = I_Q - I_m \sin(\omega t) \Bigg\} \tag{5.4.3}$$

则器件消耗的平均功率

$$P = \frac{1}{T} \int_0^T p \mathrm{d}t = \frac{1}{T} \int_0^T u_D i_D \mathrm{d}t \tag{5.4.4}$$

将式(5.4.3)代入式(5.4.4)，则得

$$P = U_Q I_Q - \frac{1}{2} U_m I_m \tag{5.4.5}$$

式(5.4.5)中右边第一项是直流电源供给器件的直流功率，第二项是器件加上交流电压后形成交流电流所产生的功率，它是一个负功率。这说明负阻器件在交流电压的作用下，能把从直流电源获得直流能量的一部分转变为交流电能，传送给外电路，这就是负阻器件能构成负阻振荡器的基础。

5.4.2　负阻振荡电路

由隧道二极管构成的负阻正弦波振荡器电路如图5.4.3(a)所示。图中，V 为隧道二极管，它具有电压控制型负阻特性，L、C 构成并联谐振回路，V_{DD}、R_1、R_2 构成隧道二极管的直流偏置电路，提供隧道二极管工作在负阻区所需直流工作电压，C_1 是高品旁路电容，用以对 R_2 产生交流旁路作用。将隧道二极管用其等效的负电导代替，并考虑到其极间电容 C_d 的影响，可画出交流等效电路，如图5.4.3(b)所示，图中 $G_e = G_p + G_L$，G_p 为 LC 谐振回路的固有谐振电导，$G_L = \dfrac{1}{R_L}$ 为负载电导。

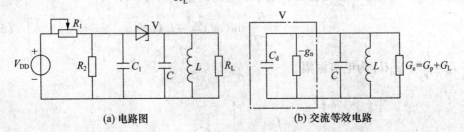

(a) 电路图　　　　　　　　(b) 交流等效电路

图5.4.3　隧道二极管负阻振荡器

根据 LC 回路自由振荡的原理，当负阻器件所呈现的负阻与 LC 振荡回路的等效损耗电阻相等时，即负阻器件向振荡回路所提供的能量恰好补偿回路的能量损耗时，电路就能维持稳定的等幅振荡。也就是说，图5.4.3(b)中当正电导 G_e 与负电导 g_n 相等时，就能产生正弦波振荡，其振荡频率决定于 LC 谐振回路的参数，即

$$f_0 = \frac{1}{2\pi \sqrt{L(C + C_d)}} \tag{5.4.6}$$

需要指出的是，在起振阶段，只有当负阻器件向 LC 回路"提供"的交流能量大于回路消耗的能量时，振荡回路中才能产生增幅振荡。

5.5　*RC* 正弦波振荡器

采用 *RC* 选频网络构成的振荡器称为 *RC* 振荡器，它适用于低频振荡，一般用于产生 1 Hz ~ 1 MHz 的低频信号，但是 *RC* 选频网络的选频作用比 *LC* 谐振回路差很多，所以 *RC* 振荡器输出波形和频率稳定度都比 *LC* 振荡器差。常用的 *RC* 振荡器为 *RC* 桥式振荡电路。

5.5.1　*RC* 串并联选频网络

由 *RC* 组成的串并联选频网络如图 5.5.1(a)所示，Z_1 为 *RC* 串联电路阻抗，Z_2 为 *RC* 并联电路阻抗，$\dot{U}_1$ 为输入电压，$\dot{U}_2$ 为输出电压。当 $\dot{U}_1$ 频率较低时，$R \ll \dfrac{1}{\omega C}$，选频网络可近似用图 5.5.1(b)所示的 *RC* 高通电路来表示，频率越低，输出电压 $\dot{U}_2$ 越小，$\dot{U}_2$ 超前于 $\dot{U}_1$ 的相位角也越大；当 $\dot{U}_1$ 频率较高时，$R \gg \dfrac{1}{\omega C}$，选频网络可近似用图 5.5.1(c)所示的 *RC* 低通电路来表示，频率越高，输出电压越小，$\dot{U}_2$ 滞后 $\dot{U}_1$ 的相位角也越大。由此可以推知，*RC* 串并联网络在某一频率上，其输出电压幅度有最大值，相位角等于 0°。

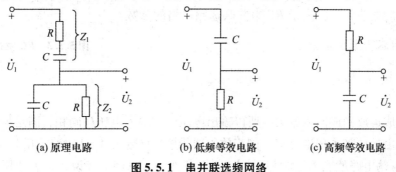

(a) 原理电路　　　　　(b) 低频等效电路　　　　　(c) 高频等效电路

图 5.5.1　串并联选频网络

由图 5.5.1(a)可以写出 *RC* 串并联选频网络的电压传输系数为

$$\dot{F} = \frac{\dot{U}_2}{\dot{U}_1} = \frac{Z_2}{Z_1 + Z_2} \tag{5.5.1}$$

其幅频特性曲线和相频特性曲线如图 5.5.2 所示，图中 $\omega_0 = \dfrac{1}{RC}$ 为选频网络的中心频率。

由图可见，当 $\omega = \omega_0$ 时，$|\dot{F}|$ 达最大值，并等于 1/3，相位角 $\varphi_f = 0°$，即输出电压的振幅等于输入电压振幅的 1/3，输出电压与输入电压同相位，所以 *RC* 串并联网络具有选频作用。

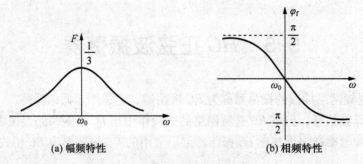

(a) 幅频特性　　　　　　　(b) 相频特性

图 5.5.2　串并联网络的频率特性

5.5.2 *RC* 桥式振荡器

RC 桥式振荡电路如图 5.5.3 所示，它由集成运算放大器、*RC* 串并联正反馈选频网络和负反馈电路组成。

由于 *RC* 选频网络在 $\omega = \omega_0$ 时，$|\dot{F}| = 1/3$，$\varphi_f = 0°$，因此，只要放大器的放大倍数 $|\dot{A}| > 3$，$\varphi_a = 2n\pi(n = 0，1，2，\cdots)$，就能使电路满足自激振荡的振幅和相位起振条件，产生自激振荡。

振荡器的振荡频率取决于 *RC* 串并联选频网络的参数。

由 $\omega_0 = \dfrac{1}{RC}$ 可求得振荡频率为

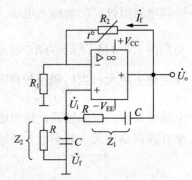

图 5.5.3　*RC* 桥式振荡器

$$f_0 = \frac{1}{2\pi RC} \tag{5.5.2}$$

由于集成运放构成同相放大，所以输出电压 $\dot{U}_o$ 与输入电压 $\dot{U}_i$ 同相，满足振荡的相位条件。另外，由运放基本理论可知，同相放大器的放大倍数为 $A = 1 + (R_2/R_1)$。可见，只要 $R_2 > 2R_1$，振荡电路就能满足振荡的幅度起振条件。从原理上来说，为了使振荡器容易起振，要求 $R_2 \gg R_1$，即 $A \gg 3$。不过这样电路会形成很强的正反馈，振荡幅度增长很快，致使运放工作进入很深的非线性区域后，方能使电路满足振荡平衡条件 $|\dot{A}\dot{F}| = 1$，建立起稳定的振荡。由于 *RC* 串联网络的选频作用较差，当放大器进入非线性区域后，振荡波形将会产生严重的失真。所以，为了改善输出电压波形，又能限制振荡幅度的增长，实用电路中 R_2 采用负温度系数的热敏电阻(温度升高电阻值减小)。起振时由于输出电压 $\dot{U}_o$ 比较小，流过热敏电阻 R_2 的电流 I_f 很小，其阻值很大，使 R_1 产生的负反馈作用很弱，放大器的增益比较高，振荡幅度增长很快，从而有利于振荡的建立。随着振荡的增强，U_o 增大，流经 R_2 的电流 I_f 增大，其阻值减小，R_1 的负反馈作用增强，放大器的增益下降，振荡幅度的增长受到限制。适当选取 R_1、R_2 的阻值及 R_2 的温度特性，就可以使振荡幅度限制在放大器的线性区内，振荡波形为一正弦波，且幅度稳定。

图 5.5.4 所示是采用集成运算放大器 741 构成的 RC 桥式振荡器实用电路。图中 R_1、R_p、R_3 接在输出端与反相输入端之间，构成负反馈，与 R_3 并联的二极管 V_1、V_2 构成非线性元件，即 R_3、V_1、V_2 组成一非线性电阻。当振荡幅度较小时，流过二极管的电流较小，二极管的等效电阻比较大，负反馈较弱，放大器增益较高，有利于起振。当振荡幅度增大时，流过二极管的电流增加，其等效电阻逐渐减小，负反馈加强，放大器增益自动减小，从而达到自动稳幅的目的。

电位器 R_p 用来调节放大器的闭环增益，调节 R_p 使 $R_2 + R_3$ 略大于 $2R_1$，则起振后振荡幅度较小，但输出波形比较好；调节 R_p 使 $(R_2 + R_3) \gg 2R_1$ 时，振荡幅度增加，但输出波形失真度也增大。

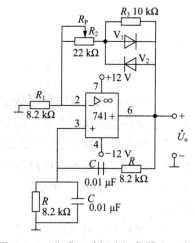

图 5.5.4 集成运放桥式振荡器实用电路

本 章 小 结

1. 振荡器在通信、广播、自动控制、仪表测量等方面都有广泛应用，根据振荡产生的波形不同，分为正弦波振荡器和非正弦波振荡器。正弦波振荡电路主要有 LC 正弦波振荡器、石英晶体振荡器。

2. 反馈型正弦波振荡电路是利用选频网络，通过正反馈产生自激振荡的。所以它的振荡相位平衡条件为 $\Phi_T = 2n\pi (n = 0，1，2，\cdots)$，利用相位平衡条件可确定振荡频率；振幅平衡条件为 $U_f = U_i$，利用振幅平衡条件可确定振荡幅度。振荡的相位起振条件为 $\Phi_T = 2n\pi (n = 0，1，2，\cdots)$，振幅起振条件为 $U_f > U_i$。

振荡电路起振时，电路处于小信号工作状态；而振荡处于平衡状态时，电路处于大信号工作状态。为了满足振荡的起振条件并实现稳幅、改善输出波形，要求电路的环路增益应随振荡输出幅度而变，当输出幅度增大时，环路增益应减小；反之，增益应增大。

3. LC 正弦波振荡器可以产生较高频率的正弦波振荡信号，主要有电感三点式，电容三点式及串、并联改进型振荡电路，振荡频率近似等于 LC 谐振回路的谐振频率。

4. 石英晶体振荡电路所产生的振荡频率的准确性和稳定性很高，频率稳定度一般可达到 $10^{-6} \sim 10^{-8}$ 数量级。石英晶体振荡电路有并联型和串联型，并联型晶体振荡电路中，石英晶体的作用相当于电感；而串联型晶体振荡电路中，利用石英晶体的串联谐振特性，以低阻抗接入电路。

5. 负阻振荡器由负阻器件和 LC 谐振回路构成。在这种电路中，负阻器件所起的作用相当于反馈振荡器中正反馈的作用，振荡频率取决于 LC 谐振回路。

习 题

5-1 正弦波振荡器的作用是什么？有哪些主要性能指标？

5-2 反馈型振荡器由哪几部分组成？试简述各部分电路的作用。

5-3 什么是反馈型振荡器的起振条件和平衡条件？试分析其作用。

5-4 克拉泼振荡器在电路结构上有何特点？有何优点？

5-5 LC 振荡器中，频率稳定度与 LC 谐振回路特性有何关系？影响频率稳定度的因素有哪些？

5-6 试判断下列说法是否正确，正确的打√，错误的打×。

(1) 振荡器与放大器的主要区别之一是：放大器的输出信号与输入信号频率相同，而振荡器一般不需要输入信号。（　　　）

(2) 只要存在正反馈，电路就能产生自激振荡。（　　　）

(3) 对于正弦波振荡器而言，若相位平衡条件得不到满足，则即使放大倍数再大，它也不可能产生正弦波振荡。（　　　）

5-7 图示为三点式振荡器的简化交流通路。

(1) 当该电路为电容三点式、电感三点式振荡器时，请分别说明 X_1、X_2、X_3 的电抗性质。

(2) 从输出波形、极间电容影响等方面分析两种振荡器的特点。

5-8 从反馈式振荡器组成原则出发分析下列哪些振荡器可能振荡？若可能请指出振荡器类型。

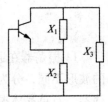

题 5-7 图

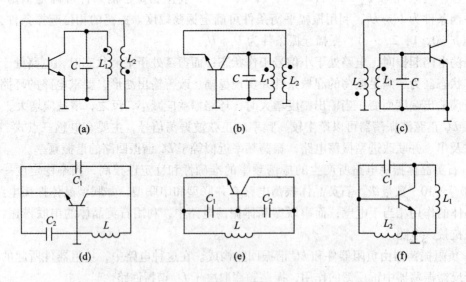

(a)　　　　　　　　(b)　　　　　　　　(c)

(d)　　　　　　　　(e)　　　　　　　　(f)

题 5-8 图

5－9　如图所示为三谐振回路振荡器交流通路，设电路参数之间有以下四种关系：

（1）$L_1 C_1 > L_2 C_2 > L_3 C_3$；

（2）$L_1 C_1 < L_2 C_2 < L_3 C_3$；

（3）$L_1 C_1 = L_2 C_2 > L_3 C_3$；

（4）$L_1 C_1 < L_2 C_2 = L_3 C_3$。

试分析上述四种情况是否都能产生振荡。

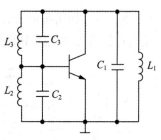

题 5－9 图

5－10　振荡电路如图所示，其中 $L = 140$ μH，$C_1 = 12 \sim 270$ pF，$C_2 = 20$ pF，$C_3 = 360$ pF。

（1）画出该电路的交流通路。

（2）为保证电路振荡，标出正确的同名端。

（3）说明该电路属于什么类型的振荡电路。

（4）求振荡电路的可调频率范围。

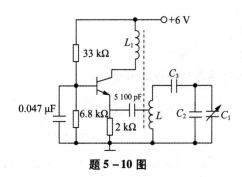

题 5－10 图

5－11　某振荡电路如图所示，可调电容 $C = 15 \sim 47$ pF，L_C 为高频扼流圈。

（1）画出其交流通路，指出属于哪种形式的振荡电路。

（2）估算频率的可调范围。

5－12　振荡电路如图所示。

（1）画出其交流通路。

（2）分析电路满足什么条件才可以振荡。

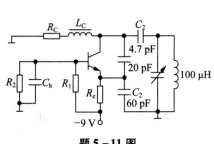

题 5－11 图

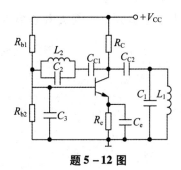

题 5－12 图

5-13 如图所示为石英晶体振荡电路，试说明它属于哪种类型的晶体振荡电路，并说明石英晶体在电路中的作用。

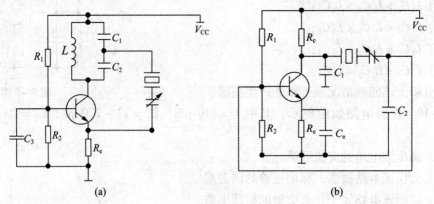

题 5-13 图

5-14 晶体振荡器如图所示。

（1）请画出交流通路。

（2）说明晶体及电容 C、C_3 的作用。

（3）计算反馈系数及电路维持振荡的最小增益

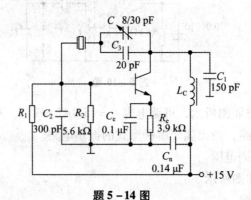

题 5-14 图

5-15 若石英晶体的参数为：$L_q = 4$ H，$C_q = 9 \times 10^{-2}$ pF，$C_0 = 3$ pF，$r_q = 100 \ \Omega$，求：

（1）串联谐振频率 f_s；

（2）并联谐振频率 f_p 与 f_s 相差多少？

第6章

振幅调制与解调及混频电路

调制、解调与混频电路是通信设备中重要的组成部分，在其他电子设备中也得到广泛应用。用待传输的低频信号去控制高频载波参数的电路称为调制电路，它有振幅调制和角度调制两大类；解调是调制的逆过程，从高频已调信号中还原出原调制信号的电路称为解调电路(也称检波电路)；把已调信号的载频变成另一个载频的电路称为混频电路。调制、解调和混频电路都是用来对输入信号进行频谱变换的电路。

频谱变换电路可分为频谱线性搬移电路和频谱非线性变换电路。振幅调制与解调电路和混频电路属于频谱线性搬移电路，它们的作用是将输入信号频谱沿频率轴进行不失真的搬移；属于频谱非线性变换电路的有角度调制与解调电路，它们的作用是将输入信号频谱进行特定的非线性变换。

本章只讨论频谱线性搬移电路，先重点讨论振幅调制的基本原理、非线性器件的相乘作用和相乘器电路，然后介绍常用的振幅调制电路、解调电路，最后介绍混频原理、电路及混频干扰。

6.1 概　　述

6.1.1 调制

传输信息是人类生活的重要内容之一。传输信息的手段很多，利用无线电技术进行信息传输在这些手段中占有极重要的地位。无线电通信、广播、电视、导航、雷达、遥控遥测等等，都是利用无线电技术传输各种不同信息的方式。无线电通信传送语言、电码或其他信号；无线电广播传送语言、音乐等；电视传送图像、语言、音乐；导航是利用一定的无线电信号指引飞机或船舶安全航行，以保证它们能平安到达目的地；雷达是利用无线电信号的反射来测定某些目标(如飞机、船舶等)的方位；遥测遥控则是利用无线电技术来测量远处或运动体上的某些物理量，控制远处机件的运行等。在以上这些信息传递的过程中，都要用到调制(也称载波调制)与解调。

所谓调制，是指用调制信号去控制载波的参数，使载波的某一个或某几个参数按照调制信号的规律变化。即在传送信号的一方(发送端)将所要传送的信号(称为调制信号)"附加"在高频振荡上，再由天线发射出去。这里，调制信号是指来自信源的基带信号，频率一般较低，这些信号可以是模拟的，也可以是数字的。高频振荡波就是携带信号的"运载工具"，所以也叫载波，即未受调制的周期性振荡信号，它可以是正弦波，也可以是非正弦波(如周期性脉冲序列)。而载波受调制后称为已调信号，它含有调制信号的全部特征。如图 6.1.1 所示。

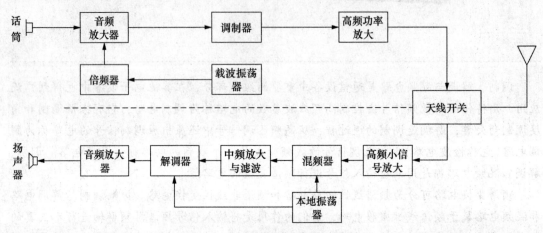

图 6.1.1　调幅发送及接收系统框图

在接收信号的一方(接收端)经过解调(反调制)的过程，把载波所携带的信号取出来，得到原有的信息。反调制过程也叫检波。调制与解调都是频谱变换的过程，必须用非线性元件才能完成。

那么，为什么一定要经过调制的过程，不能直接把信号发射出去吗？这里的关键问题是所要传送的信号频率或者太低(如语言和音乐都限于音频范围内)，或者频带很宽(例如电视信号频宽从 50 Hz 至 6.5 MHz)。这些都对直接采用电磁波的形式传送信号十分不利，其原因是：

(1) 在无线传输中，为了获得较高的辐射效率，天线的尺寸必须与发射信号的波长相比拟。而基带信号通常包含较低频率的分量，若直接发射，将使天线过长而难以实现。例如，天线长度一般应大于 1/4 波长。对于 3 000 Hz 的基带信号，若直接发射则需要尺寸约为 25 km 的天线。显然，这是无法实现的。但若通过调制，把基带信号的频谱搬至较高的频率上，就可以提高发射效率。

(2) 为了使发射与接收效率高，在发射机与接收机方面都必须采用天线和谐振回路。但语言、音乐、图像信号等的频率变化范围很大，因此天线和谐振回路的参数应该在很宽范围内变化。显然，这又是难以做到的。

(3) 如果直接发射音频信号，则发射机将工作于同一频率范围，这样，接收机将同时收到许多不同电台的节目，无法加以选择。而调制可以把多个基带信号分别搬移到不同的载频处，接收机可以调谐选择不同的电台，从而实现信道的多路复用，提高信道利用率和抗干扰能力。因此，调制对通信系统的有效性和可靠性有着很大的影响和作用。

调制的方式有很多，常见调制方式及应用详见表 6.1.1。根据调制信号是模拟信号还是数字信号，载波是连续波还是脉冲序列，相应的调制方式有脉冲模拟调制、脉冲数字调制、连续波模拟调制和连续波数字调制等。脉冲波调制是先用信号来控制脉冲波的振幅、宽度、位置等，然后再用这个已调脉冲对载波进行调制。脉冲调制（数字调制）有脉幅、脉宽、脉位、脉冲编码调制等多种形式。本课程涉及的主要是以高频余弦信号作为载波的连续波幅度调制，又可细分为连续波模拟调制和连续波数字调制。

表 6.1.1　常见调制方式及应用

	调制方式		用途举例
连续波	模拟调制	常规双边带调幅 AM	广播
		双边带调幅 DSB	立体声广播
		单边带调幅 SSB	载波通信、无线电台、数据传输
		残留边带调幅 VSB	电视广播、数据传输、传真
		频率调制 FM	微波中继、卫星通信、广播
		相位调制 PM	中间调制方式
	数字调制	振幅键控 ASK	数据传输
		频移键控 FSK	数据传输
		相位键控 PSK、DPSK、QPSK	数据传输、数字微波、空间通信
		其他高效数字调制 QAM、MSK、GMSK	数字微波、空间通信
脉冲序列	脉冲模拟调制	脉冲调幅 PAM	中间调制方式、遥测
		脉宽调制 PDM(PWM)	中间调制方式
		脉位调制 PPM	遥测、光纤传输
	脉冲数字调制	脉码调制 PCM	市话、卫星、空间通信
		增量调制 DM(ΔM)	军用、民用数字电话
		差分脉码调制 DPCM	电视电话、图像编码
		其他语音编码方式 ADPCM	中速数字电话

6.1.2　幅度调制

连续波模拟调制是用模拟基带信号对高频余弦载波进行的调制，根据所控制的载波参数不同，有三种基本形式：用基带信号去改变高频载波信号的振幅，称为振幅调制，简称调幅，用符号 AM 表示；用基带信号去改变高频载波信号的频率或相位，则称为频率调制（简称调频，用符号 FM 表示），或相位调制（简称调相，用符号 PM 表示），统称角度调制。

本章主要介绍调幅，其典型信号波形及频谱如图 6.1.2 所示。可见，第一，时域中高频 AM 信号的振幅与调制信号成正比；其次，从频域的角度看调幅是将调制信号的频谱线性地搬移到载波频率的两侧，只要再线性地搬回，即可实现解调。所以，通过调制可以将要传送的基带信号不失真地变换到已调信号中，再在接收端将基带信号从已调信号中不失真地恢复出来(即解调)，实现有效可靠的通信。

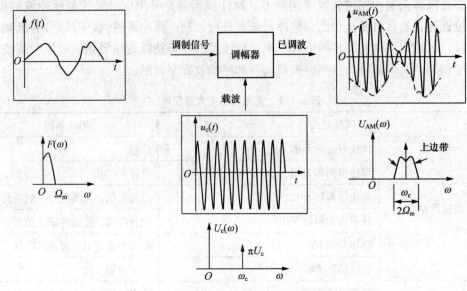

图 6.1.2   调幅系统框图

而连续波数字调制是用数字基带信号对高频余弦载波进行的调制，图 6.1.3(a)所示为数字基带信号，它是一个由矩形脉冲组成的脉冲序列，以零电位和正电位分别表示二进制数的 0 和 1 两个值。通常规定用一定的时间间隔内的信号表示 1 位二进制数字，这个时间间隔称为码元长度，用 T_s 表示，而在这样的时间间隔内的信号称为二进制码元，如图中的 1 码元和 0 码元。根据数字基带信号控制载波的参数不同，数字调制通常分为振幅键控(ASK)、相位键控(PSK，又称相移键控)和频率键控(FSK，又称频移键控)三种基本形式。本章涉及的振幅键控是载波振幅受基带信号控制，基带为高电平时有高频载波输出，低电平时没有载波输出，其波形如图 6.1.3(c)所示。

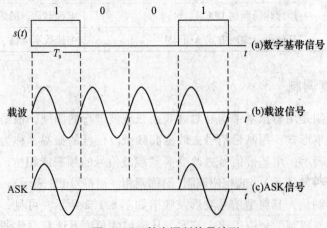

图 6.1.3   数字调制信号波形

实现调幅的方法，主要有以下几种：

（1）低电平调幅（low level AM）是将调制和功放分开，调制在低电平级实现，然后经线性功率放大器的放大，达到一定的功率后再发送出去。由于调制在低电平级实现，所以低电平调幅电路的输出功率和效率不是主要问题，但要求要有良好的调制线性度，即要求调制电路的已调输出信号应不失真地反映输入低频调制信号的变化规律。目前这种调制方式应用比较普遍，属于这种类型的调制方法有：

① 平方律调幅（square law AM）：利用电子器件的伏安特性曲线平方律部分的非线性作用进行调幅。

② 斩波调幅（on-off AM）：将所要传送的音频信号按照载波频率来斩波，然后通过中心频率等于载波频率的带通滤波器滤波，取出调幅成分。

（2）高电平调幅（high level AM）是将调制和功放合二为一，调制过程在高电平级进行，通常是直接在丙类放大器中进行调制，调制后的信号不需再放大就可以直接发送出去。因而必须兼顾输出功率、效率、调制线性度等要求，主要优点是整机效率高，不需要效率低的线性功率放大器。许多广播发射机都采用这种调幅方式，属于这一类型的调制方法有：

① 集电极（阳极）调幅。

② 基极（控制栅极）调幅。

这部分具体内容将在 6.4 节中进行介绍。

6.1.3　检波

检波过程是一个解调过程，它与调制过程相反。检波器的作用是从振幅受调制的高频信号中还原出原调制的信号。还原所得的信号，与高频调幅信号的包络变化规律一致，故又称为包络检波。

检波器输入信号和输出信号的波形关系，如图 6.1.4 所示。

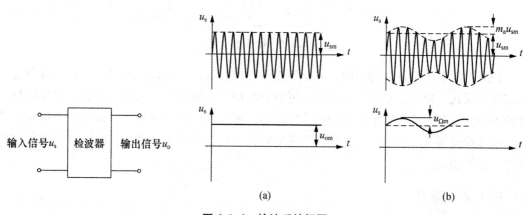

图 6.1.4　检波系统框图

假如输入信号是高频等幅波，则输出就是直流电压，如图 6.1.4（a）所示。这是检波器的一种特殊情况，在测量仪器中应用较多。例如，某些高频伏特计的探头就采用这种检波原理。

若输入信号是调幅波，则输出就是原调制信号。图6.1.4(b)表示正弦调制信号的情况。这种情况应用最广泛，如各种连续波工作的调幅接收机的检波器即属此类。

由频谱来看，检波就是将调幅信号频谱由高频搬移到低频，如图6.1.5所示(此图为单音频调制的情况)。检波过程也是要应用非线性器件进行频率变换，首先产生许多新频率，然后通过滤波器，滤除无用频率分量，取出所需要的原调制信号。

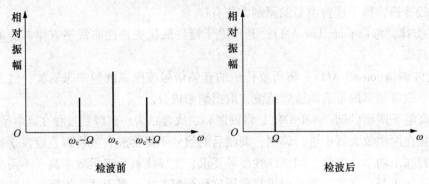

图6.1.5　检波前后频谱关系图

综上所述，一个检波器需由三个重要部分组成：

(1) 高频信号输入电路。

(2) 非线性器件。通常用工作于非线性状态的二极管或晶体管。

(3) 低通滤波器。通常用RC电路，取出原调制频率分量，滤除高频分量。

检波器的组成如图6.1.6所示。

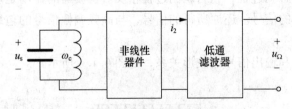

图6.1.6　检波器模型

检波器根据所用器件的不同，可分为二极管检波器和三极管检波器。前者又可分为串联式和并联式。根据信号大小的不同，可分为小信号检波器和大信号检波器。根据信号特点的不同，可分为连续波检波器和脉冲检波器。根据工作特点的不同，又可分为包络检波器、同步检波器等。本章主要讨论连续波串联式二极管大信号包络检波器，对其他检波器仅作一般性叙述。

6.1.4　混频

混频又称变频，广泛应用于通信及其他电子设备中，其作用是将高频信号经过频率变换，变为一个固定的频率。这种频率变换通常是将已调高频信号的载波频率从高频变为中频，同时必须保持调制规律(调制类型、调制参数等)不变。具有这种作用的电路称为混频电路或变频电路，亦称混频器(mixer)或变频器(convertor)。

　　混频电路作用示意图如图 6.1.7 所示。图中，$u_s(t)$ 为载频是 f_c 的普通调幅信号，$u_L(t)$ 为本振电压信号，由本地振荡器产生的、频率为 f_L 的等幅余弦信号电压，混频电路输出电压 $u_I(t)$ 是载频为 f_I 的已调信号电压，通常将 $u_I(t)$ 称为中频信号。

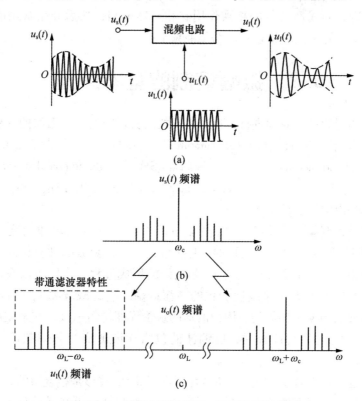

图 6.1.7　混频电路的作用、波形及频谱关系

　　混频电路输出的中频频率可取输入信号频率 f_c 与本振频率 f_L 的和频或差频，即

$$f_I = f_c + f_L$$

或
$$f_I = |f_c - f_L| \tag{6.1.1}$$

$f_I > f_c$ 的混频称为上混频器，$f_I < f_c$ 的混频称为下混频器。调幅广播收音机一般采用中频 $f_I = -f_L - f_c$。它的中频规定为 465 kHz。

　　从频谱观点来看，混频的作用就是将已调波的频谱不失真地从 f_c 搬移到中频 f_I 的位置上，因此，混频电路也是一种典型的频谱线性搬移电路。

　　目前高质量的通信设备中广泛采用二极管环形混频器和双差分对模拟相乘器，而在早期通信设备中几乎都采用单管三极管混频电路。近年来随着半导体器件制造工艺的发展，使性能优越的超高频三极管大批出品，从而使电路简单、变频增益高的三极管混频器又重新出现在现代通信机电路中。

　　综上所述，振幅调制、解调及混频电路均属于频谱线性搬移电路，它们的作用是将输入信号频谱沿频率轴进行不失真的搬移。由于这种搬移是线性的，因此振幅调制通常又称为线性调制。但应注意，这里的"线性"并不意味着已调信号与调制信号之间符合线性变换关系。事实上，任何调制过程都是一种非线性的变换过程。

属于频谱非线性变换电路的有角度调制与解调电路，它们的作用是将输入信号频谱进行特定的非线性变换。

本章只讨论频谱线性搬移电路（频谱非线性变换电路将在第7章介绍），先重点讨论振幅调制的基本原理、非线性器件的相乘作用和相乘器电路，然后介绍常用的振幅调制电路、解调电路，最后介绍混频原理、电路及混频干扰。

6.2 振幅调制的基本原理

本节对振幅调制的作用原理进行分析，以便找出实现频谱线性搬移的一般方法。振幅调制简称调幅，调幅有普通调幅（AM：amplitude modulation）、抑制载波的双边带调幅（DSB：double sideband modulation）、单边带调幅（SSB：single sideband modulation）和残留边带调幅（VSB：vestigial sideband amplitude modulation）等，其中普通调幅信号是基本的，其他调幅信号都是由它演变而来的。

我们已经知道，调幅就是使载波的振幅随调制信号的变化规律而变化。例如，图6.2.2就是当调制信号为单频正弦波形时（正弦函数与余弦函数的性质相同，因此所表示的波形可统称为正弦波，不必加以区别），调幅波的形成过程。由图可以看出，调幅波是载波振幅按照调制信号的大小呈线性变化的高频振荡。它的载波频率维持不变，也就是说，每一个高频波的周期是相等的，因而波形的疏密程度均匀一致，与未调制时的载波波形疏密程度相同。在无失真调幅时，已调波的包络线波形应当与调制信号的波形完全相似。

应该说明，通常所要传送的信号（如语言、音乐等）的波形是很复杂的，包含了许多频率成分。但为了简化分析手续，在以后分析调制时，可以认为信号是单频正弦波形。因为复杂的信号可以分解为许多正弦波分量，因此，只要已调波能够同时包含许多不同调制频率的正弦调制信号，那么复杂的调制信号也就如实地被传送出去了。图6.2.4是非正弦波复杂信号调制的例子。

6.2.1 普通调幅 AM

1. 调幅信号表达式

图6.2.1所示为普通 AM 调制电路组成模型，它由相加器和理想相乘器组成。相乘器是一种完成两个信号相乘功能的电路或器件，A_M 为相乘器的乘积系数，单位为 1/V。图中的理想相乘器，A_M 为常数，其输出电压与两个输入电压同一时刻瞬时值的乘积成正比，而且输入电压的波形、幅度、极性和频率可以是任意的。而 U_Q 为一直流电压，相加器增益系数为1。可见，调制信号 $u_\Omega(t)$ 与直流电压 U_Q 叠加后与载波 $u_c(t)$ 相乘，因此可得电路输出电压。

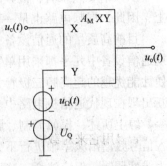

图 6.2.1 AM 调制模型

设载波信号为

$$u_c(t) = U_{cm}\cos(\omega_c t) = U_{cm}\cos(2\pi f_c t) \quad (6.2.1)$$

式中，$\omega_c = 2\pi f_c$ 为载波角频率，f_c 为载波频率。

$u_c(t)$ 波形如图 6.2.2(a) 所示。

因此可得电路输出的调幅信号表达式为

$$\begin{aligned}
u_{AM}(t) &= A_M [U_Q + u_\Omega(t)] U_{cm}\cos(\omega_c t) \\
&= [A_M U_Q U_{cm} + A_M U_{cm} u_\Omega(t)]\cos(\omega_c t) \\
&= [U_{m0} + k_a u_\Omega(t)]\cos(\omega_c t)
\end{aligned} \quad (6.2.2)$$

式中，$U_{m0} = A_M U_Q U_{cm}$，为相乘器载波输出电压的振幅（参数选取合适时，后续可取 $U_{m0} = U_{cm}$）；$k_a = A_M U_{cm}$，为相乘器和输入载波决定的比例常数。

将调幅波振幅的变化规律，即 $U_{m0} + k_a u_\Omega(t)$ 称为调幅波的包络。可见，调幅信号是一个高频振荡，但其振幅在载波振幅上、下按调制信号的规律变化，因此调幅信号携带了原调制信号的信息。

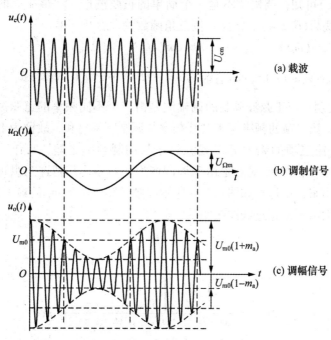

图 6.2.2　调幅波的形成（单频调制）

2. 单频调制

为简化分析起见，假定调制信号是单频简谐振荡，其表达式为

$$u_\Omega(t) = U_{\Omega m}\cos(\Omega t) = U_{\Omega m}\cos(2\pi F t) \quad (6.2.3)$$

式中，$\Omega = 2\pi F$，为调制信号角频率；F 为调制信号频率，通常 $F = f_c$。

如果用它来对载波进行调幅，那么，由式 (6.2.2) 可得

$$\begin{aligned}
u_{AM}(t) &= [U_{m0} + k_a U_{\Omega m}\cos(\Omega t)]\cos(\omega_c t) \\
&= U_{m0}[1 + m_a\cos(\Omega t)]\cos(\omega_c t)
\end{aligned} \quad (6.2.4)$$

式中，$m_a = \dfrac{k_a U_{\Omega m}}{U_{m0}} = \dfrac{U_{\Omega m}}{U_Q}$，叫作调幅指数（amplitude modulation factor）或调幅度，它通常以百分数来表示。式（6.2.4）所表示的调幅波形见图6.2.2。

由图可知

$$m_a = \frac{\frac{1}{2}(u_{AMmax} - u_{AMmin})}{U_{m0}} = \frac{u_{AMmax} - U_{m0}}{U_{m0}} = \frac{U_{m0} - u_{AMmin}}{U_{m0}} \qquad (6.2.5)$$

它表示输出载波振幅受调制信号控制的程度。m_a越大，调幅波幅度的变化越大。m_a的数值范围可自0（未调幅）至1（百分之百调幅），它的值绝对不应超过1。因为如果$m_a > 1$，那么，将有一段时间振幅为零，这时已调波的包络产生了严重的失真。这种情形叫作过量调幅（over modulation）。这样的已调波经过检波后，不能恢复原来调制信号的波形，而且它所占据的频带较宽，将会对其他电台产生干扰。因此，过量调幅必须尽量避免，要求$m_a \leqslant 1$。

由图6.2.2（c）可知，调幅波不是一个简单的正弦波形。在最简单的正弦波调制情况下，调幅波表达式为（6.2.4）。将此式按三角函数关系展开，得

$$u_{AM}(t) = U_{m0}\cos(\omega_c t) + U_{m0} m_a \cos(\Omega t)\cos(\omega_c t)$$

$$= U_{m0}\cos(\omega_c t) + \frac{1}{2}m_a U_{m0}\cos[(\omega_c + \Omega)t] + \frac{1}{2}m_a U_{m0}\cos[(\omega_c - \Omega)t] \qquad (6.2.6)$$

式（6.2.6）说明，由正弦波调制的调幅波是由三个不同频率的正弦波组成的：第一项为未调幅的载波；第二项的频率等于载波频率与调制频率之和，故称为上边频（upper sideband，高旁频）；第三项的频率等于载波频率与调制频率之差，叫作下边频（lower sideband，低旁频）。后两个频率显然是由于调制产生的新频率。把这三组正弦波的相对振幅与频率的关系画出来，就得到如图6.2.3所示的频谱图。由于m_a的最大值只能等于1，因此边频振幅的最大值不能超过载波振幅的二分之一。

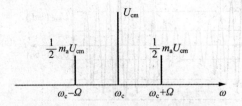

图6.2.3 单频调制时的调幅波频谱

显然，载波并不含有任何有用的信息，要传送的信息只包含于边频之中。边频的振幅反映了调制信号幅度的大小，边频的频率虽属于高频范畴，但反映了调制信号频率的高低。由图6.2.3可见，单频调制时其调幅信号的频带宽度为调制信号频率的2倍，即

$$BW = 2F \qquad (6.2.7)$$

3. 复杂信号调制

以上讨论的是一个单音信号对载波进行调幅的最简单情形，这时只产生两个边频。实际上，通常的调制信号是比较复杂的，含有许多频率，因此由它所产生的调幅波中的上边频和

下边频都不再只是一个，而是许多个，组成所谓上边带与下边带。例如，设调制信号为

$$u_\Omega(t) = U_{\Omega m1}\cos(\Omega_1 t) + U_{\Omega m2}\cos(\Omega_2 t) + \cdots + U_{\Omega mn}\cos(\Omega_n t) \qquad (6.2.8)$$

根据式(6.2.3)的同样方法，可得到相应的调幅波方程式为

$$
\begin{aligned}
u_{AM}(t) &= [U_{m0} + k_a u_\Omega(t)]\cos(\omega_c t) \\
&= U_{m0}[1 + m_{a1}\cos(\Omega_1 t) + m_{a2}\cos(\Omega_2 t) + \cdots + m_{an}\cos(\Omega_n t)]\cos(\omega_c t) \\
&= U_{m0}\cos(\omega_c t) + \frac{1}{2}m_{a1}U_{m0}\{\cos[(\omega_c + \Omega_1)t] + \cos[(\omega_c - \Omega_1)t]\} + \\
&\quad \frac{1}{2}m_{a2}U_{m0}\{\cos[(\omega_c + \Omega_2)t] + \cos[(\omega_c - \Omega_2)t]\} + \cdots + \\
&\quad \frac{1}{2}m_{an}U_{m0}\{\cos[(\omega_c + \Omega_n)t] + \cos[(\omega_c - \Omega_n)t]\} \qquad (6.2.9)
\end{aligned}
$$

式中，$m_{an} = \dfrac{k_a U_{\Omega mn}}{U_{m0}}$。

由于复杂调制信号的各个低频分量的振幅不等，因此有不同的调幅系数。调制过程如图 6.2.4 所示。

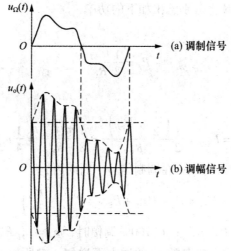

图 6.2.4 复杂信号调制的调幅信号波形

以上讨论可用图 6.2.5 所示的频谱图来表示。调制后对每一个频率分量都产生一对边频，形成关于载频对称的上、下边带。上边带和下边带频谱分量的相对大小及间距均与调制信号的频谱相同，仅下边带频谱倒置而已。显然可知，调幅过程实际上是一种频率搬移过程。经过调制后，调制信号的频谱被不失真地搬移到载频附近，成为上边带与下边带。

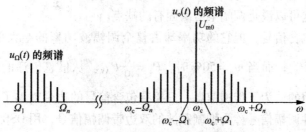

图 6.2.5 复杂信号调幅的频谱

由上面的讨论可知，调幅波所占的频带宽度等于调制信号最高频率的2倍。例如，设最高调制频率为5 000 Hz，则调幅波的带宽即为10 000 Hz。为了避免电台之间互相干扰，对不同频段与不同用途的电台所占频带宽度都有严格的规定。例如，过去广播电台允许占用的频带宽度为10 kHz。自1978年11月23日起，我国广播电台所允许占用的带宽已改为9 kHz，亦即最高调制频率限在4 500 Hz以内。

在复杂信号调制时，调幅波峰值与谷值对于载波值可能是不对称的，这时应对它的调幅度重新定义如下：

峰值调幅度
$$m_{a\pm} = \frac{u_{AMmax} - U_{m0}}{U_{m0}} \tag{6.2.10}$$

谷值调幅度
$$m_{a\mp} = \frac{U_{m0} - u_{AMmin}}{U_{m0}} \tag{6.2.11}$$

4. 调幅信号的功率关系

现在讨论调幅波中的功率关系。如果将式(6.2.6)所代表的调幅波电源输送功率至电阻 R_L 上，则载波与两个边频将分别给出如下的功率：

载波功率
$$P_c = \frac{1}{2}\frac{U_{m0}^2}{R_L} \tag{6.2.12}$$

每个边频功率
$$P_{SB1} = P_{SB2} = \frac{1}{2}\frac{\left(\frac{1}{2}m_a U_{m0}\right)^2}{R_L} = \frac{1}{8}\frac{m_a^2 U_{m0}^2}{R_L} = \frac{1}{4}m_a^2 P_c \tag{6.2.13}$$

于是调幅波的平均输出总功率（在调制信号一周期内）为
$$P_{AV} = P_c + P_{SB1} + P_{SB2} = P_c\left(1 + \frac{m_a^2}{2}\right) \tag{6.2.14}$$

在未调幅时，$m_a = 0$，$P_{AV} = P_c$；在100%调幅时，$m_a = 1$，$P_{AV} = 1.5P_c$。

由此可知，调幅波的输出功率随 m_a 的增大而增加。它所增加的部分就是两个边频所产生的功率 $\frac{m_a^2}{2}P_c$。由于信号包含在边频带内，因此在调幅制中应尽可能地提高 m_a 的值，以增强边带功率，提高传输信号的能力。但在实际传送语言或音乐时，平均调幅度往往是很小的。假如声音最强时，能使 m_a 达到100%；那么声音最弱时，m_a 就可能比10%还要小，因此，平均调幅度大约只有20%~30%。这样，发射机的实际有用信号功率就很小，因而整机效率低。这可以说是调幅本身所固有的缺点。

载波本身并不包含信号，但它的功率却占整个调幅波功率的绝大部分。例如，当 m_a = 100%时，$P_c = \frac{2}{3}P_{AV}$；而当 $m_a = 50\%$ 时，$P_c = \frac{8}{9}P_{AV}$。从信息传递的观点来看，这一部分载波功率是没有用的。为了传递信息，只要有包含信号的边带就够了，这样可以把载波功率节省下来。这种调幅信号称为抑制载波的双边带调幅信号，用 DSB 表示。还可以进一步把载波功率和另一个边带的功率都节省下来，只要有一个包含信号的边带就够了。同时还能节省 50%的频带宽度（这是最主要的优点）。这种传送信号的方式叫作单边带调幅 SSB。稍后将具体讨论这一问题。单边带调制所需要的收发设备都比较复杂，只适合在远距离通信系统或载波电话中使用。普通调幅设备简单，特别是解调更简单，便于接收，所以通常的无线电广播仍是将两个边带和载波都发射出去，以简化千家万户所使用的收音机电路，降低它们的造价。

【例 6.2.1】   已知 $u_{AM}(t) = [4\cos(2\pi \times 10^6 t) + 1.2\cos(2\pi \times 1005 \times 10^3 t) + 4\cos(2\pi \times 995 \times 10^3 t)]$ V，试画出该调幅信号的频谱和波形图，并求出频带宽度和调幅系数；若已知 $R_L = 1\ \Omega$，试求该调幅信号的载波功率、边频功率和调幅信号在调制信号一周期内的平均功率。

解：（1）画频谱和波形图，求 BW 和 m_a。

由调幅信号表示式可得载波振幅 $U_{cm} = 4$ V，频率 $f_c = 1\ 000$ kHz，边频振幅 $\frac{1}{2}m_a U_{cm} = 1.2$ V，上边频 $f_c + F = 1\ 005$ kHz，下边频 $f_c - F = 995$ kHz，因此可画出频谱图如图 6.2.6(a)所示，并由此求得调制信号频率

$$F = 1\ 005 - 1\ 000 = 5\ \text{kHz}$$

调幅信号的频带宽度 BW 为

$$BW = 2F = 1\ 005 - 995\ \text{kHz} = 10\ \text{kHz}$$

由 $\frac{1}{2}m_a U_{cm} = 1.2$ V，可求得调幅系数 m_a 为

$$m_a = \frac{1.2 \times 2}{U_{cm}} = \frac{2.4}{4} = 0.6$$

将调幅信号表达式各项合并后写成

$$u_{AM}(t) = 4[1 + 0.6\cos(2\pi \times 5 \times 10^3 t)]\cos(2\pi \times 10^6 t)\ \text{V}$$

由此可得调幅信号的最大振幅 $U_{mmax} = 4 \times (1 + 0.6)$ V $= 6.4$ V，最小振幅 $U_{mmin} = 4 \times (1 - 0.6)$ V $= 1.6$ V，因此可画出调幅信号波形如图 6.2.6(b)所示。

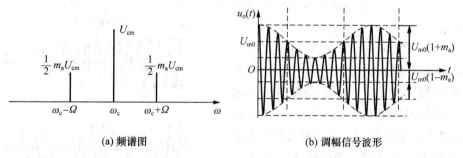

(a) 频谱图   (b) 调幅信号波形

图 6.2.6   例 6.2.1 调幅信号的频谱和波形

（2）计算调幅信号的功率

载波功率

$$P_c = \frac{1}{2}\frac{U_{cm}^2}{R_L} = \frac{4^2}{2} = 8\ \text{W}$$

边频功率

127

$$P_{SB1} = P_{SB2} = \frac{1}{2} \frac{\left(\frac{1}{2} m_a U_{cm} \right)^2}{R_L} = \frac{1.2^2}{2} = 0.72 \text{ W}$$

平均总功率

$$P_{AV} = P_c + P_{SB1} + P_{SB2} = 8 + 2 \times 0.72 = 9.44 \text{ W}$$

上述调幅信号功率计算结果表明边频功率在总功率中所占比例很小，当 $m_a = 0.6$ 时，边频功率之和约占总功率的15%，故普通调幅信号的功率利用率很低。

6.2.2 抑制载波的双边带调制

由于载波不携带信息，为了节省发射功率，可以只发射含有信息的上、下两个边带，而不发射载波，这种调幅信号称为抑制载波的双边带调幅信号，简称双边带调幅信号，用 DSB 表示。其电路组成模型如图 6.2.7 所示，它与普通调幅电路组成模型类似，但它只需用调制信号 $u_\Omega(t)$ 与载波 $u_c(t)$ 直接相乘，便可获得双边带调幅信号。

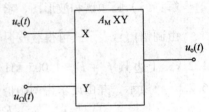

图 6.2.7 抑制载波的双边带调幅信号电路组成模型

由图可得，双边带调幅信号的表达式为

$$u_{DSB}(t) = A_M U_{cm} u_\Omega(t) \cos(\omega_c t) = k_a u_\Omega(t) \cos(\omega_c t) \qquad (6.2.15)$$

若令 $u_\Omega(t) = U_{\Omega m} \cos(\Omega t)$，则得

$$u_{DSB}(t) = k_a U_{\Omega m} \cos(\Omega t) \cos(\omega_c t)$$
$$= \frac{1}{2} k_a U_{\Omega m} \{ \cos[(\omega_c + \Omega)t] + \cos[(\omega_c - \Omega)t] \} \qquad (6.2.16)$$

式(6.2.16)说明，单频调制的双边带调幅信号中只含有上边频 $\omega_c + \Omega$ 和下边频 $\omega_c - \Omega$，而无载频分量，它的波形和频谱如图 6.2.8 所示。

由图 6.2.8(c)可见，由于双边带调幅信号的振幅不是在载波振幅而是在零值上下按调制信号的规律变化，双边带调幅信号的包络已不再反映原调制信号的形状；当调制信号 $u_\Omega(t)$ 进入负半周时，$u_{DSB}(t)$ 波形就变为反相，表明载波电压产生 180° 相移，因而当 $u_\Omega(t)$ 自正值或负值通过零值变化时，双边带调幅信号波形均将发生 180° 的相位突变。

观察图 6.2.8(d)双边带调幅信号的频谱结构可见，双边带调幅的作用也是把调制信号的频谱不失真地搬移到载波的两边，所以，双边带调幅电路也是频谱线性搬移电路。

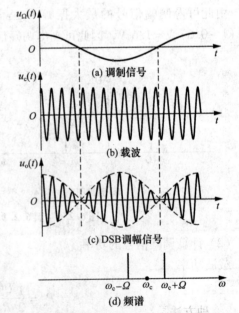

图 6.2.8 单频调制双边带调幅信号及其频谱

与 AM 信号比较，因为不存在载波分量，DSB 信号的全部功率都用于信息传输。但是，DSB 信号的包络不再与调制信号的变化规律一致，因而不能用简单的包络检波来恢复调制信号。DSB 信号解调时需采用相干解调，也称同步检波(比包络检波复杂得多)。而且 DSB 信号虽然节省了载波功率，但它所需的传输带宽仍是调制信号带宽的 2 倍，即与 AM 信号带宽相同。我们注意到 DSB 信号两个边带中的任意一个都包含了 $u_\Omega(t)$ 的所有频谱成分，因此仅传输其中一个边带即可。这样既节省发送功率，还可节省 1/2 的传输带宽，即单边带调制方式。

6.2.3　单边带调制

要获得单边带信号，首先就要产生载波被抑止的双边带，然后再设法除去一个边带，只让另一个边带发射出去。6.4 节将要讨论的平衡调幅器、差分对振幅调制器、斩波调幅电路(桥形、环形)等，都可以获得载波被抑止的双边带信号。在这一基础上，再进一步抑止一个边带，以获得单边带信号的方法，根据滤除方法不同，主要有两种，即滤波法和相移法。

1. 滤波法

产生 SSB 信号最直观的方法是采用滤波法，电路组成模型如图 6.2.9 所示。

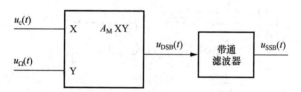

图 6.2.9　单边带调制电路模型

调制信号 $u_\Omega(t)$ 和载波信号 $u_c(t)$ 经相乘器后，得到 DSB 信号，然后通过带通滤波器滤除其中一个边带，便可得到 SSB 信号。因此，可得单频调制时，单边带调幅信号的表达式为

$$u_{SSB}(t) = \frac{1}{2}k_a U_{\Omega m}\cos\left[(\omega_c + \Omega)t\right] \tag{6.2.17}$$

或

$$u_{SSB}(t) = \frac{1}{2}k_a U_{\Omega m}\cos\left[(\omega_c - \Omega)t\right] \tag{6.2.18}$$

保留上边带时的 SSB 信号波形和频谱如图 6.2.10 所示。

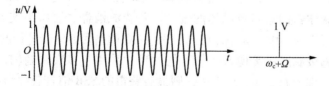

图 6.2.10　单边带调制信号波形及频谱(上边带)

这种方法是最早出现的获得单边带信号的方法，其原理是很简单的。但实际上，这种方法对滤波器的要求很高。因为双边带调幅信号中，上下边带衔接处的频率间隔等于调制

信号最低频率的 2 倍($2F_{min}$)，其值很小，例如 $F_{min} = 300$ Hz，则上、下边带衔接处的过渡带宽 Δf 很窄，只有 600 Hz。所以为了达到滤除一个边带而保留另一个边带的目的，就要求带通滤波器在载频处具有非常陡峭的滤波特性。又由于载频 f_c 远大于调制信号频率 F，因此滤波器过渡带的相对带宽 $\Delta f/f_c$ 很小，更增加了制作的难度。且 f_c 越高，$\Delta f/f_c$ 越小，滤波器的制作越困难。而且由于载波频率 f_c 不能太高（理由下面即将谈到），要将 f_c 逐步提高到所需要的工作频率上，就需要经过多次的相乘与滤波，因此整个设备是复杂昂贵的。

这种方法为什么要对滤波器提出很高的要求呢？又为什么第一次的载波频率不能取得太高呢？我们用实际数字来回答上述问题。设最低调制频率 $F_{min} = 300$ Hz，载波频率 $f_c = 10$ MHz，则两个边带之间的相对距离为 $2F_{min}/f_c = 0.006\%$，即两个边带相距很近。要滤除一个边带，通过另一个边带，就必须对滤波器提出很高的要求。如果将 f_c 降低为 10^4 Hz，则 $2F_{min}/f_c = 6\%$。这时对滤波器的要求虽然低了，但 f_c 又嫌太低，滤波器的通频带可能不够宽，引起频率失真。

由此可见，初次相乘的载频 f_{c1} 既不能太高，也不能太低，一般取为 100 kHz。为了使载波频率提高到所需要的数值，必须经过多次相乘与滤波，来逐步提高载波频率，如图 6.2.11 所示。

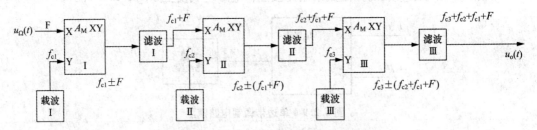

图 6.2.11　逐级滤波法实现单边带调制框图

在实用电路中，为了降低相对过渡带宽 $\Delta f/f_c$，便于滤波器的制作，通常不是直接在发送工作频率上进行调制和滤波，而是先降低载频，在较低的频率（f_{c1}）上进行第一次调制，产生一载频较低的 SSB 信号。由于载频较低，故 $\Delta f/f_c$ 较大，带通滤波器易于制作。然后将第一次调制后获得的 SSB 信号再对另一个载波较高的载频（f_{c2}）进行第二次调制（也称混频）、滤波。如果需要，还可进行第三次调制和滤波，直到把载频提高到所需要的频率为止。由图 6.2.11 可见，每经过一次调制，实际上是把频谱搬移一次，这样，信号的频谱结构没有变化，但上、下边带之间的频率间距拉大了，滤波器的制作就比较容易了。目前常用作第一滤波器的有石英晶体滤波器、陶瓷滤波器、表面声波滤波器等。至于第二、第三滤波器等，因为中心频率已提高，采用 LC 调谐回路即能进行滤波。

必须指出，逐级滤波法实现 SSB 信号的过程中采用了多次调制（频谱搬移），各次调制所采用的载波分别为 f_{c1}，f_{c2}，f_{c3}，…，则最后获得的 SSB 信号载频为 $f_c = f_{c1} + f_{c2} + f_{c3} + \cdots$，但频率为 f_c 的载频分量实际上是被抑制掉的。

2. 相移法

为了省去带通滤波器可采用移相法获得单边带调幅信号，其电路组成模型如图 6.2.12

所示。图中假设90°移相器的传输系数为1。

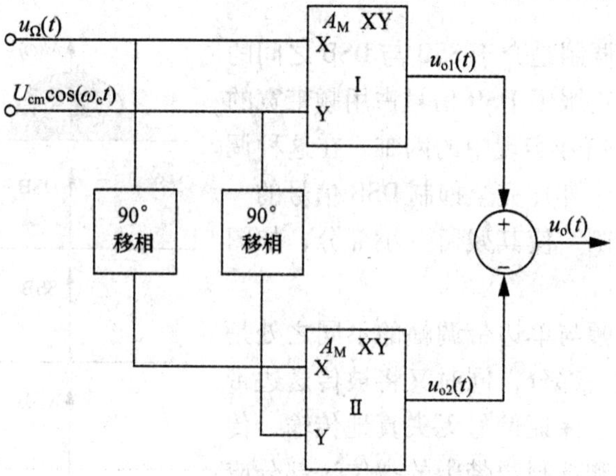

图6.2.12 相移法实现单边带调制框图

设 $u_{\Omega}(t) = U_{\Omega m}\cos(\Omega t)$，则相乘器 I 的输出电压为

$$u_{o1}(t) = A_M U_{\Omega m} U_{cm}\cos(\Omega t)\cos(\omega_c t)$$

$$= \frac{1}{2}A_M U_{\Omega m} U_{cm}\{\cos[(\omega_c + \Omega)t] + \cos[(\omega_c - \Omega)t]\} \tag{6.2.19}$$

相乘器 II 的输出电压为

$$u_{o2}(t) = A_M U_{\Omega m} U_{cm}\cos\left(\Omega t - \frac{\pi}{2}\right)\cos\left(\omega_c t - \frac{\pi}{2}\right)$$

$$= A_M U_{\Omega m} U_{cm}\sin(\Omega t)\sin(\omega_c t) \tag{6.2.20}$$

$$= \frac{1}{2}A_M U_{\Omega m} U_{cm}\{\cos[(\omega_c - \Omega)t] - \cos[(\omega_c + \Omega)t]\}$$

二者相加，则得

$$u_{o1}(t) + u_{o2}(t) = A_M U_{\Omega m} U_{cm}\cos[(\omega_c - \Omega)t] \tag{6.2.21}$$

可见，上边带被抵消，两个下边带叠加后输出。

将二者相减，则得

$$u_{o1}(t) - u_{o2}(t) = A_M U_{\Omega m} U_{cm}\cos[(\omega_c + \Omega)t] \tag{6.2.22}$$

可见，下边带被抵消，两个上边带叠加后输出。

移相法的突出优点是省掉了带通滤波器，原则上能把相距很近的两个边频带分开，而不需要多次重复调制和复杂的滤波器。但这种方法要求调制信号的移相器在很宽的低频范围内，各个频率分量都能准确移相90°是无法实现的。因此，在要求对不需要的边带应有高度抑止的正规干线中，相移法反而不如滤波法简单经济。而且由于滤波器的性能稳定可靠，因此，滤波法仍然是目前的标准形式。但相移法对于要求不高的小型电台来说，还是有使用价值的。实用中可将两种方法结合使用，形成改进型移相法单边带调幅电路。

6.2.4　残留边带调制

残留边带(VSB)调制是介于 SSB 与 DSB 之间的一种折中方式，它既克服了 DSB 信号占用频带宽的缺点，又解决了 SSB 信号实现中的困难。在这种调制方式中，不像 SSB 中那样完全抑制 DSB 信号的一个边带，而是逐渐切割，使其残留一小部分，如图6.2.13 所示。

所谓残留边带调幅与单边带调幅的不同之处是它传送被抑制边带的一部分，同时又将被传送边带也抑制掉一部分。为了保证信号无失真地传输，传送边带中被抑制部分和抑制边带中的被传送部分应满足互补对称关系。这一点从物理意义上容易理解。因为解调时，与载波频率 ω_c 成对称的各频率分量正好叠加，从而恢复为原来的调制信号，没有失真。

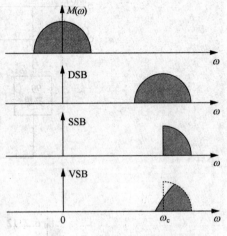

图 6.2.13　各种调幅方式的频谱示意图

VSB 调幅所占频带比单边带略宽一些($\omega_c \gg \Omega_1$，因而频宽增加很小)，因而基本具有单边带调幅的优点。由于它在 ω_c 附近的一定范围内具有两个边带，因此在调制信号(如电视信号)含有直流分量时，这种调制方式可以适用。另外，残留边带滤波器比单边带滤波器易于实现。以上就是 VSB 调幅的特点。

6.2.5　几种调幅方式比较

现以单频信号调幅为例，对前三种调幅信号进行比较，列表于 6.2.1 中，表中输入调制信号 $u_\Omega(t) = U_{\Omega m}\cos(\Omega t)$，输入载波信号 $u_c(t) = U_{cm}\cos(\omega_c t)$；$k_a = A_M U_{cm}$ 为由调制电路决定的比例系数。

表 6.2.1　三种调幅信号比较

	AM 信号	DSB 信号	SSB 信号
电路组成模型			

续表 6.2.1

	AM 信号	DSB 信号	SSB 信号
表达式	$u_{AM}(t) = A_M[U_Q + u_\Omega(t)]$ $U_{cm}\cos(\omega_c t) = [A_M U_Q U_{cm} + A_M U_{cm} u_\Omega(t)]\cos(\omega_c t) = [U_{m0} + k_a u_\Omega(t)]\cos(\omega_c t)$ $U_{m0} = A_M U_Q U_{cm}$ $k_a = A_M U_{cm}$ $m_a = \dfrac{k_a U_{\Omega m}}{U_{m0}} = \dfrac{U_{\Omega m}}{U_Q}$	$u_{DSB}(t) = k_a u_\Omega(t)\cos(\omega_c t)$ $= k_a U_{\Omega m}\cos(\Omega t)\cos(\omega_c t)$	$u_{SSB}(t) = \dfrac{1}{2}k_a U_{\Omega m}\cos[(\omega_c + \Omega)t]$ 或 $u_{SSB}(t) = \dfrac{1}{2}k_a U_{\Omega m}\cos[(\omega_c - \Omega)t]$
波形图	 		
频谱图			
特点及应用	① 调幅信号振幅在载波振幅 U_m 上、下按调制信号规律变化，调幅信号包络正比于 $u_\Omega(t)$ ② 调制信号频谱不失真地搬移到载频 ω_c 的两侧，含有载频和上、下边频分量 ③ 发送功率利用率低、频带宽，但收发设备简单，主要用于无线电广播	① 调幅信号振幅在零值上、下按调制信号规律变化，调幅信号包络正比于 $|u_\Omega(t)|$；调制信号通过零值时，调幅信号高频相位发生 180°突变 ② 调制信号频谱不失真地搬移到载频 ω_c 两侧，只含有上、下边频分量，没有载频分量 ③ 发送功率利用率高，但频带宽，设备复杂，使用少	① 单频调制调幅信号为等幅高频波(多频调制时不为等幅波) ② 调制信号频谱不失真地搬移到载频 ω_c 的一侧，只含有一个边频分量 ③ 发送功率利用率高、带宽小，但设备复杂，广泛用于短波无线电通信

6.3　相乘器电路

由上节可知，相乘器是实现信号频谱线性搬移必不可少的核心器件，它由非线性器件构成。目前通信系统中广泛采用由二极管构成的平衡相乘器和由晶体管构成的双差分对模拟相乘器。本节先对非线性器件的相乘作用进行讨论，然后对二极管平衡相乘器和双差分对模拟相乘器电路进行分析。

6.3.1 非线性器件的相乘作用

半导体二极管、三极管等都是非线性器件，其伏安特性都是非线性的，因而它们都有实现相乘的作用。下面以二极管为例讨论非线性器件的相乘作用。

1. 非线性器件特性幂级数分析

二极管电路如图 6.3.1(a) 所示，图中 U_Q 用来确定二极管的静态工作点，使之工作在伏安特性的弯曲部分，如图 6.3.1(b) 所示；u_1、u_2 为交流信号。

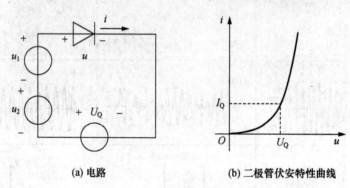

(a) 电路   (b) 二极管伏安特性曲线

图 6.3.1　二极管的相乘作用

由于二极管伏安特性是非线性的，其伏安特性可表示为

$$i = f(u) = f(U_Q + u_1 + u_2) \tag{6.3.1}$$

若在静态工作点 U_Q 附近的各阶导数都存在，式(6.3.1)可在静态工作点附近用幂级数逼近，其泰勒级数展开式为

$$i = a_0 + a_1(u_1 + u_2) + a_2(u_1 + u_2)^2 + \cdots + a_n(u_1 + u_2)^n + \cdots \tag{6.3.2}$$

式中，$a_0 = I_Q$，是 $u = U_Q$ 时的电流值；

$a_1 = \dfrac{1}{1!}\dfrac{di}{du}\Big|_{u=U_Q} = g$，为静态工作点处的增量电导；

$a_n = \dfrac{1}{n!}\dfrac{d^n i}{du}\Big|_{u=U_Q}$，是 $u = U_Q$ 处 i 的 n 次导数值。

将式(6.3.2)右边各幂级数项展开得

$$i = a_0 + (a_1 u_1 + a_1 u_2) + (a_2 u_1^2 + a_2 u_2^2 + 2a_2 u_1 u_2) + \\ (a_3 u_1^3 + a_3 u_2^3 + 3a_3 u_1^2 u_2 + 3a_3 u_1 u_2^2) + \cdots \tag{6.3.3}$$

由式(6.3.3)可见，二极管电流中出现了两个电压的相乘项 $2a_2 u_1 u_2$，它是由特性的二次方项产生的，同时也出现了众多无用的高阶相乘项。因此，一般说非线性器件的相乘作用是不理想的。

令 $u_1 = U_{1m}\cos(\omega_1 t)$、$u_2 = U_{2m}\cos(\omega_2 t)$，代入式(6.3.3)中并进行三角函数变换，则不难得到 i 中所含组合频率分量的通式为

$$\omega_{p,q} = |\pm p\omega_1 \pm q\omega_2| \tag{6.3.4}$$

式中，p 和 q 是包括零在内的正整数，其中 $p=1$、$q=1$ 的组合频率分量 $\omega_{1,1} = |\pm p\omega_1 \pm$

$q\omega_2$ |是有用相乘项产生的和频和差频，而其他组合频率分量都是无用相乘项所产生的。显然各组合频率分量的强度都会随 $p+q$ 的增大而趋于减小。

为了减小非线性器件产生的无用组合频率分量，常采用下列几种措施：

① 选用其有平方律特性的器件或选择合适的工作点，使器件工作在特性接近于平方律的区段。

② 采用平衡电路，利用电路的对称结构来抵消失真分量。

③ 合理设置输入信号的大小，使器件工作在受大信号控制下的时变状态。

【例 6.3.1】　某非线性器件的伏安特性为 $i = b_1 u + b_3 u^3$，试问它能否实现调幅？为什么？如果不能，非线性器件的伏安特性应该具备什么形式才能实现调幅？

解： 令信号 $u = u_\Omega + u_c = U_{\Omega m}\cos(\Omega t) + U_{cm}\cos(\omega_c t)$

因为 $(a+b)^3 = a^3 + b^3 + 3a^2 b + 3ab^2$

所以有

$$
\begin{aligned}
i &= b_1(u_\Omega + u_c) + b_3(u_\Omega + u_c)^3 \\
&= b_1 u_\Omega + b_1 u_c + b_3 u_\Omega^3 + b_3 u_c^3 + 3b_3 u_\Omega^2 u_c + 3b_3 u_\Omega u_c^2 \\
&= b_1 U_{\Omega m}\cos(\Omega t) + b_1 U_{cm}\cos(\omega_c t) + \\
&\quad b_3 U_{\Omega m}^3 \frac{1 + 2\cos(2\Omega t)}{2}\cos(\Omega t) + b_3 U_{cm}^3 \frac{1 + 2\cos(2\omega_c t)}{2}\cos(\omega_c t) + \\
&\quad 3b_3 U_{\Omega m}^2 U_{cm}\frac{1 + 2\cos(2\Omega t)}{2}\cos(\omega_c t) + 3b_3 U_{cm}^2 U_{\Omega m}\frac{1 + 2\cos(2\omega_c t)}{2}\cos(\Omega t)
\end{aligned}
$$

结论 1：电流 i 中包含 Ω，2Ω，3Ω，ω_c，$2\omega_c$，$3\omega_c$，$\omega_c + 2\Omega$，$\omega_c - 2\Omega$，$2\omega_c + \Omega$，$2\omega_c - \Omega$，没有想要的上下变频分量 $\omega_c + \Omega$ 和 $\omega_c - \Omega$，所以不能实现振幅调制。

结论 2：并不是所有的非线性器件都可以实现调幅。非线性器件的伏安特性展开式里应该包含有 $\cos(\Omega t)\cdot\cos(\omega_c t)$ 项，才能实现调幅功能。

2. 线性时变工作状态

为了有效地减小高阶相乘项及其产生的组合频率分量幅度，可以减小 u_1、u_2 的幅度，使器件工作在线性时变状态。

非线性器件时变工作状态如图 6.3.2 所示，U_Q 为静态工作点电压，u_2 幅度很小，远小于 u_1。由图可见，非线性器件的工作点按大信号 u_1 的变化规律随着时间变化，在伏安特性曲线上来回移动，称为时变工作点。在任一工作点（例如图 6.3.2 中 Q、Q_1、Q_2 等点）上，由于叠加在其上的 u_2 很小，因此，在 u_2 的变化范围内，非线性器件特性可近似看成一段直线，不过对于不同的时变工作点，直线段的斜率（称为线性参量）是不同的。由于工作点是随 u_1 而变化的，而 u_1 是时间的函数，所以非线性器件的线性参量也是时间的函数，这种随时间变化的参量称为时变参量，这种工作状态称为线性时变工作状态。

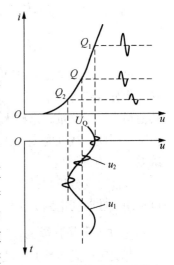

图 6.3.2　线性时变工作状态

将式(6.3.1)在 $U_Q + u_1$ 上对 u_2 用泰勒级数展开,有

$$i = f(U_Q + u_1 + u_2)$$

$$= f(U_Q + u_1) + f'(U_Q + u_1)u_2 + \frac{1}{2!}f^2(U_Q + u_1)u_2^2 + L$$

若 u_2 足够小,$u_1 \gg u_2$,则忽略 u_2 的二次方及其以上各次方项,上式可简化为

$$i \approx f(U_Q + u_1) + f'(U_Q + u_1)u_2 \qquad (6.3.5)$$

式中,$f(U_Q + u_1)$ 和 $f'(U_Q + u_1)u_2$ 是与 u_2 无关的系数,但是它们都随 u_1 变化,即随时间变化,因此,称其为时变系数或时变参量,其中 $f(U_Q + u_1)$ 是当输入信号 $u_2 = 0$ 时的电流,称为时变静态电流,用 $I_0(u_1)$ 表示;$f'(U_Q + u_1)$ 是增量电导在 $u_2 = 0$ 时的数值,称为时变增量电导,用 $g(u_1)$ 表示。这样式(6.3.5)可表示为

$$i = I_0(u_1) + g(u_1)u_2 \qquad (6.3.6)$$

上式表明,就非线性器件的输出电流 i 与输入电压 u_2 之间的关系是线性的,类似于线性器件,但它们的系数却是时变的。因此把这种器件的工作状态称为线性时变工作状态,具有这种关系的电路称为线性时变电路。可见,在线性时变工作状态下,非线性器件的作用不是直接将 u_1、u_2 相乘,而是由以 u_1 控制的特定周期函数 $g(u_1) = f'(U_Q + u_1)$ 与 u_2 相乘。

$u_1 = U_{1m}\cos(\omega_1 t)$ 时,$I_0(u_1)$ 和 $g(u_1)$ 将是角频率为 ω_1 的周期性函数,因此可用傅立叶级数展开,则得

$$I_0(u_1) = I_0 + I_{1m}\cos(\omega_1 t) + I_{2m}\cos(2\omega_1 t) + \cdots \qquad (6.3.7a)$$

$$g(u_1) = g_0 + g_1\cos(\omega_1 t) + g_2\cos(2\omega_1 t) + \cdots \qquad (6.3.7b)$$

式中,I_0,I_{1m},I_{2m},$\cdots$ 分别为电流 $I_0(u_1)$ 的直流分量、基波、二次谐波等分量的振幅;g_0,g_1,g_2,$\cdots$ 分别为 $g(u_1)$ 的直流分量、基波和二次谐波等分量的幅度。

将 $u_2 = U_{2m}\cos(\omega_2 t)$ 和式(6.3.7)等代入式(6.3.6),则得

$$i = I_0 + I_{1m}\cos(\omega_1 t) + I_{2m}\cos(2\omega_1 t) + \cdots + g_0 U_{2m}\cos(\omega_2 t) +$$

$$\frac{1}{2}g_1 U_{2m}\{\cos[(\omega_1 + \omega_2)t] + \cos[(\omega_1 - \omega_2)]t\} +$$

$$\frac{1}{2}g_2 U_{2m}\{\cos[(2\omega_1 + \omega_2)t] + \cos[(2\omega_1 - \omega_2)t]\} + \cdots \qquad (6.3.8)$$

可见,输出电流 i 中消除了 p 为任意值、$q > 1$ 的众多无用组合频率分量,电流 i 中所含频率分量变为 $p\omega_1$、$|\pm p\omega_1 \pm \omega_2|$。其中($\pm\omega_1 \pm \omega_2$)(或其中一个分量)为有用分量,其他均为无用分量,这些无用分量的频率均远离有用分量的频率,故很容易用滤波器将其滤除,因此,线性时变工作状态适宜于实现频谱搬移功能。如用于振幅调制,可令 u_1 为载波,u_2 为调制信号。

线性时变分析法是在非线性器件特性级数分析法的基础上,在一定条件下的近似,所以采用线性时变电路分析法可以大大简化非线性电路的分析。

3. 开关工作状态

开关工作是线性时变状态的特例。图 6.3.3 所示二极管电路中,当 $u_1 = U_{1m}\cos(\omega_1 t)$,$u_2 = U_{2m}\cos(\omega_2 t)$,$u_2$ 为小信号,u_1 足够大($U_{1m} > 0.5\ \text{V}$),且 $U_{1m} \gg U_{2m}$,二极管工作在大

信号状态，即在 u_1 的作用下工作在管子的导通区和截止区，由于曲线的弯曲部分只占整个工作范围中很小部分，这样，二极管特性可以用两段折线来逼近。又由于 u_1 电压振幅 U_{1m} 较大，其值远大于二极管的导通电压 $U_{D(on)}$，因此可忽略 $U_{D(on)}$ 的影响，则二极管的特性可以进一步用从坐标原点出发的两段折线逼近，如图 6.3.4 所示。二极管的导通与截止取决于 u_1 大于零或小于零。即 $u_1 > 0$ 时，V 导通，导通时电导为 g_D；$u_1 < 0$ 时，V 截止，电流 $i = 0$。由此可见，二极管相当于受 u_1 控制的开关，因而可将其视为受开关函数控制的时变电导 $g_D(t)$，其表示式为

$$g_D(t) = g_D K_1(\omega_1 t) \tag{6.3.9}$$

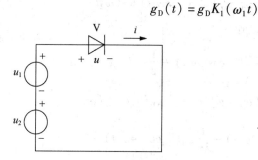

图 6.3.3　二极管开关工作状态　　图 6.3.4　二极管伏安特性近似折线

式中，$K_1(\omega_1 t)$ 为开关函数，它的波形如图 6.3.5 所示，$u_1 > 0$ 时，开关导通，$K_1(\omega_1 t) = 1$；当 u_1 在负半周时，开关断开，$K_1(\omega_1 t) = 0$。即

$$K_1(\omega_1 t) = \begin{cases} 1, & \cos(\omega_1 t) > 0 \\ 0, & \cos(\omega_1 t) < 0 \end{cases} \tag{6.3.10}$$

因此开关函数 $K_1(\omega_1 t)$ 是一个幅度为 1、频率为 $\omega_1 / 2\pi$ 的矩形脉冲，将其用傅立叶级数展开，则得

$$K_1(\omega_1 t) = \frac{1}{2} + \frac{2}{\pi}\cos(\omega_1 t) - \frac{2}{3\pi}\cos(3\omega_1 t) + \cdots$$

$$= \frac{1}{2} + \sum_{n=1}^{\infty} (-1)^n \frac{2}{(2n-1)\pi}\cos[(2n-1)\omega_1 t] \tag{6.3.11}$$

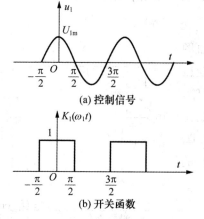

(a) 控制信号

(b) 开关函数

图 6.3.5　开关函数波形

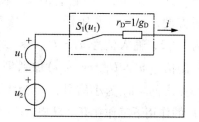

图 6.3.6　二极管开关等效电路

在图 6.3.3 所示电路中，将二极管用时变电导 $g_D(t)$ 代入，便可得到图 6.3.6 所示开关等效电路。这样便可得到通过二极管电流 i 的表示式为

$$i = g_D(t)u = g_D K_1(\omega_1 t)(u_1 + u_2)$$

$$= g_D [U_{1m}\cos(\omega_1 t) + U_{2m}\cos(\omega_2 t)] \times \left[\frac{1}{2} + \frac{2}{\pi}\cos(\omega_1 t) - \frac{2}{3\pi}\cos(3\omega_1 t) + \cdots\right]$$

$$= \frac{1}{2}g_D[U_{1m}\cos(\omega_1 t) + U_{2m}\cos(\omega_2 t)] + \frac{2}{\pi}g_D U_{1m}[\cos(\omega_1 t)]^2 + \frac{2}{\pi}g_D U_{2m}\cos(\omega_1 t)\cos(\omega_2 t) -$$

$$\frac{2}{3\pi}g_D U_{1m}\cos(3\omega_1 t)\cos(\omega_1 t) - \frac{2}{3\pi}g_D U_{2m}\cos(3\omega_1 t)\cos(\omega_2 t) \qquad (6.3.12)$$

再用三角函数关系加以整理，可得

$$i = \frac{1}{\pi}g_D U_{1m} + \frac{1}{2}g_D U_{1m}\cos(\omega_1 t) + \frac{1}{2}g_D U_{2m}\cos(\omega_2 t) +$$

$$\frac{1}{\pi}g_D U_{2m}\cos[(\omega_1 + \omega_2)t] + \frac{1}{\pi}g_D U_{2m}\cos[(\omega_1 - \omega_2)t] +$$

$$\frac{2}{3\pi}g_D U_{1m}\cos(2\omega_1 t) - \frac{1}{3\pi}g_D U_{1m}\cos(4\omega_1 t) +$$

$$\frac{1}{3\pi}g_D U_{2m}\cos[(3\omega_1 + \omega_2)t] - \frac{1}{3\pi}g_D U_{2m}\cos[(3\omega_1 - \omega_2)t] + \cdots$$

$$(6.3.13)$$

由上式可见，输出电流中只含有直流、ω_2、ω_1、ω_1 的偶次谐波、ω_1 的奇次谐波与 ω_2 的组合频率分量，与式(6.3.8)相比较，式(6.3.13)中的无用组合频率分量进一步减少，不存在 ω_1 的奇次谐波以及 ω_1 的偶次谐波与 ω_2 的组合频率分量。

6.3.2 二极管平衡、双平衡相乘器

由上述分析可见，仅利用器件的非线性实现相乘作用，其特性不可能是理想的，如果不采取措施，构成的相乘器往往是不合要求的。采用开关工作状态可以减少部分不必要的频率分量。要实现理想的相乘作用，还可以从电路角度考虑，用平衡电路进一步抵消不必要的频率分量。其中最简单的即为二极管平衡、双平衡相乘电路。

1. 二极管平衡相乘器

由两个二极管构成的平衡式相乘电路如图 6.3.7 所示，图中二极管 V_1、V_2 性能一致，变压器 Tr_1、Tr_2 具有中心抽头，它们接成平衡式电路。为了分析方便，设两只变压器一、二次线圈的匝数比均为 $1:2$，输入信号 $u_2 = U_{2m}\cos(\omega_2 t)$ 由 Tr_1 输入，控制信号 $u_1 = U_{1m}\cos(\omega_1 t)$ 加到 Tr_1、Tr_2 的两个中心点之间。u_2 为小信号，u_1 为大信号，二极管在 u_1 的作用下工作在开关状态。

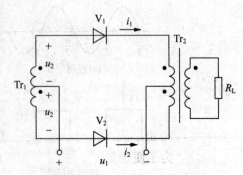

图 6.3.7 二极管平衡相乘器

为了分析问题方便，略去负载的反作用。由

图可见，加在两个二极管的电压分别为

$$\left.\begin{array}{l} u_{D1} = u_1 + u_2 \\ u_{D2} = u_1 - u_2 \end{array}\right\} \tag{6.3.14}$$

根据式(6.3.12)可得两管的电流分别为

$$\left.\begin{array}{l} i_1 = g_D K_1(\omega_1 t)(u_1 + u_2) \\ i_2 = g_D K_1(\omega_1 t)(u_1 - u_2) \end{array}\right\} \tag{6.3.15}$$

这两个电流以相反的方向流过输出变压器 Tr_2 的一次线圈，因而输出的总电流 i 为

$$\begin{aligned} i &= i_1 - i_2 \\ &= 2g_D u_2 K_1(\omega_1 t) \\ &= 2g_D U_{2m} \cos(\omega_2 t) \times \left[\frac{1}{2} + \frac{2}{\pi}\cos(\omega_1 t) - \frac{2}{3\pi}\cos(3\omega_1 t) + \cdots \right] \\ &= \frac{1}{2}g_D U_{2m}\cos(\omega_2 t) + \frac{2}{\pi}g_D U_{2m}\cos(\omega_1 t)\cos(\omega_2 t) - \\ &\quad \frac{2}{3\pi}g_D U_{1m}\cos(3\omega_1 t)\cos(\omega_2 t) - \frac{2}{3\pi}g_D U_{2m}\cos(3\omega_1 t)\cos(\omega_2 t) + \cdots \\ &= \frac{1}{2}g_D U_{2m}\cos(\omega_2 t) + \frac{2}{\pi}g_D U_{2m}\{\cos[(\omega_1 + \omega_2)t] + \cos[(\omega_1 - \omega_2)t]\} - \\ &\quad \frac{2}{3\pi}g_D U_{2m}\{\cos[(3\omega_1 + \omega_2)t] + \cos[(3\omega_1 - \omega_2)t]\} + \cdots \end{aligned} \tag{6.3.16}$$

可见，该电路的输出信号中无用频率分量比单管电路少很多，而且 ω_1 及其各次谐波均被抑制了，由于无用频率分量 ω_2 和 $3\omega_1 \pm \omega_2$ 的等高频分量与 $\omega_1 \pm \omega_2$ 相差很远，故很容易用带通滤波器将其滤除。

考虑 R_L 的反映电阻对二极管电流的影响时，要用包含反映电阻的总电导来代替 g_D，因一次侧两端的反映电阻为 $4R_L$，对 i_1、i_2 各支路的电阻为 $2R_L$，此时可用总电导 $g = \dfrac{1}{r_D + 2R_L}$ 代替式(6.3.16)中的 g_D。略去负载反作用与否，对频谱结构的分析并无影响。

2. 二极管双平衡相乘器

为了进一步减小组合频率分量，以便获得理想的相乘功能，二极管相乘器大都采用双平衡对称电路，并工作在开关状态。图6.3.8(a)所示就是这种电路的原理图。电路中4个二极管特性相同，变压器 Tr_1 和 Tr_2 均具有中心抽头。为了分析方便，设2只变压器的匝数满足 $N_1 = N_2$。$u_1 = U_{1m}\cos(\omega_1 t)$ 为大信号，使二极管工作在开关状态，$u_2 = U_{2m}\cos(\omega_2 t)$ 为小信号，它对二极管的导通与截止没有影响。

当 u_1 为正半周时，V_1、V_2 导通，V_3、V_4 截止；u_1 为负半周时，V_3、V_4 导通，V_1、V_2 截止。为了便于讨论，可将图6.3.8(a)电路拆成两个单平衡电路，如图6.3.8(b)、(c)所示。

略去负载的反作用，由图6.3.8(b)可得

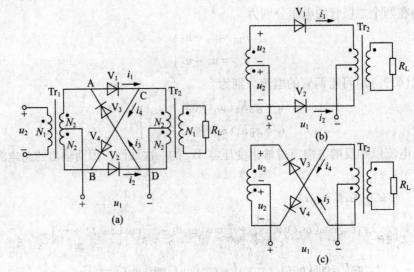

图 6.3.8 二极管双平衡相乘器

$$i_1 = g_D K_1(\omega_1 t)(u_1 + u_2) \atop i_2 = g_D K_1(\omega_1 t)(u_1 - u_2)$$

因此流过 Tr_2 一次侧的输出电流等于

$$i_1 - i_2 = 2g_D u_2 K_1(\omega_1 t) \tag{6.3.17}$$

在图 6.3.8(c) 中，由于 V_3、V_4 是在 u_1 的负半周导通，即开关动作比 V_1、V_2 滞后 180°，故其开关函数可表示为 $K_1(\omega_1 t - \pi)$，这样由图 6.3.8(c) 可得

$$i_3 = g_D K_1(\omega_1 t - \pi)(-u_1 - u_2) \atop i_4 = g_D K_1(\omega_1 t - \pi)(-u_1 + u_2)$$

所以

$$i_3 - i_4 = -2g_D u_2 K_1(\omega_1 t - \pi) \tag{6.3.18}$$

由图 6.3.8(a) 可见，流过 Tr_2 的总输出电流 i 为

$$\begin{aligned} i &= (i_1 - i_2) + (i_3 - i_4) \\ &= 2g_D u_2 [K_1(\omega_1 t) - K_1(\omega_1 t - \pi)] \\ &= 2g_D u_2 K_2(\omega_1 t) \end{aligned} \tag{6.3.19}$$

式(6.3.19) 中，$K_2(\omega_1 t)$ 为两个单向开关函数 $K_1(\omega_1 t)$、$K_1(\omega_1 t - \pi)$ 合成的一个双向开关函数，其波形如图 6.3.9 所示。由于

$$\begin{aligned} K_1(\omega_1 t - \pi) &= \frac{1}{2} + \frac{2}{\pi}\cos(\omega_1 t - \pi) - \frac{2}{3\pi}\cos(3\omega_1 t - \pi) + \cdots \\ &= \frac{1}{2} - \frac{2}{\pi}\cos(\omega_1 t) + \frac{2}{3\pi}\cos(3\omega_1 t) - \cdots \end{aligned} \tag{6.3.20}$$

所以

$$\begin{aligned} K_2(\omega_1 t) &= K_1(\omega_1 t) - K_1(\omega_1 t - \pi) \\ &= \frac{4}{\pi}\cos(\omega_1 t) - \frac{4}{3\pi}\cos(3\omega_1 t) + \cdots \end{aligned} \tag{6.3.21}$$

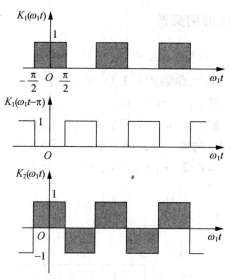

图 6.3.9　双向开关函数

因此，将式(6.3.21)和 $u_2 = U_{2m}\cos(\omega_2 t)$ 代入式(6.3.19)，可得

$$i = 2g_D u_2 K_2(\omega_1 t)$$

$$= 2g_D U_{2m}\cos(\omega_2 t)\left[\frac{4}{\pi}\cos(\omega_1 t) - \frac{4}{3\pi}\cos(3\omega_1 t) + \cdots\right]$$

$$= \frac{4}{\pi}g_D U_{2m}\{\cos[(\omega_1 + \omega_2)t] + \cos[(\omega_1 - \omega_2)t]\} -$$

$$\frac{4}{3\pi}g_D U_{2m}\{\cos[(3\omega_1 + \omega_2)t] + \cos[(3\omega_1 - \omega_2)t]\} + \cdots \qquad (6.3.22)$$

由式(6.3.22)可见，输出电流中只含有 ω_1 及其各奇次谐波与 ω_2 的组合频率分量，即只含 $p\omega_1 \pm \omega_2$（p 为奇数）的组合频率分量。若 ω_1 较高，则 $3\omega_1 \pm \omega_2$ 及以上组合频率分量很容易被滤除，所以二极管双平衡相乘器具有接近理想的相乘功能。

图 6.3.8 所示电路可改画成图 6.3.10 所示电路，由图可见，4 个二极管组成一个环路，各二极管的极性沿环路一致，故又称为环形相乘器。如果各二极管特性一致，变压器中心抽头上、下又完全对称，则电路的各个端口之间有良好的隔离，即 u_1、u_2 输入端与输出端之间均有良好的隔离，不会相互串通。

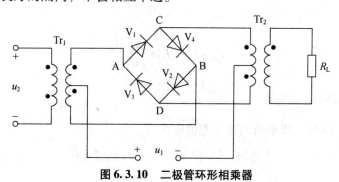

图 6.3.10　二极管环形相乘器

6.3.3 双差分对模拟相乘器

1. 双差分对模拟相乘器基本工作原理

双差分对模拟相乘器原理电路如图 6.3.11 所示，它由三个差分对管组成。电流源 I_0 提供差分对管 V_5、V_6 的偏置电流，而 V_5 提供 V_1、V_2 差分对管的偏置电流，V_6 提供 V_3、V_4 差分对管的偏置电流。输入信号 u_1 交叉加到 V_1、V_2 和 V_3、V_4 两个差分对管的输入端，u_2 加到差分对管 V_5、V_6 的输入端，静态即 $u_1 = u_2 = 0$ 时，$i_{C5} = i_{C6} = I_0/2$，$i_{C1} = i_{C2} = i_{C3} = i_{C4} = I_0/4$，$i_{13} = i_{C1} + i_{C3} = I_0/2$，$i_{24} = i_{C2} + i_{C4} = I_0/2$。

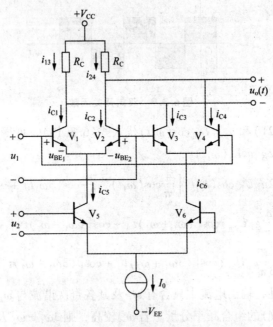

图 6.3.11 双差分对模拟相乘器原理电路

易证明

$$
\left.
\begin{aligned}
i_{C1} - i_{C2} &= i_{C5}\,\text{th}\,\frac{u_1}{2U_T} \\[2mm]
i_{C4} - i_{C3} &= i_{C6}\,\text{th}\,\frac{u_1}{2U_T} \\[2mm]
i_{C5} - i_{C6} &= I_0\,\text{th}\,\frac{u_2}{2U_T}
\end{aligned}
\right\}
\tag{6.3.23}
$$

式中，$\text{th}\,\dfrac{u_1}{2U_T}$ 为双曲正切函数。

由图 6.3.11 可知，相乘器的输出差值电流为

$$
\begin{aligned}
i &= i_{13} - i_{24} = (i_{C1} + i_{C3}) - (i_{C2} + i_{C4}) \\
&= (i_{C1} - i_{C2}) - (i_{C4} - i_{C3})
\end{aligned}
$$

$$= (i_{C5} - i_{C6}) \operatorname{th} \frac{u_1}{2U_T}$$

$$= I_0 \operatorname{th} \frac{u_1}{2U_T} \operatorname{th} \frac{u_2}{2U_T} \tag{6.3.24}$$

由此可得相乘器的输出电压为

$$u_o = (V_{CC} - i_{24}R_C) - (V_{CC} - i_{13}R_C) = (i_{13} - i_{24})R_C$$

$$= I_0 R_C \operatorname{th} \frac{u_1}{2U_T} \operatorname{th} \frac{u_2}{2U_T} \tag{6.3.25}$$

当 $|u_1| \leqslant U_T$、$|u_2| \leqslant U_T$ 时，双差分对模拟相乘器工作在小信号状态，由于 $u \leqslant U_T$ （26 mV）时 $u/2U_T \leqslant 0.5$，根据双曲正切函数特性有 $\operatorname{th} \dfrac{u}{2U_T} \approx \dfrac{u}{2U_T}$，所以式（6.3.25）可近似为

$$u_o \approx \frac{I_0 R_C}{4U_T^2} u_1 u_2 \tag{6.3.26}$$

式（6.3.26）说明，双差分对模拟相乘器只有当 u_1、u_2 均为小信号且幅度均小于 26 mV 时，方可实现理想的相乘功能。

当 $|u_2| \leqslant U_T$，u_1 为任意值时，双差分对模拟相乘器工作在线性时变状态。因此，

$$u_o \approx \frac{I_0 R_C}{2U_T} u_2 \operatorname{th} \frac{u_1}{2U_T} \tag{6.3.27}$$

当 $|u_2| \leqslant U_T$，$u_1 = U_{1m}\cos(\omega_1 t)$ 时，则 $\operatorname{th} \dfrac{u_1}{2U_T}$ 为周期函数，可用傅立叶级数展开，故相乘器工作在线性时变状态，如果 $U_{1m} \geqslant 260$ mV，双曲正切函数 $\operatorname{th}\left[\dfrac{U_{1m}}{2U_T}\cos(\omega_1 t)\right]$ 趋于周期性方波，如图 6.3.12（a）所示，双差分对模拟相乘器工作在开关状态，可近似用图 6.3.12（b）所示的双向开关函数 $K_2(\omega_1 t)$ 表示，即

$$\operatorname{th}\left[\frac{U_{1m}}{2U_T}\cos(\omega_1 t)\right] \approx K_2(\omega_1 t)$$

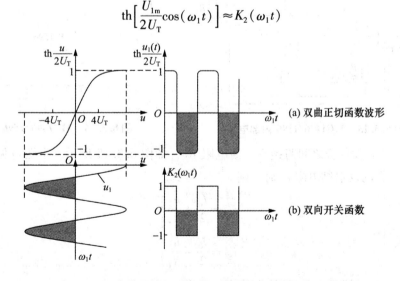

图 6.3.12　大信号输入时双曲正切函数波形及双向开关函数

因此，式(6.3.27)可近似变换为

$$u_o \approx \frac{I_0 R_C}{2U_T} u_2 K_2(\omega_1 t) \qquad (6.3.28)$$

双向开关 $K_2(\omega_1 t)$ 的傅立叶级数展开式见式(6.3.21)。

上述讨论说明，u_2 必须为小信号，这将使双差分对模拟相乘器的应用范围受到限制。在实际电路中可采用负反馈技术来扩展 u_2 的动态范围。

2. MC1496/1596 集成模拟相乘器

根据双差分对模拟相乘器基本原理制成的单片集成模拟相乘器 MC1496/1596 的内部电路如图 6.3.13 所示，其引脚排列如图 6.3.14 所示，其电路结构与图 6.3.11 基本类似。所不同的是，MC1496/1596 相乘器用 V_7、R_1、V_8、R_2、V_9、R_3 和 R_5 等组成多路电流源电路，R_5、V_7、R_1 为电流源的基准电路，V_8、V_9 分别供给 V_5、V_6 管恒流 $I_0/2$，R_5 为外接电阻，可用以调节 $I_0/2$ 的大小。另外，由 V_5、V_6 两管的发射极引出接线端 2 和 3，外接电阻 R_Y，利用 R_Y 的负反馈作用可以扩大输入电压 u_2 的动态范围。R_C 为外接负载电阻。

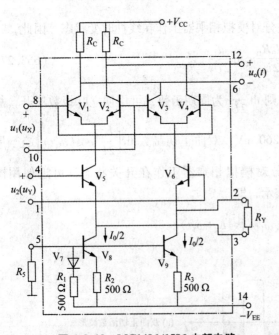

图 6.3.13　MC1496/1596 内部电路

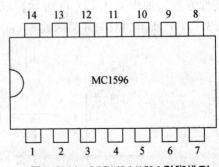

图 6.3.14　MC1496/1596 引脚排列

V_5、V_6 两管发射极之间跨接负反馈电阻 R_Y，如图 6.3.15 所示，由图可见，当 R_Y 远大于 V_5、V_6 管的发射结电阻 r_e 时，则

$$\left.\begin{array}{l} i_{E5} \approx \dfrac{I_0}{2} + \dfrac{u_2}{R_Y} \\[3mm] i_{E6} \approx \dfrac{I_0}{2} - \dfrac{u_2}{R_Y} \end{array}\right\} \qquad (6.3.29)$$

因此，差分对管 V_5、V_6 的输出差值电流为

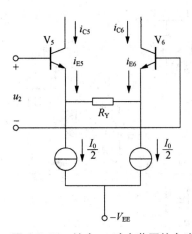

图 6.3.15　扩大 u_2 动态范围的电路

$$i_{C5} - i_{C6} \approx i_{E5} - i_{E6} = \frac{2u_2}{R_Y} \tag{6.3.30}$$

将式(6.3.30)代入式(6.3.24)，可得 MC1496/1596 相乘器输出差值电流为

$$i = \frac{2u_2}{R_Y}\mathrm{th}\frac{u_1}{2U_T} \tag{6.3.31}$$

而输出电压 u_2 为

$$u_o = \frac{2u_2}{R_Y}R_C\mathrm{th}\frac{u_1}{2U_T} \tag{6.3.32}$$

可证明，u_2 的动态范围与外接电阻 R_Y 的关系为

$$-\left(\frac{I_0}{4}R_Y + U_T\right) \leqslant u_2 \leqslant \left(\frac{I_0}{4}R_Y + U_T\right) \tag{6.3.33}$$

MC1496/1596 广泛应用于调幅及解调、混频等电路中，但应用时 $V_1 \sim V_6$ 晶体管的基极均需外加偏置电压，方能正常工作(详见 6.4 节内容)。通常把 8、10 端称为 X 输入端，u_1 用 u_X 表示；4、1 端称为 Y 输入端，u_2 用 u_Y 表示。

3. MC1595 集成模拟相乘器

作为通用的模拟相乘器，还需将 u_1 的动态范围进行扩展。MC1595 就是在 MC1496 的基础上增加了 $u_1(u_X)$ 动态范围扩展电路(它与 u_Y 动态范围扩展电路相同)，使之成为具有四象限相乘功能的通用集成器件，其外接电路及引脚排列如图 6.3.16(a)、(b)所示。4、8 端为 $u_1(u_X)$ 输入端，9、12 端为 $u_2(u_Y)$ 输入端，14、2 端为输出端，R_C 为外接负载电阻。R_X、R_Y 是分别用来扩展 u_X、u_Y 动态范围的负反馈电阻，R_3、R_{13} 用来分别设定 $I_0'/2$ 和 $I_0/2$，1 端所接电阻 R_K 用来设定 1 端电位，以保证各管工作在放大区。因为流过 R_K 的电流为 I_0'，当 R_K 过大，1 端直流电位下降过多时，就会影响电路的正常工作。

相乘器的输出电压 u_o 表示式为

$$u_o = \frac{4R_C}{R_X R_Y I_0'}u_X u_Y = A_M u_X u_Y \tag{6.3.34}$$

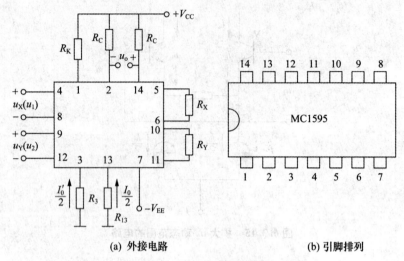

(a) 外接电路　　　　　　　(b) 引脚排列

图 6.3.16　MC1595 集成模拟相乘器

式中，$A_M = \dfrac{4R_C}{R_X R_Y I_0'}$，为相乘器的增益系数，MC1595 增益系数的典型值为 0.1 V^{-1}。式 (6.3.34)中 u_X、u_Y 的动态范围必须满足以下关系：

$$-\left(\frac{1}{4}I_0' R_X + U_T\right) \leqslant u_X \leqslant \frac{1}{4}I_0' R_X + U_T \left.\right\}$$
$$-\left(\frac{1}{4}I_0 R_Y + U_T\right) \leqslant u_Y \leqslant \frac{1}{4}I_0 R_Y + U_T \left.\right\} \tag{6.3.35}$$

6.4　振幅调制电路

调幅电路按照输出功率高低，可分为低电平调幅电路和高电平调幅电路。本节将对实际应用中的一些调幅电路进行讨论。

6.4.1　低电平调幅电路

1. 平方律调幅电路

（1）工作原理

前文已指出，要进行振幅调制，必须利用电子器件的非线性特性构成乘法器。而由式 (6.3.2)可以看出，这是由二极管特性曲线的幂级数展开式中的二次方项实现的。如果作用于非线性器件上的信号电压只工作于伏安特性曲线的起始弯曲部分，这时可以只取幂级数的前三项，实际上就是用通过静态工作点的一条抛物线代替特性曲线。也就是说，可以利用工作于平方律部分的电子器件实现调幅功能，故这种电路称为平方律调幅电路。

图 6.4.1 表示平方律调幅框图。这里将调制信号 u_Ω 与载波 u_c 相加后，同时加入非线性器件，然后通过中心频率为 ω_c 的带通滤波器取出输出电压 u_o 中的调幅波成分 u_{AM}。现

分析如下：

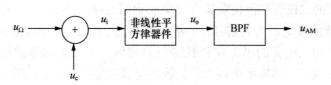

图 6.4.1　平方律调幅框图

假设非线性器件为二极管，它的特性可表示为

$$u_o = a_0 + a_1 u_i + a_2 u_i^2 \tag{6.4.1}$$

式中，输入电压为

$$
\begin{aligned}
u_i &= u_c(载波) + u_\Omega(调制信号)\\
&= U_{cm}\cos(\omega_c t) + U_{\Omega m}\cos(\Omega t)
\end{aligned}\tag{6.4.2}
$$

代入式(6.4.1)，得

$$
\left.
\begin{aligned}
u_o(t) &= a_0 + \frac{1}{2}a_2(U_{cm}^2 + U_{\Omega m}^2) \cdots\cdots\cdots\cdots\cdots\cdots\ \text{直流项}\\
&+ a_1 U_{cm}\cos(\omega_c t) \cdots\cdots\cdots\cdots\cdots\cdots\cdots\cdots\ \text{载波频率}\\
&+ a_1 U_{\Omega m}^2\cos(\Omega t) \cdots\cdots\cdots\cdots\cdots\cdots\ \text{调制信号基频}\\
&+ a_2 U_{\Omega m}U_{cm}\{\cos[(\omega_c+\Omega)t] + \cos[(\omega_c-\Omega)t]\} \cdots\ \text{上下边频}\\
&+ \frac{1}{2}a_2 U_{cm}^2\cos(2\omega_c t) \cdots\cdots\cdots\cdots\cdots\cdots\ \text{载频二次谐波}\\
&+ a_1 U_{\Omega m}\cos(\Omega t) \cdots\cdots\cdots\cdots\cdots\cdots\cdots\ \text{调制信号基频}\\
&+ \frac{1}{2}a_2 U_{\Omega m}^2\cos(2\Omega t) \cdots\cdots\cdots\cdots\cdots\ \text{调制信号二次谐波}
\end{aligned}
\right\}\tag{6.4.3}
$$

其中产生调幅作用的是 $a_2 u_i^2$ 项，故称为平方律调幅。滤波后，输出电压为

$$
\begin{aligned}
u_{AM}(t) &= a_1 U_{cm}\cos(\omega_c t) + a_2 U_{\Omega m}U_{cm}\{\cos[(\omega_c+\Omega)t] + \cos[(\omega_c-\Omega)t]\}\\
&= a_1 U_{cm}\cos(\omega_c t) + 2a_2 U_{\Omega m}U_{cm}\cos(\Omega t)\cos(\omega_c t)\\
&= a_1 U_{cm}\left[1 + \frac{2a_2}{a_1}U_{\Omega m}\cos(\Omega t)\right]\cos(\omega_c t)
\end{aligned}\tag{6.4.4}
$$

由上式显然可知，调幅度

$$m_a = \frac{2a_2}{a_1}U_{\Omega m} \tag{6.4.5}$$

由式(6.4.5)可以得出如下结论：

① 调幅度 m_a 的大小由调制信号电压振幅 $U_{\Omega m}$ 及调制器的特性曲线所决定，亦即由 a_1、a_2 所决定。

② 通常 $a_1 \gg a_2$，因此用这种方法所得到的调幅度是不太大的。

为了使电子器件工作于平方律部分，电子管或晶体管应工作于甲类非线性状态，因此效率不高。所以，这种调幅方法主要用于低电平普通调幅。此外，它还可以组成平衡调幅器(balanced modulator)，以抑制载波。

（2）二极管平衡调幅电路

采用图6.3.7的二极管平衡相乘器可以构成调幅电路。将 u_2 端接调制信号 u_Ω，为小信号；u_1 端接载波信号 u_c，为大信号，一般要求 U_{cm} 大于 $U_{\Omega m}10$ 倍以上，使二极管工作在开关状态。这里是用二极管的平方律特性进行调幅的。平衡调幅器的输出电压只有两个上、下边带，没有载波。亦即平衡调幅器的输出是载波被抑止的双边带。证明如下：

由于两个二极管是相同的，可以假定它们的特性曲线能用同一个平方律公式来表示：

$$i_1 = b_0 + b_1 u_1 + b_2 u_1^2 \tag{6.4.6}$$

$$i_2 = b_0 + b_1 u_2 + b_2 u_2^2 \tag{6.4.7}$$

式中
$$u_1 = u_c + u_\Omega = U_{cm}\cos(\omega_c t) + U_{\Omega m}\cos(\Omega t)$$

$$u_2 = u_c - u_\Omega = U_{cm}\cos(\omega_c t) - U_{\Omega m}\cos(\Omega t)$$

将 u_1、u_2 的表达式代入式（6.4.6）和（6.4.7），即可求出输出电压为

$$u_o = (i_1 - i_2)R$$
$$= 2R\left\{ b_1 U_{\Omega m}\cos(\Omega t) + b_2 U_{\Omega m} U_{cm}\cos\left[(\omega_c + \Omega)t\right] + b_2 U_{\Omega m} U_{cm}\cos\left[(\omega_c - \Omega)t\right] \right\}$$

$$\tag{6.4.8}$$

由式（6.4.8）显然可知，输出中没有载波分量，只有上下边带（$\omega_c \pm \Omega$）与调制信号频率 Ω（可用滤波器滤掉）。亦即平衡调幅器的输出是载波被抑止的双边带（以 DSC-DSB 表示）。

应该指出，在以上这些电路中，无形中都已假定所有的二极管的特性都相同，电路完全对称。这样，输出中才能将载波完全抑止。事实上，电子器件的特性不可能完全相同，所用的变压器也难于做到完全对称，这就会有载波漏到输出中去，形成载漏（carrier leak）。因此，电路中往往要加平衡装置，以使载漏减至最小。

从平衡调幅器获得载波被抑止的双边带后，再设法滤去一条边带，即可获得单边带输出。因此，平衡调幅器是单边带技术中的基本电路。

2. 斩波调幅电路

（1）工作原理

所谓斩波调幅就是将所要传送的信号 u_Ω 通过一个受载波频率 ω_c 控制的开关电路（斩波电路），以使它的输出波形被"斩"成周期为 $\dfrac{2\pi}{\omega_c}$ 的脉冲，因而包含 $\omega_c \pm \Omega$ 及各种谐波分量等。再通过中心频率为 ω_c 的带通滤波器，取出所需要的调幅波输出 u_o，即实现了调幅。图6.4.2是斩波调幅器的框图，它的调幅过程图解见图6.4.3。

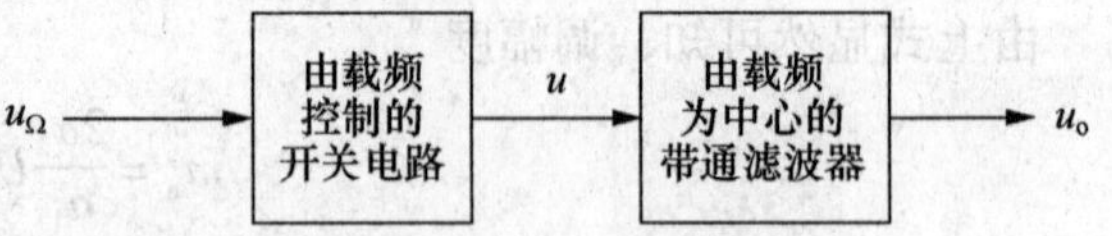

图 6.4.2　斩波调幅框图

设图6.4.2中的斩波电路按照图6.4.3（b）的开关函数 $K_1(\omega_c t)$ 对音频信号 u_Ω 进行斩波。根据上一节开关函数以下式代表：

$$K_1(\omega_c t) = \begin{cases} +1, & \cos(\omega_c t) \geq 0 \\ 0, & \cos(\omega_c t) < 0 \end{cases} \tag{6.4.9}$$

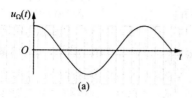

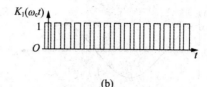

(a)　　　　　　　　　　　　　(b)

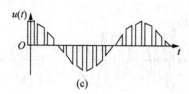

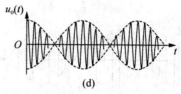

(c)　　　　　　　　　　　　　(d)

图 6.4.3　斩波调幅器工作过程

因此，$K_1(\omega_c t)$ 是一个振幅等于 1、重复频率为 ω_c 的矩形波。斩波后的电压为

$$u(t) = u_\Omega(t) K_1(\omega_c t) = K_1(\omega_c t) U_{\Omega m} \cos(\Omega t) \tag{6.4.10}$$

由此可得到 $u(t)$ 为一系列振幅按照 u_Ω 规律变化的矩形脉冲波，如图 6.4.3(c) 所示。

由于 $K_1(\omega_c t)$ 可用如下的傅立叶级数展开为

$$K_1(\omega_c t) = \frac{1}{2} + \frac{2}{\pi}\cos(\omega_c t) - \frac{2}{3\pi}\cos(3\omega_c t) + \cdots$$

代入式(6.4.10)，即得

$$
\begin{aligned}
u(t) &= K_1(\omega_c t) U_{\Omega m}\cos(\Omega t)\\
&= \frac{1}{2}U_{\Omega m}\cos(\Omega t) + \frac{2}{\pi}U_{\Omega m}\cos(\Omega t)\cos(\omega_c t) - \frac{2}{3\pi}U_{\Omega m}\cos(\Omega t)\cos(3\omega_c t) + \cdots\\
&= \frac{1}{2}U_{\Omega m}\cos(\Omega t) + \frac{2}{\pi}U_{\Omega m}\{\cos[(\omega_c + \Omega)t] + \cos[(\omega_c - \Omega)t]\} -\\
&\quad \frac{2}{3\pi}U_{\Omega m}\{\cos[(3\omega_c + \Omega)t] + \cos[(3\omega_c - \Omega)t]\} + \cdots
\end{aligned}
\tag{6.4.11}
$$

由式(6.4.11)显然可知，$u(t)$ 中包含 Ω、$\omega_c \pm \Omega$、$3\omega_c \pm \Omega$ 等项。通过中心频率为 ω_c 的带通滤波器后，即可取出 $\omega_c \pm \Omega$ 项，即输出电压 u_o 为载波被抑止的双边带 $\omega_c \pm \Omega$ 输出，如图 6.4.3(d) 所示。

以上是用不对称的开关电路来获得斩波调幅的。实际上，更常用对称的开关电路。此处等效为双向开关函数 $K_2(\omega_c t)$，它是上、下对称的方波，其峰～峰值等于 2，如图 6.4.4(b) 所示，它对图 6.4.4(a) 的信号 $u_\Omega(t)$ 进行斩波后，即获得图 6.4.4(c) 中的斩波输出电压 $u(t)$ 的波形。最后通过带通滤波器，取 $\omega_c \pm \Omega$ 的双边带 u_o，如图 6.4.4(d) 所示。

以上过程分析如下：

由上节可知，双向开关函数

$$
\begin{aligned}
K_2(\omega_c t) &= K_1(\omega_c t) - K_1(\omega_c t - \pi)\\
&= \begin{cases} +1, & \cos(\omega_c t) \geqslant 0\\ -1, & \cos(\omega_c t) < 0 \end{cases}
\end{aligned}
$$

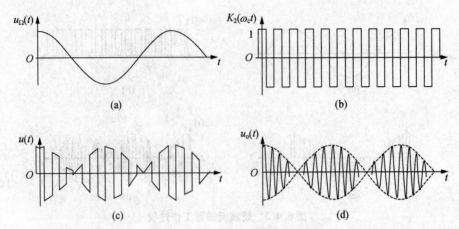

图 6.4.4　平衡斩波调幅工作过程

$$= \frac{4}{\pi}\cos(\omega_c t) - \frac{4}{3\pi}\cos(3\omega_c t) + \frac{4}{5\pi}\cos(5\omega_c t) - \cdots \tag{6.4.12}$$

代入式(6.4.10)，有

$$u(t) = K_2(\omega_c t) U_{\Omega m}\cos(\Omega t)$$

$$= \frac{4}{\pi}U_{\Omega m}\cos(\omega_c t)\cos(\Omega t) - \frac{4}{3\pi}U_{\Omega m}\cos(3\omega_c t)\cos(\Omega t) +$$

$$\frac{4}{5\pi}U_{\Omega m}\cos(5\omega_c t)\cos(\Omega t) - \cdots$$

$$= \frac{4}{\pi}U_{\Omega m}\{\cos[(\omega_c+\Omega)t] + \cos[(\omega_c-\Omega)t]\} -$$

$$\frac{4}{3\pi}U_{\Omega m}\{\cos[(3\omega_c+\Omega)t] + \cos[(3\omega_c-\Omega)t]\} +$$

$$\frac{4}{5\pi}U_{\Omega m}\{\cos[(5\omega_c+\Omega)t] + \cos[(5\omega_c-\Omega)t]\} - \cdots \tag{6.4.13}$$

与式(6.4.11)对比可知，平衡斩波调幅没有低频分量，而且高频分量的振幅也提高了1倍。经过中心频率为 ω_c 的带通滤波器后，同样得到 $\omega_c \pm \Omega$ 的双边带输出。

（2）实现电路

以上所讨论的开关电路可以由二极管组成。图6.4.5所示的电桥电路即可起到图6.4.2中的开关电路作用。图中 $u_c = U_{cm}\cos(\omega_c t)$，$u_\Omega = U_{\Omega m}\cos(\Omega t)$。$U_{cm}$ 应取得足够大，以使二极管的通断完全由 u_c 控制，即当 $u_a > u_b$ 时，4个二极管导通，使输出电压等于零；当 $u_a < u_b$ 时，4个二极管截止，使 $u = u_\Omega$。因此输出信号的波形如图6.4.3(c)所示，亦即实现了调幅。

也可以将4个二极管接成如图6.4.6所示的环形调幅电路。这4个二极管的导通与截止也完全由载波电压 u_c 决定。例如，当a端为正，b端为负时，D_1 与 D_3 导通，D_2 与 D_4 截止；当a端为负，b端为正时，则 D_1 与 D_3 截止，D_2 与 D_4 导通。这里的 D_1、D_2、D_3、D_4 即起到二极管桥式斩波调幅电路所示电路中的双刀双掷开关作用，因此输出电压的波形如图6.4.3(d)所示，亦即实现了调幅。

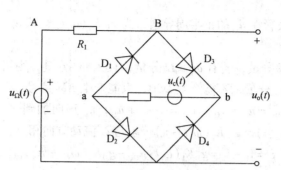

图 6.4.5　二极管桥式斩波调幅电路

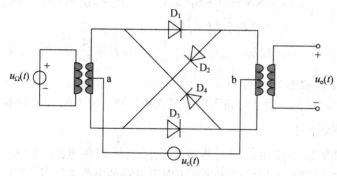

图 6.4.6　环形调幅电路

为了保证以上两种电路中的导通与截止都由载波电压 u_c 决定，就要求它的振幅 U_{cm} 足够大。通常要求 U_{cm} 比调制信号峰值电压 $U_{\Omega m}$ 大 10 倍以上。

电桥电路或环形电路过去常用氧化亚铜或晶体二极管制成，现在也可以做成集成电路。这种调幅电路的优点是维护简易、稳定、寿命长；缺点是功率小，不适用于大功率电路。

【例 6.4.1】　在图 6.4.7(a)所示的电路中，已知调制信号 $u_\Omega = U_\Omega \cos(\Omega t)$，载波电压 $u_c = U_c \cos(\omega_c t)$，且 $\omega_c \gg \Omega$，二极管 V_{D1}、V_{D2} 的伏安特性相同，均为从原点出发、斜率为 g_D 的直线。试分析其输出电流的频率分量，并说明此电路是否能实现双边带调制？

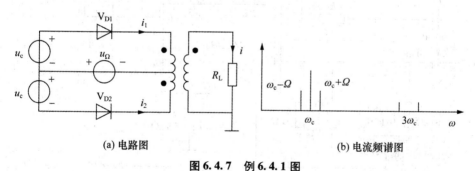

(a) 电路图　　　　　　　　　　　(b) 电流频谱图

图 6.4.7　例 6.4.1 图

分析思路如下：

① 标定二极管两端的电压和流过它的电流的正方向，一般可按实际方向标定。

② 求出加在二极管两端的电压 u_D。

③ 求出流过二极管的电流 $i_D = g_D K_1(\omega_c t) u_D$，此时二极管电导有两种情况，若 u_c 正向

加到二极管两端，二极管在 u_c 的正半周导通，为 $g_D K_1(\omega_c t)$；若 u_c 反向加到二极管两端，为 $g_D K_1(\omega_c t - \pi)$。

④ 分析 i 中的频率分量，若有 $\omega_c \pm \Omega$ 分量，且无 ω_c 分量，则可产生 DSB 信号（滤波后）；若有 $\omega_c \pm \Omega$ 和 ω_c 分量，不能产生 DSB，只能产生 AM 信号。

解： 由图可知，$u_{D1} = u_c + u_\Omega$，$u_{D2} = -u_c + u_\Omega$，u_c 正向加到 V_{D1}，反向加到 V_{D2}，故 $g_1(t) = g_D K_1(\omega_c t)$，$g_2(t) = g_D K_1(\omega_c t - \pi)$，$i_1$ 与 i_2 流动方向相反，有

$$i = i_1 - i_2 = g_D K_1(\omega_c t) u_{D1} - g_D K_1(\omega_c t - \pi) u_{D2}$$
$$= g_D K_1(\omega_c t)(u_c + u_\Omega) - g_D K_1(\omega_c t - \pi)(-u_c + u_\Omega)$$
$$= g_D [K_1(\omega_c t) + K_1(\omega_c t - \pi)] u_c + g_D [K_1(\omega_c t) - K_1(\omega_c t - \pi)] u_\Omega$$
$$= g_D u_c + g_D K_2(\omega_c t) u_\Omega$$
$$= g_D U_c \cos(\omega_c t) + g_D \left[\frac{4}{\pi} \cos(\omega_c t) - \frac{4}{3\pi} \cos(3\omega_c t) + \cdots \right] U_\Omega \cos(\Omega t)$$

可以看出，i 中的频率分量有 ω_c，$(2n-1)\omega_c \pm \Omega (n = 1, 2, 3, \cdots)$。其频谱如图 6.4.7(b) 所示。由此可见，所示电路可以完成 AM 调制，但不能得到 DSB 信号。

3. 模拟乘法器调幅电路

采用双差分对集成模拟相乘器可构成性能优良的调幅电路。图 6.4.8 所示为采用 MC1496 构成的双边带调幅电路，图中接于正电源电路的电阻 R_8、R_9 用来分压，以便提供相乘器内部 $V_1 \sim V_4$ 管的基极偏压；负电源通过 R_p、R_1、R_2 及 R_3、R_4 的分压供给相乘器内部 V_5、V_6 管的基极偏压，R_p 称为载波调零电位器，调节 R_p 可使电路对称减小载波信号输出；R_C 为输出端的负载电阻，接于 2、3 端的电阻 R_Y 用来扩大 u_Ω 的线性动态范围。

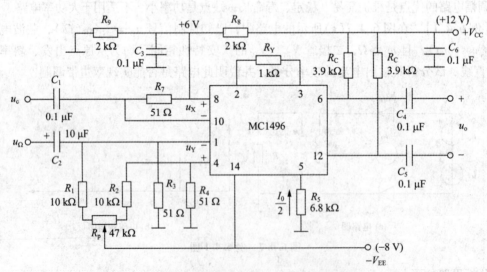

图 6.4.8　MC1496 构成的双边带调幅电路

根据图 6.4.8 中负电源值及 R_5 的阻值，可得 $I_0/2 \approx 1\text{mA}$，这样不难得到模拟相乘器各管脚的直流电位分别为

$$U_1 = U_4 \approx 0 \text{ V}, \quad U_2 = U_3 \approx -0.7 \text{ V}, \quad U_8 = U_{10} \approx 6 \text{ V}$$

$$U_6 = U_{12} = V_{CC} - R_C I_0/2 = 8.1 \text{ V}, \quad U_5 = -R_5 I_0/2 = -6.8 \text{ V}$$

实际应用中，为了保证集成模拟相乘器 MC1496 能正常工作，各引脚的直流电位应满足下列要求：

① $U_1 = U_4$，$U_8 = U_{10}$，$U_6 = U_{12}$；

② $U_{6(12)} - U_{8(10)} \geqslant 2 \text{ V}$，$U_{8(10)} - U_{4(1)} \geqslant 2.7 \text{ V}$，$U_{4(1)} - U_5 \geqslant 2.7 \text{ V}$。

载波信号 $u_c = U_{cm}\cos(\omega_c t)$ 通过电容 C_1、C_3 及 R_7，加到相乘器的输入端 8、10 脚，低频信号 $u_\Omega = U_{\Omega m}\cos(\Omega t)$ 通过 C_2、R_3 及 R_4，加到相乘器的输入端 1、4 脚，输出信号可由 C_4、C_5 单端输出或双端输出。

为了减少载波信号输出，可先令 $u_\Omega = 0$，即将 u_Ω 输入端对地短路，只有载波 u_c 输入时，调节 R_p，使相乘器输出电压为零，但实际上模拟相乘器不可能完全对称，所以调节 R_p 输出电压不可能为零，故只需使输出载波信号为最小（一般为毫伏级）。若载波输出电压过大，则说明该器件性能不好。

低频输入信号 u_Ω 的幅度不能过大，其最大值主要由 $I_0/2$ 与 R_Y 的乘积所限定。幅度过大时，输出调幅信号形就会产生严重的失真。

工程上，载波信号常采用大信号输入，即 $U_{cm} \geqslant 260 \text{ mV}$，这时双差分对管在 u_c 的作用下工作在开关状态，这时调幅电路输出电压由式(6.3.32)可得

$$u_o(t) = \frac{2R_C}{R_Y} u_\Omega(t) K_2(\omega_c t) \tag{6.4.14}$$

式中，$K_2(\omega_c t)$ 为受 u_c 控制的双向开关函数。

由式(6.4.14)可见，双差分对模拟相乘器工作在开关状态实现双边带调幅时，输出频谱比较纯净，只有 $p\omega_c \pm \Omega$（p 为奇数）的组合频率分量，只要用滤波器滤除高次谐波分量，便可得到抑制载波的双边带调幅信号，而且调制失真很小。同时，这时输出幅度不受 U_{cm} 大小的影响。

如果调节图 6.4.7 中 R_p 使载波输出电压不为零，即可产生普通调幅信号输出，因为调节 R_p 使载波输出不为零，实际上是使 1、4 两端直流电位不相等，这就相当于在 u_Y 端输入了一个固定的直流电压 U_Q，使双差分对电路不对称，载波不能相互抵消而产生了输出，从而实现普通调幅。为了调节 R_p 使 1、4 两端直流电位变化明显，可将 R_1、R_2 改用 750 Ω 的电阻。

6.4.2　高电平调幅电路

高电平调幅就是在功率电平高的级中完成调幅过程，这个过程通常都是在丙类谐振功率放大器中进行的。它主要用于产生普通调幅信号，可以直接产生满足发射功率要求的已调波。高电平调幅电路必须兼顾输出功率、效率、调制线性等几方面的要求。根据调制信号控制的电极不同，调制方法主要有以下两类。

① 集电极（或阳极）调制：调制信号控制集电极（阳极）电源电压，以实现调幅。

② 基极（或控制栅极）调制：调制信号控制基极（控制栅极）电源电压，以实现调幅。

1. 集电极调幅电路

所谓集电极（阳极）调幅，就是用调制信号来改变高频功率放大器的集电极（阳极）直流电源电压，以实现调幅。它的基本电路如图6.4.9所示。由图可知，低频调制信号$u_\Omega(t)$与直流电源V_{CC}相串联，因此放大器的有效集电极电源电压U_{CC}等于上述两个电压之和，它随调制信号波形而变化。根据第4章内容可知，在过压状态下，集电极电流的基波分量I_{C1m}随集电极电源电压成正比变化。因此，集电极的回路输出高频电压振幅将随调制信号的波形而变化，于是得到调幅波输出。

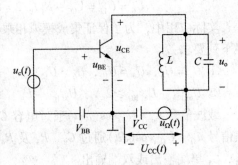

图 6.4.9　集电极调幅的基本电路

由此可知，为了获得有效的调幅，集电极调幅电路必须总是工作于过压状态。

可以证明，集电极调幅的集电极转换效率比较高，晶体管获得充分的应用，这是它的主要优点。其缺点是已调波的边频带功率由调制信号供给，因而需要大功率的调制信号源。

2. 基极调幅电路

所谓基极（栅极）调幅，就是用调制信号电压来改变高频功率放大器的基极（栅极）偏压，以实现调幅。它的基本电路如图6.4.10所示。由图可知，低频调制信号电压$u_\Omega(t)$与直流偏压V_{BB}相串联，放大器的有效偏压等于这两个电压之和，它随调制信号波形而变化。根据第4章可知，在欠压状态下，集电极电流的基波分量I_{C1m}随基极电压成正比变化。因此，集电极的回路输出高频电压振幅将随调制信号的波形而变化，于是得到调幅波输出。

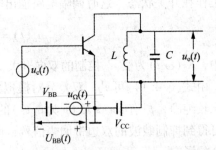

图 6.4.10　基极调幅的基本电路

下面结合图6.4.11来具体分析基极调幅电路的工作过程。高频载波信号u_c通过高频变压器Tr_1和L_1、C_1构成的L形网络加到晶体管的基极电路，低频调制信号u_Ω通过低频变压器Tr_2加到晶体管的基极电路。C_2为高频旁路电容，用来为载波信号提供通路，但对低频信号容抗很大；C_3为低频耦合电容，用来为低频信号提供通路。令$u_\Omega(t) = U_{\Omega m}\cos(\Omega t)$，$u_c(t) = U_{cm}\cos(\omega_c t)$，由图可见，晶体管$BE$之间的电压为

$$u_{BE} = V_{BB} + U_{\Omega m}\cos(\Omega t) + U_{cm}\cos(\omega_c t) \tag{6.4.15}$$

其波形如图6.4.12(a)所示。在调制过程中，晶体管的基极电压随调制信号u_Ω的变化而变化，使放大器的集电极脉冲电流的最大值i_{Cmax}和导通角θ也按调制信号的大小而变化，如图6.4.12(b)所示。将集电极谐振回路调谐在载频ω_c上，那么放大器的输出端便可获得图6.4.12(c)所示的调幅信号电压u_o。

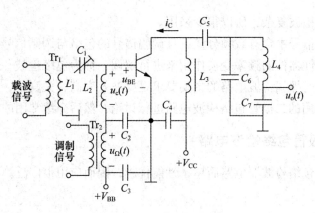

图 6.4.11　基极调幅电路

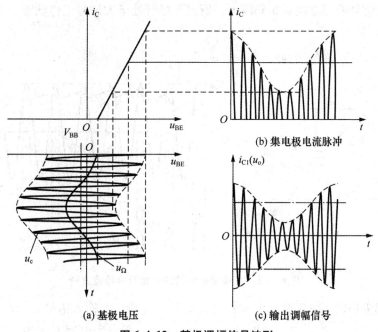

图 6.4.12　基极调幅信号波形

　　由此可知，为了减小调制失真获得有效的调幅，基极调幅电路必须总是工作于欠压。可以证明，基极调幅的平均集电极效率不高，这是它的主要缺点。它的主要优点是所需调制功率很小，对整机的小型化有利。

6.5　检波电路

　　解调与调制过程相反，从高频调幅信号中取出原调制信号的过程称为振幅解调，也称振幅检波，简称检波。振幅检波可分为两大类，即包络检波和同步检波。输出电压直接反映高频调幅包络变化规律的检波电路称为包络检波电路，它只适用于普通调幅信号的检波。同步检波电路主要用于解调双边带和单边带调幅信号。它也能用于普通调幅信号的解调，但因它比包络检波复杂，所以很少采用。

由于普通调幅信号中含有载频分量，且调幅信号的包络与调制信号成正比，因此，常可以直接利用非线性器件的频率变换作用来进行解调，称为包络检波，这种检波电路十分简单，使用广泛。对振幅检波电路的主要要求是检波效率高、失真小，并具有较高的输入电阻。下面先对常用的二极管包络检波电路进行讨论，然后介绍常用的同步检波电路。

6.5.1 二极管包络检波电路

用二极管构成包络检波器电路简单，性能优越，因而应用很广泛。

1. 工作原理

二极管包络检波电路如图 6.5.1(a)所示，它由二极管 V 和 RC 低通滤波器串联组成。一般要求输入信号的幅度在 0.5 V 以上，所以二极管处于大信号工作状态，故又称为大信号检波器。

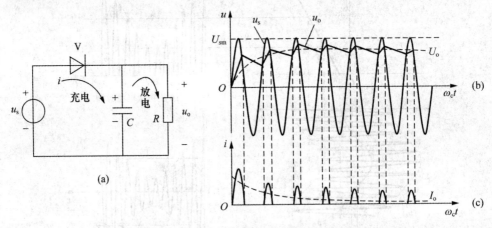

图 6.5.1　二极管包络检波电路及其检波波形

设检波器未加输入电压时，电容 C 上没有储存电荷。当输入信号 u_s 为一角频率为 ω_c 的等幅波时，在 u_s 正半周内，二极管导通，u_s 通过二极管向电容 C 充电，因二极管的正向导通电阻为 $r_D(=1/g_D)$ 且 $R \gg r_D$，所以充电时间常数为 $r_D C$；在 u_s 负半周内，二极管截止，C 通过电阻 R 放电，时间常数为 RC。由于 $R \gg r_D$，所以在每个周期内二极管导通时 C 充电很快，而截止时 C 放电很慢，u_o 将在这种不断充、放电过程中逐渐增长，如图 6.5.1(b)所示。由于负载的反作用，由图 6.5.1(a)可见，作用在二极管两端的电压为 $u_s - u_o$，只有当 $u_s > u_o$ 时二极管才导通，所以随着 u_o 的逐渐增大，二极管每个周期的导通时间逐渐减小，而截止时间逐渐增大，如图 6.5.1(b)、(c)所示。这就使电容器在每个周期内的充电电荷量逐渐减小，放电电荷量逐渐增大，当 C 的充电电荷量等于放电电荷量时，充、放电达到动态平衡。这时输出电压 u_o 便稳定地在平均值 U_o 上下按角频率 ω_c 作锯齿状的等幅波动。显然，其中的 U_o 就是检波器所需输出的检波电压，而在 U_o 上下的锯齿状波动则是因低通滤波器滤波特性非理想而附加在 U_o 上的残余高频电压。

通过以上分析可见，由于 u_o 的反作用，二极管只在 u_s 的峰值附近才导通，导通时间很短，电流导通角很小，通过二极管的电流是周期性的窄脉冲序列，如图 6.5.1(c)所示。同时，二极管导通与截止时间的长短与 RC 的大小有关，RC 增大，C 的放电速度减慢，C 积累的电荷便增多，输出电压 u_o 增大，二极管的导电时间则越短。在实际电路中，为了提高检波性能，RC 的取值足够大，满足 $RC \gg 1/\omega_c$、$R \gg r_D$ 的条件，此时可认为 $U_o = U_{sm}$。

当输入信号 u_s 的幅度增大或减小时，检波器输出电压 u_o 也将随之近似成比例地升高或降低。当输入信号为调幅信号时，检波器输出电压 u_o 就随着调幅信号的包络线而变化，从而获得调制信号，完成了检波作用，其检波波形如图 6.5.2 所示。由于输出电压 u_o 的大小与输入电压的峰值接近相等，故把这种检波器称为峰值包络检波器。

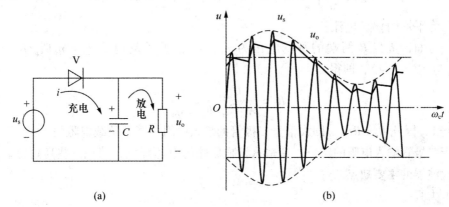

图 6.5.2　调幅信号包络检波波形

2. 包络检波电路的质量指标

下面讨论这种检波器的几个主要质量指标：电压传输系数(检波效率)、输入电阻和失真。

(1) 电压传输系数(检波效率)

电压传输系数的定义为

$$\eta_d = \frac{\text{检波器的音频输出电压}}{\text{输入调幅波包络振幅}} = \frac{U_{\Omega m}}{m_a U_{sm}} \tag{6.5.1}$$

此处，U_{sm} 为调幅波的载波振幅。用折线近似分析法可以证明

$$\eta_d = \cos \theta \approx \cos(\sqrt[3]{\frac{3\pi r_d}{R}}) \tag{6.5.2}$$

式中，θ 为电流通角，其值为

$$\theta \approx \sqrt[3]{\frac{3\pi r_d}{R}} \tag{6.5.3}$$

R 为检波器负载电阻；r_d 为检波器内阻。

因此，大信号检波的电压传输系数 η_d 是不随信号电压而变化的常数，它仅取决于二极管内阻 r_d 与负载电阻 R 的比值。它用来描述检波电路将高频调幅信号转换为低频电压的能力。当 $R \gg r_d$ 时，$\theta \to 0$，$\cos \theta \to 1$。即检波效率 η_d 接近于 1，这是包络检波的主要优点。

（2）等效输入电阻 R_i

检波器的等效输入电阻定义为

$$R_i = \frac{U_{sm}}{I_{im}} \tag{6.5.4}$$

式中，U_{sm} 为输入高频电压的振幅；I_{im} 为输入高频电流的基波振幅。

由于二极管电流 i 只在高频信号电压为正峰值的一小段时间通过，电流通角 θ 很小，因此它的基频电流振幅为

$$I_{im} = \frac{1}{\pi} \int_{-\pi}^{\pi} i\cos(\omega t)\,\mathrm{d}(\omega t) \approx \frac{1}{\pi} \int_{-\theta}^{\theta} i\,\mathrm{d}(\omega t) = 2I_0 \tag{6.5.5}$$

式中，I_0 为平均（直流）电流。

另一方面，负载 R 两端的平均电压为 $\eta_d U_{sm}$，因此平均电流 $I_0 = \eta_d U_{sm}/R$，代入式 (6.5.5) 与式 (6.5.4)，即得

$$R_i = \frac{U_{sm}}{2\eta_d U_{sm}/R} = \frac{R}{2\eta_d} \tag{6.5.6}$$

通常 $\eta_d \approx 1$，因此 $R_i \approx R/2$，即大信号二极管的输入电阻约等于负载电阻的一半。

由于二极管输入电阻的影响，使输入谐振回路的 Q 值降低，消耗一些高频功率，这是二极管检波器的主要缺点。

（3）失真

理想情况下，包络检波器的输出波形应与调幅波包络线的形状完全相同。但实际上，二者之间总会有一些差别，亦即检波器输出波形有某些失真。产生的失真主要有：① 惰性失真（inertia distortion）；② 负峰切割失真（negative peak clipping distortion）；③ 非线性失真；④ 频率失真。

① 惰性失真（对角线切割失真）

这种失真是由于负载电阻 R 与负载电容 C 的时间常数 RC 太大所引起的。这时电容 C 上的电荷不能很快地随调幅波包络变化。参阅图 6.5.3，在调幅波包络下降时，由于 RC 时间常数太大，在图中 $t_1 \sim t_2$ 时间内，输入信号电压 u_s 总是低于电容 C 上的电压 u_o，二极管始终处于截止状态，输出电压不受输入信号电压控制，而是取决于 RC 的放电，只有当输入信号电压的振幅重新超过输出电压时，二极管才重新导电。这个非线性失真是由于 C 的惰性太大引起的，所以称为惰性失真。为了防止惰性失真，只要适当选择 RC 的取值，使 C 的放电加快，能跟上高频信号电压包络的变化就行了。

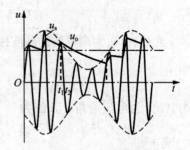

图 6.5.3　惰性失真

下面我们来确定不产生惰性失真的条件。

若输入高频调幅波振幅按下式变化：

$$U'_{sm} = U_{sm}[1 + m_a\cos(\Omega t)]$$

则其变化速度为

$$\frac{\mathrm{d}U'_{\mathrm{sm}}}{\mathrm{d}t} = -m_{\mathrm{a}}\Omega U_{\mathrm{sm}}\sin(\Omega t) \tag{6.5.7}$$

电容器 C 通过电阻 R 放电，放电时通过 C 的电流 i_{c} 应等于通过 R 的电流 i_{R}。而

$$i_{\mathrm{o}} = \frac{\mathrm{d}Q}{\mathrm{d}t} = C\frac{\mathrm{d}u_{\mathrm{o}}}{\mathrm{d}t}; \quad i_{\mathrm{R}} = \frac{u_{\mathrm{o}}}{R}$$

所以

$$C\frac{\mathrm{d}u_{\mathrm{o}}}{\mathrm{d}t} = \frac{u_{\mathrm{o}}}{R}$$

$$\frac{\mathrm{d}u_{\mathrm{o}}}{\mathrm{d}t} = \frac{u_{\mathrm{o}}}{RC} \tag{6.5.8}$$

对大信号检波而言，$\eta_{\mathrm{d}} \approx 1$，所以，在二极管停止导电的瞬间（图 6.5.3 中 t_1），$u_{\mathrm{o}} \approx U'_{\mathrm{smo}}$，所以

$$\frac{\mathrm{d}u_{\mathrm{o}}}{\mathrm{d}t} = \frac{U_{\mathrm{sm}}}{RC}\big[1 + m_{\mathrm{a}}\cos(\Omega t)\big] \tag{6.5.9}$$

令

$$A = \frac{\mathrm{d}U'_{\mathrm{sm}}}{\mathrm{d}t} \Big/ \frac{\mathrm{d}u_{\mathrm{o}}}{\mathrm{d}t}$$

将式(6.5.7)和式(6.5.9)代入，得

$$A = RC\Omega \left| \frac{m_{\mathrm{a}}\sin(\Omega t)}{1 + m_{\mathrm{a}}\cos(\Omega t)} \right| \tag{6.5.10}$$

显然，要不产生失真，必须使 $A < 1 \left(\dfrac{\mathrm{d}u_{\mathrm{o}}}{\mathrm{d}t} > \dfrac{\mathrm{d}U'_{\mathrm{sm}}}{\mathrm{d}t} \right)$，即 u_{o} 变化的速度应比高频电压包络变化的速度快。

由式(6.5.10)可见，A 值是 t 的函数。在 t 为某一数值时，A 值最大，等于 $A_{\max}$，只要 $A_{\max} < 1$，则不管 t 为何值，惰性失真都不会发生。

将 A 值对 t 求导数，并令 $\dfrac{\mathrm{d}A}{\mathrm{d}t} = 0$，可以求得

$$A_{\max} = RC\Omega\frac{m_{\mathrm{a}}}{\sqrt{1 - m_{\mathrm{a}}^2}} \tag{6.5.11}$$

式中，Ω 是低频角频率，它包含一个频带范围。当 $\Omega = \Omega_{\max}$ 时，$A_{\max}$ 最大。为了保证在 $\Omega = \Omega_{\max}$ 时也不产生失真，必须满足

$$RC\Omega_{\max}\frac{m_{\mathrm{a}}}{\sqrt{1 - m_{\mathrm{a}}^2}} < 1 \tag{6.5.12}$$

或写成

$$RC\Omega_{\max} < \frac{\sqrt{1 - m_{\mathrm{a}}^2}}{m_{\mathrm{a}}} \tag{6.5.13}$$

式(6.5.12)和(6.5.13)就是不产生惰性失真的条件。式中 m_{a} 是调制系数；$\Omega_{\max}$ 是被检信号的最高调制角频率。

由式(6.5.12)和(6.5.13)可见，m_{a} 愈大，则 RC 时间常数应选择得愈小。这是由于 m_{a} 愈大，高频信号的包络变化愈快，所以 RC 时间常数需要小些，以缩短放电时间，才能跟得上包络的变化。同样，当最高调制角频率 $\Omega_{\max}$ 加大时，高频信号包络的变化也加快，

所以 RC 时间常数也应相应缩短。

当 $m_a = 0.8$ 时，由式(6.5.12)和(6.5.13)得

$$\Omega_{max} RC \leqslant 0.75$$

通常，对应最高调制角频率的调制系数很少达到 0.8，因此在工程上可按下式计算：

$$\Omega_{max} RC \leqslant 1.5 \tag{6.5.14}$$

【例6.5.1】 二极管检波电路如图6.5.2(a)所示，图中 $R = 5 \text{ k}\Omega$，二极管导通电阻 $r_D = 80 \ \Omega$。输入信号 $u_s(t) = 2 \times [1 + 0.6\cos(2\pi \times 10^3 t)]\cos(2\pi \times 10^6 t) \text{ V}$。求：

(1) 电压传输系数 η_d；

(2) 输出电压 u_o 的表达式；

(3) 保证波形不产生惰性失真的电容 C 的最大取值。

解：(1) 电压传输系数 $\eta_d = \cos\left(\sqrt[3]{\dfrac{3\pi r_D}{R}}\right) = \cos\left(\sqrt[3]{\dfrac{3\pi \times 80}{5\ 000}}\right) = 0.86$

(2) 根据 $u_s(t)$ 的表达式，可知该信号是一个标准调幅信号。其载波振幅 U_{sm} 为 2 V，调幅度 m_a 为 0.6，载波频率 f_c 为 1 MHz，调制信号频率 F 为 1 kHz。

又因为已调波包络振幅为

$$m_a U_{sm} = 0.6 \times 2 = 1.2 \text{ V}$$

根据电压传输系数 η_d 的定义，可知包络检波后的振幅为

$$U_{om} = \eta_d m_a U_{sm} = 0.86 \times 1.2 \approx 1 \text{ V}$$

包络检波后的信号表达式为

$$u_o(t) = U_{om}\cos(2\pi F t) = \cos(2\pi \times 10^3 t) \text{ V}$$

(3) 因为不产生惰性失真的条件是 $RC\Omega_{max} \leqslant \dfrac{\sqrt{1 - m_a^2}}{m_a}$

所以 $C \leqslant \dfrac{\sqrt{1 - m_a^2}}{m_a} \dfrac{1}{R\Omega_{max}} = \dfrac{\sqrt{1 - 0.6^2}}{0.6} \times \dfrac{1}{5\ 000 \times 2\pi \times 10^3} = 0.042 \ \mu\text{F}$

② 负峰切割失真(底边切割失真)

这种失真是由于检波器的直流负载电阻 R 与交流(音频)负载电阻不相等，而且调幅度 m_a 又相当大时引起的。

参阅图6.5.4，检波器电路通过耦合电容 C_c 与输入电阻为 R_L 的低频放大器相连接。C_c 的容量较大，对音频来说，可以认为是短路。因此交流负载电阻 R_L' 等于直流负载电阻 R 与 R_L 的并联值，即

$$R_L' = \frac{R \cdot R_L}{R + R_L} < R$$

由于交、直流负载电阻不同，有可能产生失真。这种失真通常使检波器音频输出电压的负峰被切割，因此称为负峰切割失真。

下面就来分析产生这种失真的原因和确定不产生这种失真的条件。

造成交、直流负载电阻不同的原因是隔直流电容 C_c 的存在。在稳定状态下，C_c 上有一个直流电压 U_o，其大小近似等于输入高频电压的振幅 U_{sm}，即 $U_o \approx U_{sm}$。由于 C_c 容量较

大(几微法)，在音频一周内，其上电压 U_o 基本不变，所以可把它看作一个直流电源。它在电阻 R 和 R_L 上产生分压，如图 6.5.4 所示。电阻 R 上所分的电压为

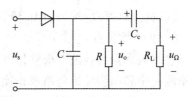

(a)考虑了耦合电容C_c和负载电阻R_L的检波器电路

$$U_R = U_o \frac{R}{R+R_L} \approx U_{sm} \frac{R}{R+R_L} \quad (6.5.15)$$

此电压对二极管而言是负的。

当输入调幅波的调制系数 m_a 较小时，这个电压的存在不致影响二极管的工作。当调制系数 m_a 较大时，输入调幅波低频包络的负半周可能低于 U_R，在这期间二极管将截止。直至输入调幅波包络负半周变到大于 U_R 时，二极管才能恢复正常工作。因此，产生了如图 6.5.4 所示的波形失真。它将输出低频电压负峰切割。

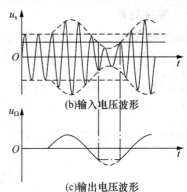

(b)输入电压波形

(c)输出电压波形

图 6.5.4 负峰切割失真

显然，R_L 愈小，则 U_R 分压值愈大，这种失真愈易产生；另外，m_a 愈大，则 $m_a U_{sm}$（调幅波振幅）愈大，这种失真也愈易产生。

由图 6.5.4 可见，要防止这种失真，必须满足

$$(U_{sm} - m_a U_{sm}) > U_R \quad 即 \quad (U_{sm} - m_a U_{sm}) > U_{sm}\frac{R}{R+R_L}$$

所以

$$1 - m_a > \frac{R}{R+R_L}$$

或

$$m_a < \frac{R_L}{R+R_L} = \frac{R'_L}{R} \quad (6.5.16)$$

式(6.5.16)就是不产生负峰切割失真的条件。因此，应该对 R'_L 和 R 的差别提出要求。当 $m_a = 0.8 \sim 0.9$ 时，R'_L 和 R 的差别不应超过 $10\% \sim 20\%$。R 愈大，这个条件愈难满足。因此直流负载电阻 R 的选择还受负峰切割失真的限制。通常 R 取 $5 \sim 10$ kΩ。

【例 6.5.2】 图 6.5.4(a) 中，已知 $C = 0.01$ μF，$R = 4.7$ kΩ，$C_c = 4.7$ μF，$R_L = 2.6$ kΩ，$F_{max} = 5$ kHz，求使电路不产生失真的已调波调制系数 m_a。

解：若不产生惰性失真，要求

$$RC\Omega_{max} \leqslant \frac{\sqrt{1 - m_a^2}}{m_a}$$

可得

$$m_a \leqslant \frac{1}{\sqrt{1 + (RC2\pi F_{max})^2}} \approx 0.56$$

而若不产生负峰切割失真，则要求

$$m_a < \frac{R_L}{R+R_L} = \frac{R'_L}{R} \approx 0.36$$

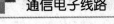

综上，已调波应取 $m_a < 0.36$。

③ 非线性失真

这种失真是由检波二极管伏安特性曲线的非线性所引起的。这时检波器的输出音频电压不能完全和调幅波的包络成正比。但如果负载电阻 R 选得足够大，则检波管非线性特性影响越小，它所引起的非线性失真即可以忽略。

④ 频率失真

这种失真是由于图 6.5.4 中的耦合电容 C_c 和滤波电容 C 所引起的。C_c 的存在主要影响检波的下限频率 Ω_{min}。为使频率为 Ω_{min} 时，C_c 上的电压降不大，不产生频率失真，必须满足下列条件：

$$\frac{1}{\Omega_{min} C_c} \ll R_L \quad 或 \quad C_c \gg \frac{1}{\Omega_{min} R_L} \tag{6.5.17}$$

电容 C 的容抗应在上限频率 Ω_{max} 时，不产生旁路作用，即它应满足下列条件：

$$\frac{1}{\Omega_{max} C} \gg R \quad 或 \quad C \ll \frac{1}{\Omega_{max} R} \tag{6.5.18}$$

在通常的音频范围内，式(6.5.17)与(6.5.18)是容易满足的。一般 C_c 约为几微法，C 约为 $0.01~\mu F$。

综上，二极管包络检波电路主要优点包括：电路简单，成本低，稳定性高；其缺点是：只适用于大信号(振幅最好大于 $0.5~V$)，并且只能解调标准调幅信号(对于 DSB 信号，其包络已经不是原始信息了，所以不能用包络检波法解调)。

6.5.2 同步检波电路

从频谱关系上看，检波电路的输入信号是高频载波和边频分量，而输出是低频调制信号，就是说检波电路在频域上的作用是将振幅调制信号频谱不失真地搬回到原来的位置，故振幅检波电路也是一种频谱搬移电路，也可用相乘器实现这一功能，如图 6.5.5(a)所示。图中，低通滤波器用以滤除不需要的高频分量。

图 6.5.5(a)中 u_r 为一等幅余弦电压信号，要求其与被解调的调幅信号的载频同频同相，故把它称为同步信号，同时把这种检波电路称为同步检波电路。设输入的调幅信号 u_s 为一单边带调幅信号，载频为 ω_c，其频谱如图 6.5.5(b)所示。u_s 与 u_r 经相乘器后，u_s 的频谱被搬移到 ω_c 的两边，一边搬到 $2\omega_c$ 上，构成载波角频率为 $2\omega_c$ 的单边带调幅信号，它是无用的寄生分量，另一边搬到零频率上，如图 6.5.5(b)所示。而后用低通滤波器滤除无用的寄生分量，即可取出所需的解调电压。可见，输出解调信号频谱相对于输入信号频谱在频率轴上搬移了一个载频值。

必须指出，同步信号 u_r 必须与输入调幅信号的载波保持严格的同频、同相，否则解调性能会下降。所以，在实际电路中还应采用必要的措施来获得同频同相的同步信号。

【例 6.5.3】 同步检波电路模型如图 6.5.5(a)所示，当输入信号 u_s 为双边带调幅信号时，已知 $u_s = U_{sm} \cos(\Omega t) \cos(\omega_c t)$，低通滤波器具有理想特性，试写出输出电压 u_o 和 u_o' 的表达式。

解：相乘器输出电压为

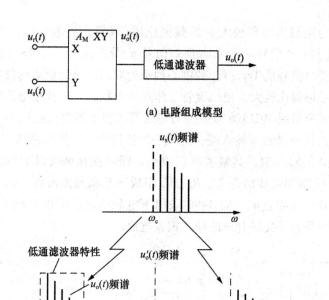

(a) 电路组成模型

(b) 频谱搬移过程

图 6.5.5 同步检波电路的基本工作原理

$$u_o'(t) = A_M u_s(t) u_r(t)$$
$$= A_M U_{sm} U_{rm} \cos(\Omega t) \cos^2(\omega_c t)$$
$$= A_M U_{sm} U_{rm} \cos(\Omega t) \frac{1 + \cos(2\omega_c t)}{2}$$
$$= \frac{1}{2} A_M U_{sm} U_{rm} \cos(\Omega t) + \frac{1}{2} A_M U_{sm} U_{rm} \cos(\Omega t) \cos(2\omega_c t)$$

上式右边第一项是所需的解调输出电压，而第二项为高频分量，可被低通滤波器滤除，所以低通滤波器输出电压为

$$u_o(t) = \frac{1}{2} A_M U_{sm} U_{rm} \cos(\Omega t) = U_{\Omega m} \cos(\Omega t)$$

可见，图 6.5.5(a) 所示同步检波电路同样可对双边带调幅信号进行解调。

综上所述，同步检波电路与包络检波电路不同，检波时需要同时加入与载波信号同频同相的同步信号。同步检波有两种实现电路，一种为乘积型同步检波电路，另一种为叠加型同步检波电路。

1. 乘积型同步检波电路

利用相乘器构成的同步检波电路称为乘积型同步检波电路。采用之前讲过的环形或桥形调制器电路，都可做成同步检波电路，只是将调制电路中的基带信号输入改为双边带或单边带信号输入，即构成了乘积型同步检波电路。也可以采用模拟乘法器作为乘积检波器，同样是将基带信号输入改为双边带或单边带信号输入即可。

在通信及电子设备中广泛采用二极管环形相乘器和双差分对集成模拟相乘器构成同步检波电路。二极管环形相乘器既可用作调幅，也可用作解调，但两者信号的接法刚好相反。同样，为了避免制作体积较大的低频变压器（或考虑到混频组件变压器低频特性较差），常把输入高频同步信号 u_r 和高频调幅信号 u_s 分别从变压器 Tr_1 和 Tr_2 接入，将含有低频分量的相乘输出信号从 Tr_1、Tr_2 的中心抽头处取出，再经低通滤波器即可检出原调制信号。若同步信号振幅比较大，使二极管工作在开关状态，可减小检波失真。

图 6.5.6 所示为采用 MC1496 双差分对集成模拟相乘器组成的同步检波电路。图中 u_r 为同步信号，加到相乘器的 X 输入端，其值一般比较大，以使相乘器工作在开关状态。u_s 为调幅信号，加到 Y 输入端，其幅度可以很小，即使在几毫伏以下也能获得不失真的解调。解调信号由 12 端单端输出，C_5、R_6、C_6 组成 π 形低通滤波器，C_7 为输出耦合隔直电容，用以耦合低频、隔除直流。MC1496 采用单电源供电，所以 5 端通过 R_5 接到正电源端，以便为器件内部管子提供合适的静态偏置电流。

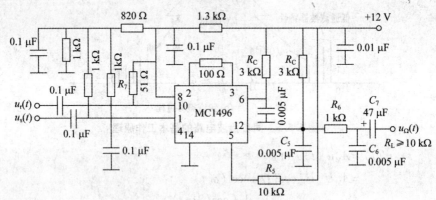

图 6.5.6 MC1496 乘积型同步检波电路

2. 叠加型同步检波电路

叠加型同步检波电路是将需解调的调幅信号与同步信号先进行叠加，然后用二极管包络检波电路进行解调，其电路如图 6.5.7 所示。

设输入调幅信号 $u_s = U_{sm}\cos(\Omega t)\cos(\omega_c t)$，同步信号 $u_r = U_{rm}\cos(\omega_c t)$，则它们相叠加后的信号为

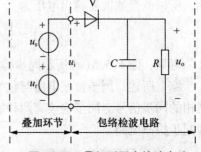

$$
\begin{aligned}
u_i &= u_s + u_r \\
&= U_{rm}\cos(\omega_c t) + U_{sm}\cos(\Omega t)\cos(\omega_c t) \\
&= U_{rm}\Big[1 + \frac{U_{sm}}{U_{rm}}\cos(\Omega t)\Big]\cos(\omega_c t) \quad\quad (6.5.19)
\end{aligned}
$$

式(6.5.19)说明，当 $U_{rm} > U_{sm}$ 时，$m_a = \dfrac{U_{sm}}{U_{rm}} < 1$，

图 6.5.7 叠加型同步检波电路

合成信号为不失真的普通调幅信号，因而通过包络检波电路便可解调图 6.5.7 叠加型同步检波电路所需的调制信号。令包络检波电路的检波效率为 η_d，则检波输出电压为

$$
\begin{aligned}
u_o &= \eta_d U_{rm}\Big[1 + \frac{U_{sm}}{U_{rm}}\cos(\Omega t)\Big] \\
&= \eta_d U_{rm} + \eta_d U_{sm}\cos(\Omega t) \\
&= U_o + u_\Omega \quad\quad (6.5.20)
\end{aligned}
$$

式中，$U_o = \eta_d U_{rm}$ 为检波输出的直流分量；$u_\Omega = \eta_d U_{sm}\cos(\Omega t)$ 为检波输出的低频信号。

如果输入为 SSB 信号，以单音频调制信号为例，即 $u_s = U_{sm}\cos[(\omega_c + \Omega)t]$，则叠加后的信号为

$$
\begin{aligned}
u_i &= u_s + u_r \\
&= U_{rm}\cos(\omega_c t) + U_{sm}\cos[(\omega_c + \Omega)t] \\
&= U_{rm}\cos(\omega_c t) + U_{sm}\cos(\omega_c t)\cos(\Omega t) - U_{sm}\sin(\omega_c t)\sin(\Omega t) \\
&= U_{rm}\Big[1 + \frac{U_{sm}}{U_{rm}}\cos(\Omega t)\Big]\cos(\omega_c t) - U_{sm}\sin(\Omega t)\sin(\omega_c t) \\
&= U_m\cos(\omega_c t + \varphi)
\end{aligned}
\tag{6.5.21}
$$

式中

$$
U_m = \sqrt{[U_{rm} + U_{sm}\cos(\Omega t)]^2 + [U_{sm}\sin(\Omega t)]^2}
\tag{6.5.22}
$$

$$
\varphi \approx -\arctan\Big[\frac{U_{sm}\sin(\Omega t)}{U_{rm} + U_{sm}\cos(\Omega t)}\Big]
\tag{6.5.23}
$$

当 $U_{rm} \gg U_{sm}$ 时，式(6.5.22)、(6.5.23)可近似为

$$
U_m \approx U_{rm}\sqrt{1 + \frac{2U_{sm}}{U_{rm}}\cos(\Omega t)} \approx U_{rm}\Big[1 + \frac{U_{sm}}{U_{rm}}\cos(\Omega t)\Big]
\tag{6.5.24}
$$

$$
\varphi \approx 0
\tag{6.5.25}
$$

可见，两个不同频率的高频信号电压叠加后的合成电压是振幅及相位都随时间变化的调幅调相信号，当两者幅度相差较大时，近似为 AM 信号。合成电压振幅按两者频差规律变化的现象称为差拍现象。将叠加后的合成电压送至包络检波器，则可解出所需的调制信号，有时把这种检波称为差拍检波。

为了进一步减少谐波频率分量，可采用图 6.5.8 所示的平衡同步检波电路。可以证明，它的输出解调电压中频率为 2Ω 及其以上各偶次谐波的失真分量被抵消了。

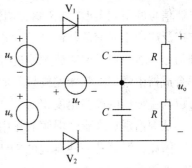

图 6.5.8　平衡同步检波电路

3. 同步载波信号的获得

最后必须指出，不管是乘积型还是叠加型同步检波，都要求同步信号与发送端载波信号严格保持同频同相，否则就会引起解调失真。当相位相同而频率不等时，将产生明显的解调失真。当频率相等而相位不同时，则检波输出将产生相位失真。因此，如何产生一个与载波信号同频同相的同步信号是极为重要的。

对于双边带调幅信号，同步信号可直接从输入的双边带调幅信号中提取，即将双边带调幅信号 $u_s = U_{sm}\cos(\Omega t)\cos(\omega_c t)$ 取平方，得

$$
\begin{aligned}
u_s^2 &= U_{sm}^2\cos^2(\Omega t)\cos^2(\omega_c t) \\
&= U_{sm}^2 \frac{1 + \cos(2\Omega t)}{2} \cdot \frac{1 + \cos(2\omega_c t)}{2}
\end{aligned}
$$

$$= \frac{U_{sm}^2}{4} \left[\cos(2\omega_c t) + \cdots \right] \qquad (6.5.26)$$

再从中取出角频率为 $2\omega_c$ 的分量，经二分频器将它变换成角频率为 ω_c 的同步信号。对于单边带调幅信号，同步信号无法从中提取出来。为了产生同步信号，往往在发送端发送单边带调幅信号的同时，附带发送一个功率远低于边带信号功率的载波信号，称为导频信号，接收端收到导频信号后，经放大就可以作为同步信号。也可用导频信号去控制接收端载波振荡器，使之输出的同步信号与发送端载波信号同步。如发送端不发送导频信号，那么，发送端和接收端均应采用频率稳定度很高的石英晶体振荡器或频率合成器，以使两者频率相同且稳定不变。显然在这种情况下，要使两者严格同步是不可能的，但只要接收端同步信号与发送端载波信号的频率之差在容许范围之内还是可用的。

6.6 混频电路

6.6.1 混频电路的工作原理

1. 混频电路的功能

混频电路又称变频电路，其作用是将已调信号的载频变换成另一载频，变换后新载频已调信号的调制类型（如调幅、调频等）和调制参数（如调制频率、调制系数等）均不改变。它广泛应用于通信及其他电子设备中，在超外差接收机中将高频载波信号变成固定中频载频信号，然后通过中频放大器进行放大，使整个接收机的灵敏度和选择性大大提高。在频率合成器中常用混频器完成频率加减运算，从而得到各种不同的频率，这些频率的稳定度可以与主振器的高稳定度相同。

从频谱观点来看，混频的作用就是将已调波的频谱不失真地从 f_c 搬移到中频 f_I 的位置上。因此，混频是一种典型的频谱搬移电路，可以用相乘器和带通滤波器来实现这种搬移，如图 6.6.1(a) 所示。

设输入调幅信号为一普通调幅信号，其频谱如图 6.6.1(b) 所示，本振信号 $u_L(t)$ 与 $u_s(t)$ 经相乘器后，输出电压 $u_o(t)$ 的频谱如图 6.6.1(c) 所示。图中 $\omega_L > \omega_c$，可见 $u_s(t)$ 的频谱被不失真地搬移到本振角频率 ω_L 的两边，一边搬到 $\omega_L + \omega_c$ 上，构成载波角频率为 $\omega_L + \omega_c$ 的调幅信号，另一边搬到 $\omega_L - \omega_c$ 上，构成载波角频率为 $\omega_L - \omega_c$ 的调幅信号。若带通滤波器调谐在 $\omega_I = \omega_L - \omega_c$ 上，则前者为无用的寄生分量，而后者经带通滤波器取出后输出，便可得到中频调制信号。

原则上，凡是具有相乘功能的器件都可用来构成混频电路。目前高质量的通信设备中广泛采用二极管环形混频器和双差分对模拟相乘器，而在早期通信设备中几乎都采用单管三极管混频电路。近年来随着半导体器件制造工艺的发展，使性能优越的超高频三极管大批出品，从而使电路简单、变频增益高的三极管混频器又重新出现在现代通信机电路中。

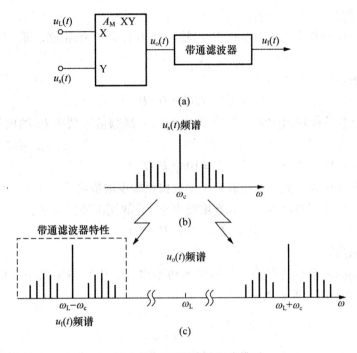

图 6.6.1 混频电路组成模型

2. 混频器的组成

混频器与其他频率变换电路一样，为了完成频率变换，必须有非线性器件。常用的非线性器件有晶体管、二极管、场效应管、差分对管和模拟乘法器等。当两个不同频率的信号通过一个非线性器件之后，输出信号频率将会包含很多频率分量，一般可以表示为 $f = pf_s + qf_L$（p、q 为整数），在如此多的频率分量中要得到所需的频率分量，就必须采用选频网络，选出所需的频率分量 f_I。因此，一般混频器应由三部分组成，即由输入回路、非线性器件和带通滤波器组成。而变频器通常是由混频器和本机振荡器两部分组成的，本机振荡器用来提供本振信号频率 f_L，如图 6.6.2 所示。

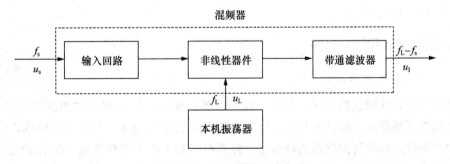

图 6.6.2 变频器的组成电路

3. 主要技术指标

混频电路的性能指标主要有：混频增益、噪声系数、失真与干扰、选择性等。

（1）混频增益

混频电压增益是指输出中频电压 U_I 与输入高频电压 U_S 的比值，即

$$A_C = U_I/U_S \tag{6.6.1}$$

用分贝数表示

$$A_C = 20\lg(U_I/U_S) \tag{6.6.2}$$

混频功率增益是指输出中频信号功率 P_I 与输入高频信号功率 P_S 的比值，用分贝数表示，即

$$G_c = 10\lg(P_I/P_S) \tag{6.6.3}$$

一般要求混频增益大些，这样有利于接收机灵敏度的提高。

对于二极管环形混频电路，因混频增益小于 1，故用混频损耗来表示，它定义为

$$L_c = 10\lg(P_S/P_I) \tag{6.6.4}$$

（2）噪声系数

混频电路的噪声系数是指输入信号噪声功率比 $(P_S/P_n)_i$ 对输出中频信号噪声功率比 $(P_S/P_n)_o$ 的比值，用分贝数表示，即

$$N_F = 10\lg\frac{(P_S/P_n)_i}{(P_S/P_n)_o} \tag{6.6.5}$$

由于混频器处于接收机的前端，它的噪声电平高低对整机有较大的影响，为了提高接收机的灵敏度，要求混频器的噪声系数越小越好。

（3）混频电路的失真

混频电路的失真是指输出中频信号的频谱结构相对于输入高频信号的频谱结构产生的变化，希望这种变化越小越好。

由于混频依靠非线性特性来完成，因此在混频过程中会产生各种非线性干扰，如组合频率、交叉调制、互相调制等干扰。这些干扰将会严重地影响通信质量，因此要求混频电路对此应能有效地抑制。

（4）混频电路的选择性

混频电路的选择性是指中频输出带通滤波器的选择性，要求它有较理想的幅频特性，即矩形系数尽量接近于 1。

6.6.2 常用混频电路

1. 晶体三极管混频电路

在以分立元件构成的广播、电视、通信设备的接收机中，都是采用晶体管混频电路。在一些集成电路接收系统的芯片中，也有采用晶体管做混频器，例如 TA7641BP 单片收音机中的混频器。晶体管混频器的特点是电路简单，有一定的变频增益，要求本振电压的幅值较小，约在 50～200 mV 之间。

（1）晶体管混频器的工作原理

晶体管混频器的原理性电路如图 6.6.3 所示，在发射结上作用有三个电压，即直流偏置电压 V_{BB}、信号电压 u_s 和本振电压 u_L。为了减小非线性器件产生的不需要分量，一般情

况下选用本振电压振幅 $U_{\mathrm{Lm}} \gg U_{\mathrm{sm}}$，也就是本振电压
为大信号，而输入信号电压为小信号。在一个大信号
u_{L} 和一个小信号 u_{s} 同时作用于非线性器件时，晶体
管可近似看成小信号的工作点随大信号变化而变化的
线性元件，如图 6.6.3 所示。t_1 时刻，在偏压 V_{BB} 和
本振电压 u_{L} 的共同作用下，它的工作点在 A 点，此
时 u_{s} 较小。因此，对 u_{s} 而言，晶体管可以被近似看
成工作于线性状态。在另一时刻 t_2，对于 u_{s} 而言，
由于偏压和本振电压的作用，工作点移到 B 点，这

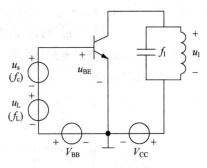

图 6.6.3　晶体管混频器原理电路

时对 u_{s} 仍可看成工作于线性状态。虽然两个时刻均工作于线性状态，但工作点不同，这
两个时刻的线性参数就不一样。因为 u_{s} 的工作点随 u_{L} 的变化而变化，所以线性参量也就
随着 u_{L} 变化而变化，可见线性参量是随时间变化的，这种随时间变化的参量称为时变参
量。这样的电路称为线性时变电路。应当注意，虽然这种线性时变电路是由非线性器件组
成的，但对于小信号 u_{s} 来说，它工作于线性状态，因此，当有多个小信号同时作用于此
种电路的输入端时，可以应用叠加原理。

　　下面用时变参量方法分析晶体管混频器，由图 6.6.3 知

$$
\begin{aligned}
u_{\mathrm{BE}} &= V_{\mathrm{BB}} + u_{\mathrm{s}}(t) + u_{\mathrm{L}}(t) \\
&= V_{\mathrm{BB}} + U_{\mathrm{sm}}\cos(\omega_{\mathrm{s}} t) + U_{\mathrm{Lm}}\cos(\omega_{\mathrm{L}} t)
\end{aligned} \tag{6.6.6}
$$

晶体管的正向传输特性为

$$
i_{\mathrm{c}} = f(u_{\mathrm{BE}},\ u_{\mathrm{CE}}) \tag{6.6.7}
$$

　　因为 u_{CE} 对 i_{c} 的影响远小于 u_{BE} 对 i_{c} 的影响，为了简化起见，可忽略 u_{CE} 对 i_{c} 的影响，
于是

$$
i_{\mathrm{c}} \approx f(u_{\mathrm{BE}}) \tag{6.6.8}
$$

　　因为 u_{s} 的值很小，在 u_{s} 的变化范围内正向传输特性是线性的，所以，可以将函数
$i_{\mathrm{c}} = f(u_{\mathrm{BE}})$ 在时变偏压 $V_{\mathrm{BB}} + u_{\mathrm{L}}(t)$ 上对 $u_{\mathrm{s}}(t)$ 展成泰勒级数，则

$$
i_{\mathrm{c}} = f[V_{\mathrm{BB}} + u_{\mathrm{L}}(t)] + f'[V_{\mathrm{BB}} + u_{\mathrm{L}}(t)] u_{\mathrm{s}}(t) + \frac{1}{2} f''[V_{\mathrm{BB}} + u_{\mathrm{L}}(t)] u_{\mathrm{s}}^2(t) + \cdots
$$

$$
\tag{6.6.9}
$$

　　对于小信号的 u_{s}，其高阶导数就更小，所以可忽略第三项及以后的各项，可取

$$
i_{\mathrm{c}} = f[V_{\mathrm{BB}} + u_{\mathrm{L}}(t)] + f'[V_{\mathrm{BB}} + u_{\mathrm{L}}(t)] u_{\mathrm{s}}(t) \tag{6.6.10}
$$

式中，$f[V_{\mathrm{BB}} + u_{\mathrm{L}}(t)]$ 为 $u_{\mathrm{BE}} = V_{\mathrm{BB}} + u_{\mathrm{L}}(t)$ 时的集电极电流；$f'[V_{\mathrm{BB}} + u_{\mathrm{L}}(t)] = \dfrac{\partial i_{\mathrm{c}}}{\partial u_{\mathrm{BE}}} = g$ 为
$u_{\mathrm{BE}} = V_{\mathrm{BB}} + u_{\mathrm{L}}(t)$ 时晶体管的跨导。

　　因为本振电压为大信号，且工作于非线性状态，因而集电极电流 $f[V_{\mathrm{BB}} + u_{\mathrm{L}}(t)]$ 和跨
导 g 均随 $u_{\mathrm{L}}(t)$ 的变化呈非线性变化。在本振电压 $u_{\mathrm{L}}(t) = U_{\mathrm{Lm}}\cos(\omega_{\mathrm{L}} t)$ 的条件下，它们可
用下列级数表示：

$$
f[V_{\mathrm{BB}} + u_{\mathrm{L}}(t)] = I_{\mathrm{C0}} + I_{\mathrm{C1m}}\cos(\omega_{\mathrm{L}} t) + I_{\mathrm{C2m}}\cos(2\omega_{\mathrm{L}} t) + \cdots \tag{6.6.11}
$$

169

$$f'[V_{BB} + u_L(t)] = g(t) = g_0 + g_1\cos(\omega_L t) + g_2\cos(2\omega_L t) + \cdots \tag{6.6.12}$$

式中，I_{C0}、I_{C1m}、I_{C2m}、g_0、g_1、g_2 分别为只加本振电压时，集电极电流中的直流、基波和二次谐波分量的幅值以及跨导的平均分量、基波和二次谐波分量的幅值。

将输入信号电压 $u_s = U_{sm}\cos(\omega_s t)$ 代入式(6.6.10)，可得

$$\begin{aligned}
i_C &= f[V_{BB} + u_L(t)] + f'[V_{BB} + u_L(t)]u_s(t) \\
&= [I_{C0} + I_{C1m}\cos(\omega_L t) + I_{C2m}\cos(2\omega_L t) + \cdots] + \\
&\quad [g_0 + g_1\cos(\omega_L t) + g_2\cos(2\omega_L t) + \cdots]U_{sm}\cos(\omega_s t) \\
&= [I_{C0} + I_{C1m}\cos(\omega_L t) + I_{C2m}\cos(2\omega_L t) + \cdots] + \\
&\quad U_{sm}\{g_0\cos(\omega_s t) + \frac{g_1}{2}\cos[(\omega_L - \omega_s)t] + \frac{g_1}{2}\cos[(\omega_L + \omega_s)t] + \\
&\quad \frac{g_2}{2}\cos[(2\omega_L - \omega_s)t] + \frac{g_2}{2}\cos[(2\omega_L + \omega_s)t] + \cdots\}
\end{aligned} \tag{6.6.13}$$

若中频频率取差频 $\omega_I = \omega_L - \omega_s$，则混频后通过带通滤波器输出的中频电流为

$$i_I = U_{sm}\frac{g_1}{2}\cos[(\omega_L - \omega_s)t] \tag{6.6.14}$$

其振幅为

$$I_{Im} = U_{sm}\frac{g_1}{2}$$

上式表明，输出的中频电流振幅 I_{Im} 与输入高频信号电压的振幅 U_{sm} 成正比。若高频信号电压振幅 U_{sm} 按一定规律变化，则中频电流振幅 I_{Im} 也按相同规律变化。也就是说，经混频后，只改变了信号的载波频率，包络形状没有改变。因此，当输入高频信号是调幅波时，其振幅为 $U_{sm}[1 + m_a\cos(\Omega t)]$，则混频器所输出的中频电流也是调幅波

$$i_I = U_{sm}\frac{g_1}{2}[1 + m_a\cos(\Omega t)]\cos(\omega_I t)$$

为了说明混频器把输入信号电压转换为中频电流的能力，通常引入变频跨导 g_c。变频跨导定义为输出中频电流振幅 I_{Im} 与输入高频信号电压振幅 U_{sm} 之比，可得

$$g_c = \frac{I_{Im}(\text{输出中频电流振幅})}{U_{sm}(\text{输入高频电压振幅})} = \frac{\frac{g_1}{2}U_{sm}}{U_{sm}} = \frac{g_1}{2} \tag{6.6.15}$$

这说明混频器变频跨导 g_c 等于时变跨导 $g(t)$ 的傅立叶展开式中基波振幅 g_1 的一半。

在数值上，变频跨导是时变跨导 $g(t)$ 的基波分量的一半，可以通过求 $g(t)$ 的基波分量 g_1 来求得变频跨导。

$$g_1 = \frac{1}{\pi}\int_{-\pi}^{\pi} g(t)\cos(\omega_L t)d(\omega_L t)$$

$$g_c = \frac{g_1}{2} = \frac{1}{2\pi}\int_{-\pi}^{\pi} g(t)\cos(\omega_L t)d(\omega_L t) \tag{6.6.16}$$

在实际工作中，经常采用如下经验公式近似计算：

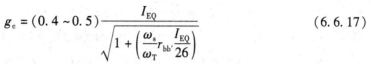

$$g_c = (0.4 \sim 0.5) \frac{I_{EQ}}{\sqrt{1 + \left(\dfrac{\omega_s}{\omega_T} r_{bb'} \dfrac{I_{EQ}}{26}\right)}} \qquad (6.6.17)$$

式中，I_{EQ} 为直流静态工作点的发射极电流，mA。

（2）晶体管混频器的等效电路

对于晶体管混频器，由于本振电压为大信号，对输入信号为小信号来说，非线性器件被看成时变网络，这样就可采用小信号分析法。因而，混频器可用图 6.6.4 所示电路等效。由于混频器的输入回路调谐于 ω_s，输出回路调谐于 ω_I，混频器等效电路中的输入电容和输出电容分别合并到输入回路和输出回路中而得出了等效电路。等效电路中的各参量均可根据定义和混合 π 等效电路求出。

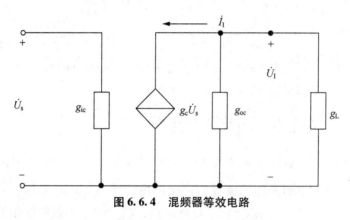

图 6.6.4　混频器等效电路

从图 6.6.4 中可得混频器的变频电压增益和变频功率增益为

$$A_{uc} = \frac{\dot{U}_{Im}}{\dot{U}_{sm}} = \frac{g_c}{g_{oc} + g_L} \qquad (6.6.18)$$

$$A_{pc} = \frac{P_I}{P_s} = \left(\frac{g_c}{g_{oc} + g_L}\right)^2 \frac{g_L}{g_{ic}} \qquad (6.6.19)$$

当负载电导 g_L 和输出电导 g_{oc} 相等时，输出回路是匹配的，变频功率增益最大，即

$$A_{pcmax} = \frac{g_c^2}{4 g_{ic} g_{oc}} \qquad (6.6.20)$$

【例 6.6.1】　已知图 6.6.3 中，混频晶体三极管的正向传输特性为 $i_c = a_0 + a_2 u^2 + a_3 u^3$，假定 $V_{BB} = 0$，即式中 $u = u_{be} = U_{sm}\cos(\omega_s t) + U_{Lm}\cos(\omega_L t)$，$U_{Lm} \gg U_{sm}$。假定混频器的输出中频取 $\omega_I = \omega_L - \omega_s$（即下混频），试求混频器的变频跨导 g_c。

【分析】　本题 $U_{Lm} \gg U_{sm}$，可以看成工作点随大信号 $U_{Lm}\cos(\omega_L t)$ 变化，对于小信号 $U_{sm}\cos(\omega_s t)$ 来说是线性时变关系，可先求出时变跨导 $g(t)$，从而有 $i_c = g(t) u_s$，$i_I = g_c u_s$，而变频跨导 $g_c = \dfrac{1}{2} g_1$，g_1 是 $g(t)$ 的基波。

解：因为时变跨导 $g(t) = \dfrac{\mathrm{d}i_c}{\mathrm{d}u} = 2 a_2 u + 3 a_3 u^2$，它是在 $u_L(t)$ 作用下形成的，故

$$g(t) = 2a_2 u_L + 3a_3 u_L^2$$
$$= 2a_2 [U_{Lm}\cos(\omega_L t)] + 3a_3 [U_{Lm}\cos(\omega_L t)]^2$$
$$= \frac{3}{2}a_3 U_{Lm}^2 + 2a_2 U_{Lm}\cos(\omega_L t) + \frac{3}{2}a_3 U_{Lm}^2\cos(2\omega_L t)$$

所以 $g_1 = 2a_2 U_{Lm}$，$g_c = \dfrac{g_1}{2} = a_2 U_{Lm}$。

【例 6.6.2】 已知图 6.6.3 中，混频晶体三极管的正向传输特性为 $i_c = a + b u_{be}^2 + c u_{be}^3$，式中 $u_{be} = V_{BB} + U_{sm}\cos(\omega_s t) + U_{Lm}\cos(\omega_L t)$，$U_{Lm} \gg U_{sm}$。假定混频器的输出中频取 $\omega_I = \omega_L - \omega_s$（即下混频），试求混频器的变频跨导 g_c。

【分析】 本题和上题类似，区别在于在 $V_{BB} + U_{Lm}\cos(\omega_L t)$ 作用下形成时变跨导 $g(t)$。上例中 $V_{BB} = 0$。

解： 因为时变跨导 $g(t) = \dfrac{\mathrm{d}i_c}{\mathrm{d}u_{be}} = 2b u_{be} + 3c u_{be}^2$，它是在 $V_{BB} + u_L(t)$ 作用下形成的，故

$$g(t) = 2b[V_{BB} + U_{Lm}\cos(\omega_L t)] + 3c[V_{BB} + U_{Lm}\cos(\omega_L t)]^2$$
$$= 2b V_{BB} + 2b U_{Lm}\cos(\omega_L t) + 3c V_{BB}^2 + 6c V_{BB} U_{Lm}\cos(\omega_L t) +$$
$$\frac{3}{2}c U_{Lm}^2 + \frac{3}{2}c U_{Lm}^2\cos(2\omega_L t)$$

所以 $g_1 = 2b U_{Lm} + 6c V_{BB} U_{Lm}$，$g_c = \dfrac{g_1}{2} = b U_{Lm} + 3c V_{BB} U_{Lm}$。

【例 6.6.3】 已知混频晶体三极管的正向传输特性为 $i_c = a_0 + a_1 u_{be} + a_2 u_{be}^2 + a_3 u_{be}^3 + a_4 u_{be}^4$，式中 $u_{be} = V_{BB} + U_{sm}\cos(\omega_s t) + U_{Lm}\cos(\omega_L t)$，$U_{Lm} \gg U_{sm}$。假定混频器的输出中频取 $\omega_I = \omega_L - \omega_s$（即下混频），试求混频器的变频跨导 g_c。

【分析】 本题目的在于分析晶体三极管的正向传输特性中含有高次项时，时变跨导 $g(t)$ 和 V_{BB}、$u_L(t)$ 之间的关系。

解： 因为时变跨导 $g(t) = \dfrac{\mathrm{d}i_c}{\mathrm{d}u_{be}} = a_1 + 2a_2 u_{be} + 3a_3 u_{be}^2 + 4a_4 u_{be}^3$，它是在 $V_{BB} + u_L(t)$ 作用下形成的，故

$$g(t) = a_1 + 2a_2[V_{BB} + U_{Lm}\cos(\omega_L t)] +$$
$$3a_3[V_{BB} + U_{Lm}\cos(\omega_L t)]^2 + 4a_4[V_{BB} + U_{Lm}\cos(\omega_L t)]^3$$
$$= a_1 + 2a_2 V_{BB} + 2a_2 U_{Lm}\cos(\omega_L t) + 3a_3 V_{BB}^2 +$$
$$6a_3 V_{BB} U_{Lm}\cos(\omega_L t) + \frac{a_3}{2}U_{Lm}^2 + \frac{a_3}{2}U_{Lm}^2\cos(2\omega_L t) +$$
$$4a_4 V_{BB}^3 + 12a_4 V_{BB}^2 U_{Lm}\cos(\omega_L t) + 6a_4 V_{BB} U_{Lm}^2 +$$
$$6a_4 V_{BB} U_{Lm}^2\cos(2\omega_L t) + 3a_4 U_{Lm}^3\cos(\omega_L t) + a_4 U_{Lm}^3\cos(3\omega_L t)$$

所以 $g_1 = 2a_2 U_{Lm} + 6a_3 V_{BB} U_{Lm} + 12a_4 V_{BB}^2 U_{Lm} + 3a_4 U_{Lm}^3$，$g_c = \dfrac{g_1}{2}$。

（3）具体电路和工作状态的选择

混频器有输入信号电压和本振电压两个输入信号，对输入信号 u_s 来说，晶体管可构

成共射和共基两种组态。而对本振电压 u_L 来说，有由基极注入和发射极注入两种组态，因此就有如图 6.6.5 所示的四种组态。

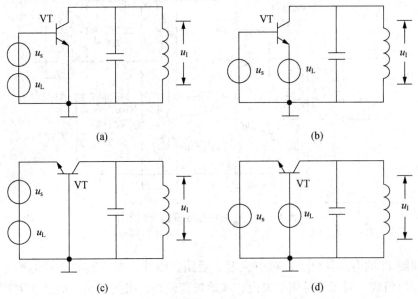

图 6.6.5　晶体管混频器的四种组态

图 6.6.5(a) 所示电路对信号电压而言是共射组态，它具有输入阻抗高、变频增益大的优点；对本振电压而言是基极注入（共射组态），它对本地振荡器呈现较大阻抗，使本振的负载较轻，容易起振。因为电路中的信号电压和本振电压均由基极注入，所以信号回路和本振回路相互影响较大，可能产生频率牵引现象。

图 6.6.5(b) 所示电路对信号电压而言和图 6.6.5(a) 所示电路一样，只是将本振电压由发射极注入，对本振电压而言，晶体管是共基组态，它的输入阻抗小，使本振的负载较重，不易起振。但是它的信号电压和本振电压加在两个不同电极上，相互影响较小，实际电路应用较多。

图 6.6.5(c)、(d) 所示电路对信号电压而言均是共基组态，因此它们的输入阻抗小，变频电压增益小，在频率较低时，一般不用这两种组态。但当频率较高时，因为 $f_\alpha \gg f_\beta$，这时它们的变频电压增益可能比共射组态大，可采用这两种组态。也就是说，它们的上限工作频率高。

图 6.6.6 所示为广播收音机中中波常用的混频电路，此电路混频和本振都由晶体管 V 完成，故又称为变频电路，中频 $f_I = f_L - f_c = 465$ kHz。

由 L_1、C_0、C_{1a} 组成的输入回路从磁性天线接收到的无线电波中选出所需的频率信号，再经 L_1、L_2 的互感耦合加到晶体管的基极。本地振荡部分由晶体管、L_4、C_5、C_3、C_{1b} 组成的振荡回路和反馈线圈 L_3 等构成。由于输出中频回路 C_4、L_5 对本振频率严重失谐，可认为呈短路；基极旁路电容 C_1 容抗很小，加上 L_2 电感量甚小，对本振频率所呈现的感抗也可忽略，因此，对于本地振荡而言，电路构成变压器反馈振荡电路。本振电压通过 C_2 加到晶体管发射极，而信号由基极输入，所以称为发射极注入、基极输入式

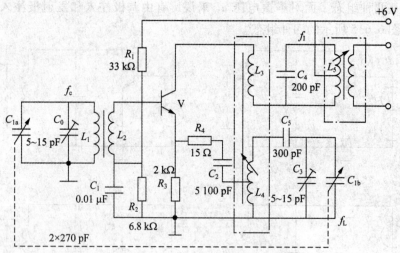

图 6.6.6　中波调幅收音机变频电路

变频电路。

反馈线圈 L_3 的电感量很小，对中频近于短路，因此，变频器的负载仍然可以看作是由中频回路所组成。对于信号频率来说，本地振荡回路的阻抗很小，而且发射极部分接在线圈 L_4 上，所以发射极对输入高频信号来说相当于接地。电阻 R_4 对信号具有负反馈作用，从而能提高输入回路的选择性，并有抑制交叉调制干扰的作用。

在变频器中，希望在所接收的波段内对每个频率都能满足 $f_I = f_L - f_c = 465$ kHz，为此，电路中采用双连电容 C_{1a}、C_{1b} 作为输入回路的统一调谐电容，同时增加了垫衬电容 C_5 和补偿电容 C_3、C_0。经过仔细调整这些补偿元件，就可以在整个接收波段内做到本振频率基本上能够跟踪输入信号频率，即保证可变电容器在任何位置上都能达到 $f_L \approx f_I + f_c$。

晶体管混频器的参数如变频增益、输入电导、输出电导和噪声系数等都随着管子工作状态变化而变化，而管子的工作状态又由直流偏置和本振电压的幅度来决定。混频器的功率增益 A_{pc} 和噪声系数 N_F 与本振电压幅度和 I_{EQ} 的关系是十分复杂的，一般通过大量的实验找出规律，供实践中参考。

晶体管混频器工作状态的选取原则是变频功率增益大和噪声系数小。本振电压幅度在 100 mV 左右时，变频功率增益 A_{pc} 可获得最大值而噪声系数 N_F 又达最小值。当 I_{EQ} 在 0.3 ~0.7 mA 范围内，变频功率增益大且噪声系数小。对于晶体管变频电路，由于要兼顾本振电路的要求，I_{EQ} 应选大一些，以保证本机振荡器能满足起振条件的要求。若只是晶体管混频器，则 I_{EQ} 可选小一点。

2. 双栅 MOS 场效应管混频电路

采用双栅 MOS 场效应管构成的混频电路如图 6.6.7(a) 所示。图中场效应管 V 有两个栅极，其中 G_1 加输入信号 $u_s(t)$，G_2 加本振电压 $u_L(t)$，输出中频滤波器采用双调谐耦合回路。R_1、R_2 和 R_4、R_5 组成分压器，分别给栅极 G_2、G_1 提供正向偏压；R_6、C_4 构成源极自给偏压电路。

将双栅场效应管用两个级联场效应管表示，如图 6.6.7(b) 所示，图中 $i_D = i_{D1} = i_{D2}$，

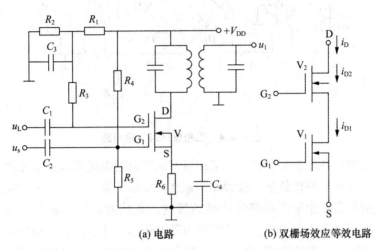

i_{D1} 受 $u_s(t)$ 控制，i_{D2} 受 $u_L(t)$ 控制，即双栅场效应管的漏极电流 i_D 同时受到 $u_s(t)$、$u_L(t)$ 的控制，当 $u_L(t)$ 为大信号，$u_s(t)$ 为小信号时，场效应管即工作在线性时变状态，从而实现混频作用。

(a) 电路　　　　　　　　(b) 双栅场效应等效电路

图 6.6.7　双栅 MOS 场效应管混频电路

由于场效应管的转移特性具有二次特性，所以双栅 MOS 场效应管混频电路输出信号中的组合频率分量比晶体管的小，同时，它还具有动态范围大、工作频率高等优点。

3. 二极管混频电路

很显然，之前介绍的那些频谱线性搬移电路均可完成混频功能，比如二极管构成的平衡相乘器、双平衡相乘器以及双差分对集成模拟相乘器等等。在很长一段时间内，利用二极管双平衡乘法器构成的二极管环形混频器是高性能通信设备中应用最广泛的一种混频器，虽然目前由于双差分对集成模拟相乘器产品性能不断改善和提高，使用也越来越广泛，但在微波波段仍广泛使用二极管环形混频器组件。二极管环形混频器的主要优点是工作频带宽，可达到几千兆赫，噪声系数低，混频失真小，动态范围大等，但其主要缺点是没有混频增益，不便于集成化。

图 6.6.8 所示电路中四个二极管组成一个各个二极管串联极性一致的环路，又称为二极管环形混频器。如果各二极管的特性一致，变压器中心抽头上、下完全对称，则环形混频器的本振端口、输入信号端口和输出中频信号端口之间有良好的隔离。由之前的分析可知，中频输出端的电流中不含有本振信号频率 ω_L 和输入信号频率 ω_s。本振端的电压通过 D_3、D_2 和 D_1、D_4 流过输入信号端高频变压器二次侧的电流是相互抵消的，因而不含有本振信号频率 ω_L 分量。另外，本振电压通过 D_3、D_2 的分压在 B 点产生的电压与通过 D_1、D_4 的分压在 A 点产生的电压相等，也可以说明本振电压不会在输入信号端的高频变压器二次侧产生本振频率 ω_L 的电流。表明本振端口对输入信号端口是隔离的。同理，输入信号电压通过 D_1 和 D_2 的分压在 C 点产生的电压与通过 D_3 和 D_4 的分压在 D 点产生的电压相等，因而输入信号电压不会在本振信号端口的高频变压器的二次侧产生输入信号频率 ω_s 的电流。表明输入信号端口对本振端口是隔离的。

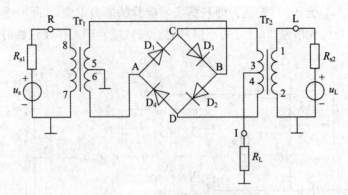

图6.6.8 二极管环形混频电路

目前国内研制的环形混频器模块，工作频率从短波到微波波段已成系列产品。环形混频器模块是由精密配对的肖特基二极管和传输线变压器组装的，内部元件用硅胶黏接，外部用小型金属壳屏蔽。由于产品经过严格的筛选，其性能良好，能承受强烈的振动、冲击。图6.6.9所示是环形混频器模块外形和内部电路图。环形混频器模块有三个端口，即本振(LO)、射频(RF)和中频(IF)端口。本振和射频均为单端(不平衡)输入，而中频输出是单端(不平衡)输出。本振和射频信号通过传输线变压器 Tr_1 和 Tr_2 将不平衡输入信号变换成平衡输入信号，加给环形二极管的对应端以实现混频，中频信号从 IF 端输出。其特点是具有极宽的频带、动态范围大、损耗小、频谱纯和隔离度高。

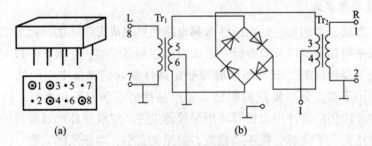

(a) (b)

图6.6.9 环形混频器模块的外形和电路图

4. 模拟乘法器混频电路

双差分对相乘器混频电路主要优点是混频增益大，输出信号频谱纯净，混频干扰小，对本振电压的大小无严格的限制，端口之间隔离度高。主要缺点是噪声系数较大。

图6.6.10所示是用 MC1496 双差分对集成模拟相乘器构成的混频电路。图中，本振电压 u_L 由10端(X 输入端)输入，信号电压由1端(Y 输入端)输入，混频后的中频($f_I = 9$ MHz)电压由6端经 π 形滤波器输出。该滤波器的带宽约450 kHz，除滤波外还起到阻抗变换作用，以获得较高的混频增益。当 $f_c = 30$ MHz，$U_{sm} \leqslant 15$ mV，$f_L = 39$ MHz，$U_{Lm} = 100$ mV 时，电路的混频增益可达13 dB。为了减小输出信号波形失真，1端与4端间接有调平衡的电路，使用时应仔细调整。

模拟乘法器在混频电路中的应用是较为广泛的。特别是在大规模通信集成电路中，通常都是集成模拟乘法器作为混频器。模拟乘法器作为混频器的分析方法与6.3节振幅调制

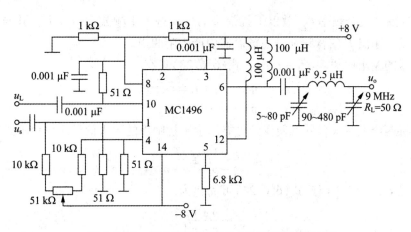

图 6.6.10　模拟乘法器 MC1496 构成的混频电路

中的模拟乘法器调幅电路的分析相似。与晶体管混频器相比较，其优点是输出电流中组合频率分量少，干扰小；对本振电压振幅要求不很严格，不会因 U_{Lm} 小而失真严重；u_s 与 u_L 的隔离性能好，频率牵引小。

6.6.3　混频干扰与失真

混频器的各种非线性干扰是很严重的问题，在讨论各种混频器时，常把非线性产物的多少作为衡量混频器质量标准之一。非线性干扰中很重要的一类就是组合频率干扰和副波道干扰。这类干扰是混频器特有的。

混频器存在下列干扰：信号与本振的组合频率干扰(也称为干扰哨声)；外来干扰与本振的组合频率干扰(也称为副波道干扰)；外来干扰互相形成的互调干扰：外来干扰与信号形成的交叉调制干扰，等等。

1. 信号与本振的组合频率干扰(干扰哨声)

当信号与本振信号同时输给混频器时，由于混频器的非线性特性，在其输出电流中，除了有需要的中频 $f_L - f_s$ 外，还有一些谐波频率和组合频率。例如，$2f_L$，$2f_s$，$3f_L$，$3f_s$，$2f_s - f_L$，$3f_s - f_L$，$2f_L - f_s$，$3f_L - f_s$，…如果在这些组合频率中有接近中频 $f_I = f_L - f_s$ 的组合频率，它就会通过中频放大器与正常的中频 f_I 一道进行放大，并加到检波器上。通过检波器的非线性作用，这个近于中频的组合频率与中频 f_I 产生差拍检波，输出差频信号，这个差频信号是音频，通过终端扬声器以哨叫声的形式出现并形成干扰。

一般情况下，信号与本振的组合频率 f_Σ 为

$$f_\Sigma = \pm p f_L \pm q f_s \tag{6.6.21}$$

式中，p、q 为正整数或零，它们分别代表本振频率和信号频率的谐波次数。

当式(6.6.21)满足以下关系

$$f_\Sigma = \pm p f_L \pm q f_s \approx f_I \tag{6.6.22}$$

也就是

$$f_\Sigma = \pm p f_L \pm q f_s = f_I \pm F \tag{6.6.23}$$

其中，F 为音频。组合频率 f_Σ 就以干扰信号的形式进入中频放大器放大，并与正确中频产生差拍检波，输出 F 的音频信号在扬声器中产生哨叫声。

当混频器的输出中频 $f_I = f_L - f_S$ 时，式（6.6.23）只有

$$qf_S - pf_L = f_I \pm F$$

$$pf_L - qf_S = f_I \pm F$$

可能成立。将两个表示式合并，便得到可能产生干扰哨声的输入信号频率表示式为

$$f_S = \frac{p \pm 1}{q - p} f_I \pm \frac{F}{q - p} \tag{6.6.24}$$

一般情况下，$f \gg F$，因此式（6.6.24）可简化为

$$f_S \approx \frac{p \pm 1}{q - p} f_I \tag{6.6.25}$$

式（6.6.25）说明，若 p 和 q 取不同的正整数，则可能产生干扰哨声的输入有用信号频率就会有许多个，并且其值均接近于 f_I 的整数倍或分数倍。但是实际上，任何一部接收机的接收频段都是有限的，只有频段内的频率才可能产生干扰哨声。再则，因为混频管集电极电流中的组合频率分量的振幅总是随着 $p + q$ 的增加而迅速减小，所以，其中只有对应于较小 p 和 q 值的输入信号才会产生明显的干扰。

例如，调幅广播接收机的中频频率为 465 kHz，某电台发射频率 $f_S = 931$ kHz。显然，正常的变频过程是 $f_L - f_S = f_I$，这是主通道。假设 $f_S = 931$ kHz 时，其对应本振频率为 1 396 kHz，在混频管的非线性特性有三次方项时，组合频率 $2f_S - f_L = 466$ kHz $\approx f_I$，可以通过中频选通回路与正常的 $f_I = 465$ kHz 一道放大。再经检波器检波后，会产生 1 kHz 差拍检波信号送给终端扬声器产生干扰哨声。此时的干扰对应的 $p = 1$，$q = 2$。

中波的广播段范围为 531～1 602 kHz，变频比 $f_S/f_I = 1.14～3.45$。根据式（6.6.25）可得

$$\frac{f_S}{f_I} = \frac{p \pm 1}{q - p} \tag{6.6.26}$$

由上式可以计算出该频率范围内的干扰点。

减小这种干扰的方法较多，例如采用理想二次方特性的场效应管作混频器；采用开关状态与平衡混频方式；晶体管混频器的本振信号选为大信号等都不会有干扰哨声的组合频率分量。

2. 外来干扰与本振的组合频率干扰（副波道干扰）

这类干扰是指在混频器输入回路选择性不好的条件下，外来强干扰信号进入了混频器。相当于进入混频器的除了正常输入信号 u_s 和本振信号 u_L 外，还有一个干扰信号 u_n。因为混频器具有非线性作用，u_n 与 u_L 的组合频率就可能产生干扰。

设干扰信号频率为 f_n，若 $f_L - f_S = f_I$，则满足 $pf_L - qf_n = f_I$ 或 $qf_n - pf_L = f_I$ 时就能产生副波道干扰。

实际上，当接收机接收某一给定频率的电台时，输入回路要调谐于 f_S 时，则对应的本振电压频率 $f_L = f_S + f_I$。若某一频率为 f_n 的干扰电台（包括无关的其他电台）也进入了混频

器，在满足

$$f_n = \frac{p}{q}f_L \pm \frac{f_I}{q} \tag{6.6.27}$$

时就会产生副波道干扰。

副波道干扰有两个需要特别注意的特殊干扰。当 $p=0$，$q=1$，$f_n=f_I$ 时，因为干扰信号频率 f_n 等于中频频率 f_I，称其为中频干扰。实际上，当接收机在接收某一 f_s 电台时，因为混频器的输入回路选择性不好，有一频率 $f_n=f_I$ 的强干扰信号通过输入回路进入混频器。因为中频回路的谐振频率为 f_I，对强干扰信号来说混频器相当于放大器，将中频干扰信号进行放大，对接收机产生干扰，它是由非线性特性的一次方项产生的。当 $p=1$，$q=1$，$f_n-f_L=f_I$ 时，称其为镜像频率干扰。这种干扰是因输入回路选择性不好，干扰为强信号和非线性特性平方项产生的。通常计算镜像频率干扰的频率用 $f_n=f_s+2f_I$ 来计算。

如果上述两种干扰信号能够进入混频器的输入端，混频器就能有效地将它们变为中频。因而，要减小这两种干扰，首先要提高混频器和高频放大器的频率选择性。对中频干扰来说，还可以在前端输入回路中接入中频陷波器或高通滤波器。对镜像频率干扰来说，也可以提高中频频率 f_I，使镜像频率与信号频率相差很大，能起到抑制作用。

对于 $p+q \geqslant 3$ 的情况，例如 $2f_L-f_n$，$2f_n-f_L$，f_L-2f_n，f_n-2f_L，$2f_L-2f_n$，$2f_n-2f_L$，…它们是由非线性特性三次方项以及三次方以上项产生的。如果它们等于 f_I，则会产生干扰，称其为副波道干扰。减小副波道干扰的方法是提高混频器和前端高频放大器的频率选择性，以及减小混频器特性三次方以上项，例如平衡混频等。

3. 交叉调制干扰（交调失真）

交叉调制干扰的含义为：由于输入回路选择性不好，一个已调的强干扰信号进入混频器与有用信号（已调波或载波）同时作用于混频器，经非线性作用，将干扰的调制电压转换到有用信号的载波上，然后再与本振混频得到中频电压，从而形成干扰。

设晶体管的静态正向传输特性在静态工作点上展开为幂级数

$$i_c = a_0 + a_1 u_{be} + a_2 u_{be}^2 + a_3 u_{be}^3 + a_4 u_{be}^4 + \cdots$$

作用在输入端（基极 – 发射极）的电压有：

信号电压

$$u_s = U_{sm}[1 + m_1\cos(\Omega_1 t)]\cos(\omega_s t) = U'_{sm}\cos(\omega_s t)$$

干扰电压

$$u_n = U_{nm}[1 + m_2\cos(\Omega_2 t)]\cos(\omega_n t) = U'_{nm}\cos(\omega_n t)$$

本振电压

$$u_L = U_{Lm}\cos(\omega_L t)$$

将合成电压 $u_{be} = u_s + u_n + u_L$ 代入正向传输特性中，其中 u_{be}^4 中的四阶产物 $12a_4 u_s u_n^2 u_L$ 项中的 $3a_4 U'^2_{nm} U'_{sm} U_{Lm}\cos[(\omega_L - \omega_s)t]$ 项就是交叉调制产物。则

$$3a_4 U'^2_{nm} U'_{sm} U_{Lm}\cos[(\omega_L - \omega_s)t]$$
$$= 3a_4 U^2_{nm}[1 + m_2\cos(\Omega_2 t)]^2 U_{sm}[1 + m_1\cos(\Omega_1 t)]U_{Lm}\cos[(\omega_L - \omega_s)t]$$
$$= 3a_4 U^2_{nm} U_{sm} U_{Lm}[1 + 2m_2\cos(\Omega_2 t) + m_2^2\cos^2(\Omega_2 t)][1 + m_1\cos(\Omega_1 t)]\cos(\omega_I t)$$

上式表明传送的信息除正常信息 Ω_1 外，还有干扰信息 Ω_2 及其谐波 $2\Omega_2$。说明交叉调制干扰实质上是通过非线性作用将干扰信号的包络解调出来，而后调制到中频载频上。

由交叉调制干扰的表示式看出，如果有用信号消失，即 $U_{sm}=0$，则交叉调制产物为零。所以交叉调制干扰与有用信号并存，它是通过有用信号而起作用的。同时也可以看出，它与干扰的载频 ω_n 无关。任何频率的强干扰都可能形成交叉调制干扰，只是 ω_n 与 ω_s 相差越大，受前端电路的抑制越大，形成的干扰越弱。

混频器的交叉调制干扰是由四次方项产生的，其中本振电压占一阶，故常称为三阶交叉调制干扰。除了四次方项以外，非线性特性的更高偶次方项也可产生交叉调制干扰，但幅值较小，一般可不考虑。减小交叉调制干扰的方法主要是：提高前端高频放大器和混频器输入回路的选择性；选取合适的混频电路形式，减小混频器特性四次方以上项产生的影响。

4. 互调干扰（互调失真）

互调干扰是指两个或多个干扰电压同时作用在混频器输入端，经混频器，产生近似中频的组合频率，进入中放通带内形成干扰。

产生互调干扰应满足

$$\pm mf_{n1} \pm nf_{n2} = f_s \tag{6.6.28}$$

对于 $m=1$、$n=1$ 的情况，是非线性的三次方项产生的。设干扰信号 $u_{n1}=U_{n1m}\cdot\cos(2\pi f_{n1}t)$，$u_{n2}=U_{n2m}\cos(2\pi f_{n2}t)$，而 $u_s=U_{sm}\cos(2\pi f_s t)$，$u_L=U_{Lm}\cos(2\pi f_L t)$。当输入回路选择性不好时，两个强干扰信号与有用信号同时进入混频器，则 $(u_s+u_{n1}+u_{n2}+u_L)^3$ 项中的 $u_{n1}u_{n2}u_L$ 项，当满足 $\pm f_{n1}\pm f_{n2}=f_s$，就会产生二阶互调干扰。

【例6.6.4】 广播超外差接收机中频 $f_I=f_L-f_c=465$ kHz，工作频段 535~1 605 kHz。试分析下列现象属于何种干扰：

（1）当调谐到 929 kHz 时，可听到哨叫声；

（2）当收听频率 $f_c=600$ kHz 电台信号时，还能听到频率为 1 530 kHz 的电台播音；

（3）当收听频率 $f_c=1 300$ kHz 电台信号时，还能听到频率为 650 kHz 的电台播音；

（4）当调谐到 $f_c=702$ kHz 时，进入混频器还有频率分别为 798 kHz 和 894 kHz 两电台的信号，试问它们会产生干扰吗？

【分析】 由于混频器的非线性作用产生出接近于中频的组合频率，并对有用信号形成干扰，把这些组合频率称为混频干扰。混频干扰有哨声干扰、寄生通道干扰、交调和互调干扰等。要分清这些干扰，可根据干扰现象及特点，先分析干扰产生的原因，然后再区分不同的干扰。

解：（1）由于 $f_L=(929+465)$ kHz $=1 394$ kHz，由组合频率

$2f_c-f_L=(2\times929-1 394)$ kHz $=(1 858-1 394)$ kHz $=464$ kHz $=f_c-1$ kHz

可见，接近于中频 465 kHz，它与有用中频信号同时进入中放、经检波而产生 1 kHz 的哨叫声，所以它为信号与本振组合产生的干扰哨声。

（2）由于 $f_c+2f_I=(600+2\times465)$ kHz $=1 530$ kHz，刚好等于外来干扰电台频率，所以为镜像（频）干扰。

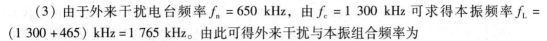

（3）由于外来干扰电台频率 $f_n = 650$ kHz，由 $f_c = 1\,300$ kHz 可求得本振频率 $f_L = (1\,300 + 465)$ kHz $= 1\,765$ kHz。由此可得外来干扰与本振组合频率为

$$f_L - 2f_n = (1\,765 - 2 \times 650) \text{ kHz} = 465 \text{ kHz} = f_I$$

从而产生了寄生通道干扰。

（4）由于两干扰电台频率产生的组合频率为

$$2f_{n1} - f_{n2} = (2 \times 798 - 894) \text{ kHz} = 702 \text{ kHz} = f_c$$

刚好等于所接收信号电台的频率，从而形成了互调干扰。

【例 6.6.5】　中频频率为 0.5 MHz 的接收机，当接收 2.4 MHz 的有用信号时，如果混频器输入回路选择性不好，有两个干扰信号 $f_{n1} = 1.5$ MHz、$f_{n2} = 0.9$ MHz 也进入混频器，则当 $f_I = f_L - f_s$ 时，$f_L = 2.9$ MHz，混频器三次方项产生有如下组合频率

$$f_L - (f_{n1} + f_{n2}) = 2.9 - (1.5 + 0.9) = 0.5 \text{ MHz}$$

它也正好落入中频通带内，产生二阶互调干扰。

对于 $m = 2$、$n = 1$ 的情况，是非线性四次方项产生的，即 $(u_s + u_{n1} + u_{n2} + u_L)^4$ 项中的 $u_{n1}^2 u_{n2} u_L$ 项，当满足 $\pm 2f_{n1} \pm f_{n2} = f_s$ 时，就会产生三阶互调干扰。

减小互调干扰的方法是：提高前端高频放大器和混频器输入回路的选择性；选取合适的混频电路形式，减小混频器特性三次方以上项产生的影响。

本 章 小 结

1. 振幅调制是用调制信号去改变高频载波振幅的过程，而从已调信号中还原调制信号的过程为振幅解调，也称振幅检波。把已调信号的载频变为另一载频已调信号的过程称为混频。

振幅调制、解调和混频电路都属于频谱搬移电路，它们都可以用相乘器和滤波器组成的电路来实现。其中相乘器的作用是将输入信号频率不失真地搬移到参考信号频率两边，滤波器用来取出有用频率分量，抑制无用频率分量。调幅电路输入信号是低频调制信号，参考信号为等幅载波信号，输出为已调高频信号，采用中心频率为载频的带通滤波器；检波电路输入信号是高频已调信号，而参考信号是与已调信号的载波同频同相的等幅同步信号，输出为低频信号，采用低通滤波器；混频电路输入信号为已调信号，参考信号为等幅本振信号，输出为中频已调信号，采用中心频率为中频的带通滤波器。

2. 振幅调制有普通调幅信号（AM 信号）、双边带（DSB）调幅信号和单边带（SSB）调幅信号。

AM 信号频谱含有载频、上边带和下边带，其中，上、下边带频谱结构反映调制信号的频谱结构（下边带频谱与调制信号频谱成倒置关系），其振幅在载波振幅上下按调制信号的规律变化，即已调信号的包络直接反映调制信号的变化规律。

DSB 信号频谱中含有上边带和下边带，没有载频分量，其振幅在零值上下按调制信号的规律变化，其包络正比于调制信号的绝对值，当调制信号自正值或负值通过零值变化

时，已调信号高频相位均要发生 180° 的相位突变，其包络已不再反映原调制信号的形状。

SSB 信号频谱含有上边带或下边带分量，已调信号波形的包络也不直接反映调制信号的变化规律。单边带信号一般是由双边带信号经除去一个边带而获得，采用的方法有滤波法和移相法。

3. 非线性器件具有频率变换作用，其频率变换特性与器件的工作状态有关。非线性器件工作在线性时变状态和开关状态可减小无用组合频率分量，适宜作为频谱搬移电路。

相乘器是频谱搬移电路的重要组成部分，目前在通信设备和其他电子设备中广泛采用二极管环形相乘器和双差分对集成模拟相乘器，它们利用电路的对称性进一步减少了无用组合频率分量而获得理想的相乘结果。

4. 调幅电路有低电平调幅电路和高电平调幅电路。在低电平级实现的调幅称为低电平调幅，它主要用来实现双边带和单边带调幅，广泛采用二极管环形相乘器和双差分对集成模拟相乘器。在高电平级实现的调幅称为高电平调幅，常采用丙类谐振功率放大器产生大功率的普通调幅信号。

5. 常用的振幅检波电路有二极管峰值包络检波电路和同步检波电路。由于 AM 信号含有载波，其包络变化能直接反映调制信号的变化规律，所以 AM 信号可采用电路很简单的二极管包络检波电路。由于 SSB 和 DSB 信号中不含有载频信号，必须采用同步检波电路。为了获得良好的检波效果，要求同步信号严格与载波同频、同相，故同步检波电路比包络检波电路复杂。

6. 混频电路有二极管、三极管和模拟相乘器混频器，目前高质量的通信设备中广泛采用二极管环形混频器和双差分对模拟相乘器混频器。二极管混频器电路简单、噪声小，适用于微波混频，但混频增益小于 1；双差分对混频器易于集成化，有混频增益，但噪声较大。

混频干扰是混频电路的重要问题，使用时要注意采用必要措施，选择合适的电路和工作状态，尽量减小混频干扰。

习　题

6-1　何谓频谱搬移电路？振幅调制电路有何作用？

6-2　说明 AM 信号和 DSB 信号波形的区别，并说明振幅调制与相乘器有何关系？

6-3　已知调制信号 $u_\Omega(t)=2\cos(2\pi\times500t)\,\mathrm{V}$，载波信号 $u_c(t)=4\cos(2\pi\times10^5t)\,\mathrm{V}$，令比例常数 $k_a=1$，试写出调幅波表示式，求出调幅系数及频带宽度，画出调幅波波形及频谱图。

6-4　已知调幅波信号 $u_o=[1+\cos(2\pi\times100t)]\cos(2\pi\times10^5t)\,\mathrm{V}$，试画出它的波形和频谱图，求出频带宽度 BW。

6-5　已知调制信号 $u_\Omega=[2\cos(2\pi\times2\times10^3t)+3\cos(2\pi\times300t)]\,\mathrm{V}$，载波信号 $u_c=5\cos(2\pi\times5\times10^5t)\,\mathrm{V}$，$k_a=1$，试写出调幅波的表示式，画出频谱图，求出频带宽度 BW。

6 – 6　已知调幅波表示式 $u(t) = [20 + 12\cos(2\pi \times 500t)]\cos(2\pi \times 10^6 t)$ V，试求该调幅波的载波振幅 U_{cm}、调频信号频率 F、调幅系数 m_a 和带宽 BW 的值。

6 – 7　已知调幅波表示式 $u(t) = 5\cos(2\pi \times 10^6 t) + \cos[2\pi(10^6 + 5 \times 10^3)t] + \cos[2\pi \times (10^6 - 5 \times 10^3)t]$ V，试求出调幅系数及频带宽度，画出调幅波波形和频谱图。

6 – 8　已知 $u(t) = \cos(2\pi \times 10^6 t) + 0.2\cos[2\pi(10^6 + 10^3)t] + 0.2\cos[2\pi \times (10^6 - 10^3)t]$ V，试画出它的波形及频谱图。

6 – 9　已知调幅波电压 $u(t) = [10 + 3\cos(2\pi \times 100t) + 5\cos(2\pi \times 10^3 t)]\cos(2\pi \times 10^5 t)$ V，试画出该调幅波的频谱图，求出其频带宽度。

6 – 10　已知调幅信号 $u_\Omega(t) = 3\cos(2\pi \times 3.4 \times 10^3 t) + 1.5\cos(2\pi \times 300t)$ V，载波信号 $u_c(t) = 6\cos(2\pi \times 5 \times 10^6 t)$ V，相乘器增益系数 $A_M = 0.1$ V^{-1}，试画输出调幅波的频谱图。

6 – 11　试问下面三个电压各代表什么信号？画出它们的波形图与振幅频谱图。

(1) $u(t) = [1 + 0.3\cos(\Omega t)]\cos(\omega_c t)$ V；

(2) $u(t) = \cos(\Omega t) \cdot \cos(\omega_c t)$ V；

(3) $u(t) = \cos[(\omega_c + \Omega)t]$ V。

6 – 12　已知载波电压 $u_c(t) = U_{cm}\cos(\omega_c t)$，调制信号如图所示，$f_c \gg 1/T_\Omega$。请分别画出 $m_a = 0.5$ 及 $m_a = 1$ 两种情况下所对应的 AM 波的波形。

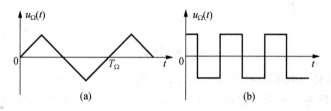

题 6 – 12 图

6 – 13　已知调幅波表示式 $u(t) = [2 + \cos(2\pi \times 100t)]\cos(2\pi \times 10^4 t)$ V，试画出它的波形和频谱图，求出频带宽度。若已知 $R_L = 1$ Ω，试求载波功率、边频功率、调幅波在调制信号一周期内平均总功率。

6 – 14　试用相乘器、相加器、滤波器组成产生下列信号的框图：① AM 波；② DSB 信号；③ SSB 信号。

6 – 15　图 6.2.1 所示电路模型中，已知 $A_M = 0.1$ V^{-1}，$u_c(t) = \cos(2\pi \times 10^6 t)$ V，$U_Q = 2$ V，$u_\Omega(t) = \cos(2\pi \times 10^3 t)$ V，试写出输出电压表示式，求出调幅系数 m_a，画出输出电压波形及频谱图。

6 – 16　理想模拟相乘器的增益系数 $A_M = 0.1$ V^{-1}，若 u_X、u_Y 分别输入下列各信号，试写出输出电压表示式，画出频谱图，并说明输出电压的特点。

(1) $u_X = u_Y = 3\cos(2\pi \times 10^6 t)$ V；

(2) $u_X = 2\cos(2\pi \times 10^6 t)$ V，$u_Y = \cos(2\pi \times 1.465 \times 10^6 t)$ V；

(3) $u_X = 3\cos(2\pi \times 10^6 t)$ V，$u_Y = 2\cos(2\pi \times 10^3 t)$ V；

(4) $u_X = 3\cos(2\pi \times 10^6 t)$ V，$u_Y = [4 + 2\cos(2\pi \times 10^3 t)]$ V；

（5）$u_X = 2\cos(\omega_c t)$，$u_Y = [1 + 0.5\cos(\Omega_1 t) + 0.4\cos(\Omega_2 t)]\cos(\omega_c t)$ V；

（6）$u_X = 2\cos(2\pi \times 1.5 \times 10^6 t)$ V。

$u_Y = [\cos(2\pi \times 100t) + 1.5\cos(2\pi \times 1\,000t) + 0.5\cos(2\pi \times 2\,000t)]\cos(2\pi \times 10^6 t)$ V。

6-17 若非线性器件的伏安特性幂级数表示 $i = a_0 + a_1 u + a_2 u^2$，式中 a_0、a_1、a_2 是不为零的常数，信号 u 是频率为 150 kHz 和 200 kHz 的两个正弦波，问电流中能否出现 50 kHz 和 350 kHz 的频率成分？为什么？

6-18 二极管构成的电路如图所示，图中两二极管的特性一致，已知 $u_1 = U_{1m} \cdot \cos(\omega_1 t)$，$u_2 = U_{2m}\cos(\omega_2 t)$，$u_2$ 为小信号，$U_{1m} \gg U_{2m}$，并使二极管工作在受 u_1 控制的开关状态，试分析其输出电流中的频谱成分，说明电路是否具有相乘功能？

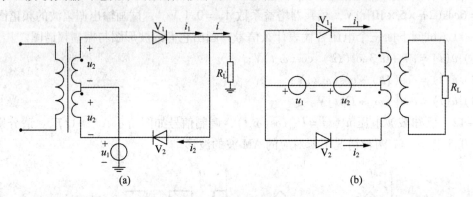

题 6-18 图

6-19 二极管环形相乘器接线如图所示，L 端口接大信号 $u_1 = U_{1m}\cos(\omega_1 t)$，使四只二极管工作在开关状态，R 端口接小信号，$u_2 = U_{2m}\cos(\omega_2 t)$，且 $U_{1m} \gg U_{2m}$，试写出流过负载 R_L 中电流 i 的表示式。

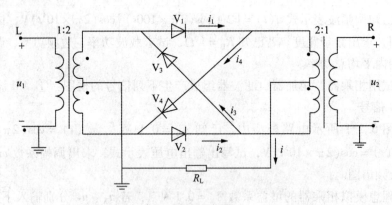

题 6-19 图

6-20 图 6.3.11 所示双差分模拟相乘器电路中，已知 $I_0 = 1$ mA，$R_C = 3$ kΩ，$u_1 = 300\cos(2\pi \times 10^6 t)$ mV，$u_2 = 5\cos(2\pi \times 10^3 t)$ mV，试求出输出电压 $u(t)$ 的关系式。

6-21 图 6.3.13 所示 MC1496 相乘器电路中，已知 $R_5 = 6.8$ kΩ，$R_C = 3.9$ kΩ，$R_Y = 1$ kΩ，$V_{EE} = 8$ V，$V_{CC} = 12$ V，$U_{BE(on)} = 0.7$ V。当 $u_1 = 360\cos(2\pi \times 10^6 t)$ mV，$u_2 = 200 \times$

$\cos(2\pi \times 10^3 t)\,\mathrm{mV}$ 时，试求输出电压 $u_{\mathrm{o}}(t)$，并画出其波形。

6-22　在如图所示的各电路中，调制信号 $u_\Omega(t) = U_{\Omega\mathrm{m}}\cos(\Omega t)$，载波电压 $u_{\mathrm{c}}(t) = U_{\mathrm{cm}}\cos(\omega_{\mathrm{c}}t)$，且 $\omega_{\mathrm{c}} \gg \Omega$，$U_{\mathrm{cm}} \gg U_{\Omega\mathrm{m}}$，二极管工作于 $u_{\mathrm{c}}(t)$ 控制的开关工作状态。二极管 V_{D1} 和 V_{D2} 的伏安特性相同，均为从原点出发，斜率为 g_{d} 的直线（导通电阻 $r_{\mathrm{d}} = 1/g_{\mathrm{d}}$）。

（1）试问哪些电路能实现双边带调制？

（2）在能够实现双边带调制的电路中，试分析其输出电流的频率分量。

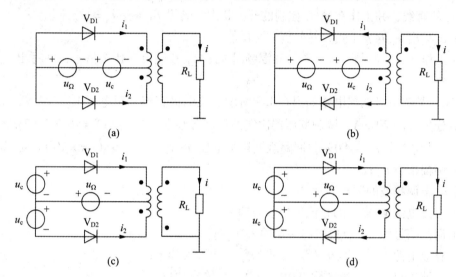

题 6-22 图

6-23　平衡调制电路如图所示。电路对称，两个二极管特性相同，其伏安特性 $i_{\mathrm{d}} = f(u_{\mathrm{d}})$ 为自原点出发的直线，斜率为 g_{d}（导通电阻 $r_{\mathrm{d}} = 1/g_{\mathrm{d}}$）。加入的载波电压为 $u_{\mathrm{c}}(t) = U_{\mathrm{cm}}\cos(\omega_{\mathrm{c}}t)$，调制电压 $u_\Omega(t) = U_{\Omega\mathrm{m}}\cos(\Omega t)$，且有 $U_{\mathrm{cm}} \gg U_{\Omega\mathrm{m}}$，二极管工作于 $u_{\mathrm{c}}(t)$ 控制的开关工作状态。

（1）试分析图（a）输出电流的频谱；

（2）若将图（a）改变为图（b），试问输出电流的频谱有无变化？

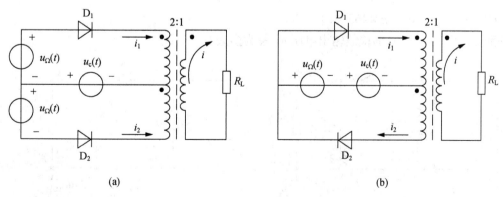

题 6-23 图

6-24 二极管环形调幅电路如图6.3.8(a)所示，u_2 为载波信号 $u_c = U_{cm}\cos(\omega_c t)$，$u_1$ 为调制信号 $u_\Omega(t) = U_{\Omega m}\cos(\Omega t)$，$U_{cm} \gg U_{\Omega m}$，即 u_c 为大信号并使四个完全一致的二极管工作在开关状态，略去负载的反作用。

（1）试写出输出电流 i 的表示式及相应频谱；

（2）载波电压为对称方波时（幅值为 U_{cm}，重复周期为 $T_c = 2\pi/\omega_c$），重做(1)。

6-25 在图6.4.5所示的桥式调制电路中，各二极管的特性一致，均为自原点出发、斜率为 g_d 的直线，并工作在受 u_c 控制的开关状态，若设 $R_L \gg r_d(r_d = 1/g_d)$。

（1）试写出 u_o 的表示式，并分析电路功能。

（2）工作在 AM 调制、DSB 调制和混频时 u_c、u_Ω 各应换为什么信号，并写出 u_o 的表示式。

6-26 某集电极调幅电路如图6.4.9所示。集电极直流电源电压 $V_{cc} = 24$ V，集电极电流直流分量 $I_{C0} = 20$ mA，调制变压器次级的调制音频电压为 $u_\Omega(t) = 16.8\sin(2\pi \times 10^3 t)$ V，集电极平均效率 $\eta_{cav} = 80\%$，回路载波输出电压 $u_c(t) = 21.6\cos(2\pi \times 10^6 t)$ V。试求：

（1）调幅指数 m_a；

（2）输出调幅波的数学表示式；

（3）直流电源 V_{cc} 提供的直流平均输入功率；

（4）调制信号源 $u_\Omega(t)$ 提供的平均输入功率；

（5）有效电源 $U_{cc}[V_{cc} + u_\Omega(t)]$ 提供的总平均输入功率；

（6）载波输出功率、边频输出功率和总平均输出功率；

（7）集电极最大和最小瞬时电压。

6-27 图6.2.11所示电路中，已知 $f_{c1} = 100$ kHz，$f_{c2} = 26$ MHz，调制信号 $u_\Omega(t)$ 的频率范围为 $0.1 \sim 3$ kHz，试画图说明其频谱搬移过程。

6-28 二极管检波器如图所示。二极管的导通电阻 $r_d = 80$ Ω，$U_{bZ} = 0$，$R = 10$ kΩ，$C = 0.01$ μF，当输入信号电压 $u_i(t)$ 为：

（1）$u_i(t) = 2\cos(2\pi \times 465 \times 10^3 t)$ V；

（2）$u_i(t) = -2\cos(2\pi \times 465 \times 10^3 t)$ V；

（3）$u_i(t) = 2\sin(2\pi \times 465 \times 10^3 t)$ V。

试分别计算图(a)、(b)的检波输出电压 u_A 各为多大？

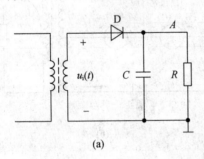
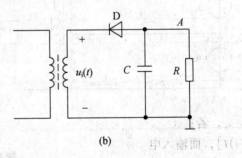

题 6-28 图

6-29　二极管检波器如图所示。二极管的导通电阻 $r_d = 80\ \Omega$，$U_{bZ} = 0$，$R = 5\ k\Omega$，$C = 0.01\ \mu F$，$C_c = 20\ \mu F$，$R_L = 10\ k\Omega$，若输入信号电压：

(1) $u_i(t) = 1.5\cos(2\pi \times 465 \times 10^3 t)$ V；

(2) $u_i(t) = 1.5[1 + 0.7\cos(4\pi \times 10^3 t)]\cos(2\pi \times 465 \times 10^3 t)$ V。

试分别求出 u_A、u_B、输入电阻，并判断能否产生惰性失真和负峰切割失真。

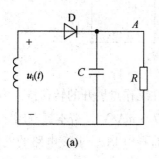 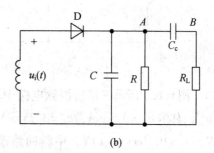

(a)　　　　　　　　　　　　　　　(b)

题 6-29 图

6-30　如图所示是一个小信号调谐放大器和二极管检波器的电路图。调谐放大器的谐振频率 $f_0 = 10.7$ MHz，$L_{31} = 4\ \mu H$，$Q_0 = 80$，$N_{13} = 10$，$N_{12} = 4$，$N_{45} = 5$，其余参数如电路图所示，晶体三极管的参数，$g_{ie} = 2\ 860\ \mu S$，$C_{ie} = 18$ pF，$g_{oe} = 200\ \mu S$，$C_{oe} = 7$ pF，$|y_{fe}| = 45$ mS，$\varphi_{fe} = -54°$，$y_{re} = 0$，二极管的导通电阻 $r_d = 100\ \Omega$，$U_{bZ} = 0$。若 $u_i(t) = 0.1[1 + 0.3\cos(2\pi \times 10^3 t)]\cos(2\pi \times 10.7 \times 10^6 t)$ V，试求检波器输出电压 $u_o(t)$。

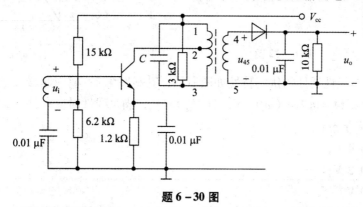

题 6-30 图

6-31　在图示大信号二极管检波电路中，二极管 D 的导通电阻 $r_d = 80\ \Omega$，$U_{bZ} = 0$，输入高频信号电压为 $u_i(t) = 2[1 + 0.3\cos(2\pi \times 10^3 t)]\cos(2\pi \times 10^6 t)$ V。试求：

(1) u_A、u_B、u_C；

(2) 检波器输入电阻 R_{id}。

6-32　如图所示是由乘法器和低通滤波器组成的同步检波器。设相乘器的输出为 $Ku_i u_o$，若：① 本地载波电压 $u_o = U_{om}\cos(\omega_i t + \varphi)$；② 本地载波电压 $u_o = U_{om}\cos[(\omega_i + \Delta\omega)t]$，而输入电压分别为双边带调幅波 $u_i = U_{im}\cos(\Omega t)\cos(\omega_i t)$ 和单边带调幅波 $u_i = U_{im}\cos[(\omega_i + \Omega)t]$，试分别分析检波输出电压是否失真？

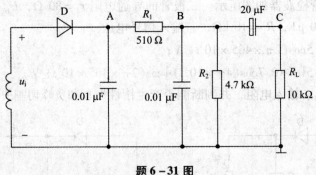

题 6-31 图

6-33 图6.6.3所示三极管混频电路中，三极管在工作点展开的转移特性为 $i_c = a_0 + a_1 u_{be} + a_2 u_{be}^2$，其中 $a_0 = 0.5$ mA，$a_1 = 3.25$ mA/V，$a_2 = 7.5$ mA/V^2，若本振电压 $u_L = 0.16 \times \cos(\omega_L t)$ V，$u_s = 10^{-3}\cos(\omega_c t)$ V，中频回路谐振阻抗 $R_P = 10$ kΩ，求该电路的混频电压增益 A_c。

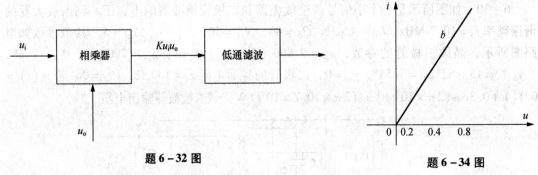

题 6-32 图   题 6-34 图

6-34 某非线性器件的伏安特性如图所示，其斜率为 b，使用此器件组成混频器。设 $u_L(t) = U_{Lm}\cos(\omega_L t) = 0.4\cos(\omega_L t)$ V，且 $U_{Lm} \gg U_{sm}$，满足线性时变条件。试分别计算下列条件下的变频跨导 g_c：

(1) $U_Q = 0.4$ V；

(2) $U_Q = 0.2$ V；

(3) $U_Q = 0$ V。

6-35 乘积型混频器的方框图如图6.6.1(a)所示。相乘器的特性为 $i = K u_s(t) u_L(t)$，若 $K = 0.1$ mA/V^2，$u_L(t) = \cos(9.2049 \times 10^6 t)$ V，$u_s(t) = 0.01[1 + 0.5\cos(6\pi \times 10^3 t)]\cos(2\pi \times 10^6 t)$ V。

(1) 试求乘积型混频器的变频跨导；

(2) 为了保证信号传输，带通滤波器的中心频率(中频取差频)和带宽应分别为何值？

6-36 二极管平衡电路如图所示。请根据平衡电路的基本原理说明下列几种情况输入信号，能产生什么输出电压信号，应采用什么样的滤波器？

(1) $u_1 = U_{1m}\cos(\Omega t)$，$u_2 = U_{2m}\cos(\omega_c t)$（$\omega_c \gg \Omega$）；

(2) $u_1 = U_{1m}\cos(\omega_c t)$，$u_2 = U_{2m}\cos(\Omega t)$（$\omega_c \gg \Omega$）；

（3）$u_1 = U_{1m}[1 + m_a\cos(\Omega t)]\cos(\omega_s t)$，$u_2 = U_{2m}\cos(\omega_L t)(\omega_L - \omega_s = \omega_I)$；

（4）$u_1 = U_{1m}\cos[\omega_s t + m_f\sin(\Omega t)]$，$u_2 = U_{2m}\cos(\omega_L t)(\omega_L - \omega_s = \omega_I)$；

（5）$u_1 = U_{1m}\cos(\Omega t)\cdot\cos(\omega_s t)$，$u_2 = U_{2m}\cos(\omega_L t)(\omega_L - \omega_s = \omega_I)$；

（6）$u_1 = U_{1m}\cos(\Omega t)\cdot\cos(\omega_c t)$，$u_2 = U_{2m}\cos(\omega_c t)(\omega_c \gg \Omega)$。

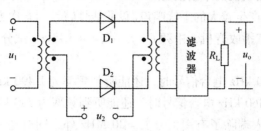

题 6 - 36 图

6 - 37　二极管平衡混频器如图所示。设二极管的伏安特性均为从原点出发，斜率为 g_d 的直线，且二极管工作在受 u_L 控制的开关状态。试求各电路的输出电压的表示式。若要取出 u_o 中的中频电压应采用什么样的滤波器？

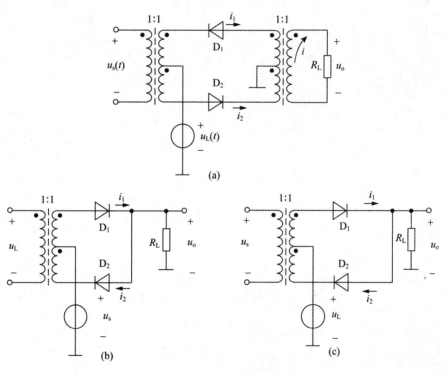

题 6 - 37 图

6 - 38　晶体三极管混频电路如图 6.6.3 所示，三极管的正向传输特性为 $i_c = a + bu_{be} + cu_{be}^2$，$LC$ 中频回路的谐振频率 $f_0 = f_1 = f_L - f_s = 465$ kHz，输入信号为 $u_s(t) = U_{sm}\cdot\cos(\omega_s t)$，本振信号为 $u_L(t) = U_{Lm}\cos(\omega_L t) = 0.8\cos(2\pi \times 1\,465 \times 10^3 t)$ V，干扰信号为 $u_n(t)$。

（1）试求线性时变条件下的变频跨导 g_c；

（2）若 $u_n(t) = 0.1\cos(2\pi \times 1\,930 \times 10^3 t)$ V 的信号通过混频器，它是什么干扰？

（3）若 $u_n(t) = 0.3\cos(2\pi \times 465 \times 10^3 t)$ V 的信号通过混频器，它是什么干扰？

6-39 某超外差接收机的中波段为 531~1 602 kHz，中频 $f_I = f_L - f_s = 465$ kHz，试问在该波段内哪些频率能产生较大的干扰哨声（设非线性特性为 6 次方项及其以下项）。

6-40 超外差式广播收音机，中频 $f_I = f_L - f_c = 465$ kHz，试分析下列两种现象属于何种干扰：

（1）当接收 $f_c = 560$ kHz 电台信号时，还能听到频率为 1 490 kHz 强电台信号；

（2）当接收 $f_c = 1\,460$ kHz 电台信号时，还能听到频率为 730 kHz 强电台的信号。

6-41 混频器输入端除了有用信号 $f_c = 20$ MHz 外，同时还有频率分别为 $f_{n1} = 19.2$ MHz，$f_{n2} = 19.6$ MHz 的两个干扰电压，已知混频器的中频 $f_I = f_L - f_c = 3$ MHz，试问这两个干扰电压会不会产生干扰？

第 7 章

角度调制与解调

本章讨论通过使载波的相角发生变化来携带信息，即角度调制。其已调信号的频谱结构不再保持原调制信号频谱的内部结构，且调制后的信号带宽通常比原调制信号带宽大得多，因此角度调制信号的频带利用率不高，但其抗干扰和噪声的能力较强。角度调制和解调电路都属于频谱非线性变换电路。

利用高频振荡的频率变化来携带信息称为调频。利用高频振荡的相位变化来携带信息称为调相。调频波和调相波都表现为高频载波瞬时相位随调制信号的变化而变化，只是变化的规律不同而已，由于频率与相位间存在微分与积分的关系，调频必然伴随着调相，调相必然伴随着调频。同样，也可以用鉴频的方法实现鉴相，用鉴相的方法实现鉴频。

本章主要讨论调频。调频波的频谱从理论上来说是无限宽的，但如果略去很小的边频分量，则其所占据的频带宽度是有限的。根据频带宽度的大小，可以分为宽带调频与窄带调频两大类。调频广播多用宽带调频，通信多用窄带调频。调频波中，调制信号的振幅由载波频率的变化表示，调制信号的频率则由载波频率的变化率表示。

7.1 调角波的性质

7.1.1 瞬时角频率与瞬时相位

简谐振荡每秒钟重复的次数称为振荡频率。矢量长度是 U_m，以 $\omega(t)$ 的角速度围绕 O 点逆时钟旋转，如图 7.1.1 所示，$t=0$ 时的矢量初始相角是 φ_0，$t=t$ 时的相角是 $\varphi(t)$，矢量在实轴上的投影为

$$u(t) = U_m \cos \varphi(t) \qquad (7.1.1)$$

瞬时角频率 $\omega(t)$ 等于瞬时相位 $\varphi(t)$ 对时间的微分

$$\omega(t) = \frac{\mathrm{d}\varphi(t)}{\mathrm{d}t} \qquad (7.1.2)$$

瞬时相位 $\varphi(t)$ 等于瞬时角频率 $\omega(t)$ 对时间的积分：

$$\varphi(t) = \int_0^t \omega(t)\mathrm{d}t + \varphi_0 \qquad (7.1.3)$$

$$u(t) = U_m\cos\left[\int_0^t \omega(t)\mathrm{d}t + \varphi_0\right] \qquad (7.1.4)$$

当 $\omega(t) = \omega_c$ 时

$$u(t) = U_m\cos\left(\int_0^t \omega_c\mathrm{d}t + \varphi_0\right) = U_m\cos(\omega_c t + \varphi_0)$$
$$(7.1.5)$$

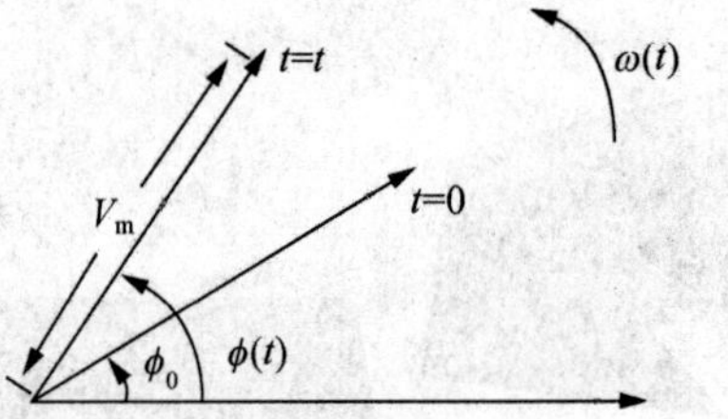

图 7.1.1 简谐振荡的矢量表示 $\varphi(t)$

式中，ω_c 是一固定频率，$\omega_c t$ 反映的是 $\varphi(t)$ 随时间的变化情况。

7.1.2 调频波数学表达式

设载波信号表达式为

$$u(t) = U_c\cos(\omega_c t + \varphi_0) \qquad (7.1.6)$$

调制信号表达式为

$$u_\Omega(t) = U_\Omega\cos(\Omega t) \qquad (7.1.7)$$

根据定义，调频时载波的瞬时频率 $\omega(t)$ 随 $u_\Omega(t)$ 呈线性变化：

$$\omega(t) = \omega_c + k_f u_\Omega(t) = \omega_c + k_f U_\Omega\cos(\Omega t) \qquad (7.1.8)$$

式中，k_f 为调频灵敏度，表示单位调制信号幅度引起的频率变化，单位为 rad/s·V 或 Hz/V。频率偏移为 $\Delta\omega = k_f U_\Omega\cos(\Omega t)$，最大频率偏移为 $\Delta\omega_m = k_f U_\Omega$。

频率随时间的变化要通过对频率的积分表现为相位随时间的变化，瞬时相位表示为

$$\varphi(t) = \int_0^t \omega(t)\mathrm{d}t + \varphi_0 = \int_0^t \left[\omega_c + k_f u_\Omega(t)\right]\mathrm{d}t + \varphi_0 = \omega_c t + k_f\int_0^t u_\Omega(t)\mathrm{d}t + \varphi_0$$

$$\varphi(t) = \omega_c t + \frac{k_f U_\Omega}{\Omega}\sin(\Omega t) \quad (\text{取 } \varphi_0 = 0) \qquad (7.1.9)$$

$$u_{FM}(t) = U_c\cos\varphi(t) = U_c\cos\left[\omega_c t + \frac{k_f U_\Omega}{\Omega}\sin(\Omega t)\right] = U_c\cos\left[\omega_c t + m_f\sin(\Omega t)\right]$$
$$(7.1.10)$$

式(7.1.10)即为调频波的数学表达式，式中 $\dfrac{k_f U_\Omega}{\Omega}\sin(\Omega t)$ 为瞬时相位偏移，其最大值为 $m_f = \dfrac{k_f U_\Omega}{\Omega}$，$m_f$ 称为调频波的调制系数。

$$m_f = \frac{k_f U_\Omega}{\Omega} = \frac{\Delta\omega_m}{\Omega} = \frac{\Delta f_m}{F} \qquad (7.1.11)$$

m_f 有两层含义，一是调制信号所引起的最大相位偏移(FM 波相位摆动的幅度)，量纲是弧度(rad)；二是调制信号单位频率所引起的最大频偏，无量纲。m_f 与调制信号的频率有关，也与其幅度有关，孤立看式(7.1.11)它无量纲，但放在式(7.1.10)调频表达式中看却有量纲，表示最大相位偏移，这是它的物理意义所在。

7.1.3 调相波的数学表达式

如果用调制信号 $u_\Omega(t)$ 对载波信号 $u(t)$ 调相，则根据定义，调相时载波的瞬时相位

$\varphi(t)$ 应随 $u_\Omega(t)$ 线性变化

$$\varphi(t) = \omega_c t + k_p u_\Omega(t) \tag{7.1.12}$$

$$\varphi(t) = \omega_c t + k_p U_\Omega \cos(\Omega t) \tag{7.1.13}$$

调相波的瞬时频率

$$\omega(t) = \frac{\mathrm{d}}{\mathrm{d}t}\varphi(t) = \omega_c - k_p U_\Omega \Omega \sin(\Omega t) \tag{7.1.14}$$

式中，k_p 是调相波的调制灵敏度，表示单位调制信号幅度引起的相位变化，单位为 rad/V。

调相波的最大频偏

$$\Delta\omega_m = k_p U_\Omega \Omega \tag{7.1.15}$$

调相波的数学表达式为

$$u_{PM}(t) = U_c \cos\varphi(t) = U_c \cos[\omega_c t + k_p U_\Omega \cos(\Omega t)] = U_c \cos[\omega_c t + m_p \cos(\Omega t)] \tag{7.1.16}$$

$$m_p = k_p U_\Omega \tag{7.1.17}$$

式中，m_p 称为调相波的调制系数，表示调制信号所引起的最大相位偏移（PM 波相位摆动的幅度），单位为 rad。

【例题 7.1.1】　已知调制信号 $u_\Omega(t) = 10\cos(2\pi \times 10^4 t)$ V，载波电压 $u_c(t) = 6\cos(2\pi \times 10^8 t)$ V，$k_f = 2\pi \times 10^4$ rad/s，试求调频信号的调频指数 m_f、最大频偏 Δf_m 和有效频谱带宽 BW，写出调频信号表示式。

解：
$$\Delta f_m = \frac{k_f U_{\Omega m}}{2\pi} = \frac{2\pi \times 10^4 \times 10}{2\pi} = 1 \times 10^5 \text{ Hz}$$

$$m_f = \frac{k_f U_{\Omega m}}{\Omega} = \frac{2\pi \times 10^4 \times 10}{2\pi \times 10^4} = 10 \text{ rad}$$

$$BW = 2(m_f + 1)F = 2 \times (10 + 1) \times 10^4 = 220 \text{ kHz}$$

$$u_{AM}(t) = 6\cos[2\pi \times 10^8 t + 10\sin(2\pi \times 10^4 t)]$$

7.1.4　调频与调相比较

由式（7.1.10）、（7.1.16）可见，调频与调相的方程式及已调波形非常相似，故调频波和调相波的基本性质有许多相同的地方，见表 7.1.1。值得指出的是，孤立看这两条公式，不能确定是调频式还是调相式，具体要看调制信号式采用 $u_\Omega(t) = U_\Omega \cos(\Omega t)$ 还是 $u_\Omega(t) = U_\Omega \sin(\Omega t)$。

表 7.1.1　调频波与调相波的比较表

项目	调频波	调相波
载波	$u_c = U_c \cos(\omega_c t)$	$u_c = U_c \cos(\omega_c t)$
调制信号	$u_\Omega = U_\Omega \cos(\Omega t)$	$u_\Omega = U_\Omega \cos(\Omega t)$
偏移的物理量	频率	相位
调制指数（最大相偏）	$m_f = \dfrac{k_f U_\Omega}{\Omega} = \dfrac{\Delta\omega_m}{\Omega} = \dfrac{\Delta f_m}{F}$	$m_P = k_p U_\Omega$

项目	调频波	调相波
最大频偏	$\Delta\omega_m = k_p U_\Omega$	$\Delta\omega_m = k_p u_\Omega \Omega$
瞬时角频率	$\omega(t) = \omega_c + k_f u_\Omega(t)$	$\omega(t) = \omega_c + k_p \dfrac{\mathrm{d}u_\Omega(t)}{\mathrm{d}t}$
瞬时相位	$\varphi(t) = \omega_c t + k_f \int u_\Omega(t)\mathrm{d}t$	$\varphi(t) = \omega_c t + k_p u_\Omega(t)$
已调波电压	$u_{FM}(t) = U_c \cos[\omega_c t + m_f \sin(\Omega t)]$	$u_{PM}(t) = U_c \cos[\omega_c t + m_p \cos(\Omega t)]$
信号带宽	$B_s = 2(m_f + 1)F_{max}$（恒定带宽）	$B_s = 2(m_p + 1)F_{max}$（非恒定带宽）

7.1.5　调频较调相应用广泛的原因

调频波的最大频移 $\Delta\omega_m = k_p U_\Omega$ 与调制频率 Ω 无关，调相波的最大频移 $\Delta\omega_m = k_p u_\Omega \Omega$ 与 Ω 成正比。由于这一根本区别，调频波的频带对于不同的调制频率 Ω 几乎维持恒定，调相波的频带则随 Ω 的不同而有较大变化。一般来说，在模拟通信中，调频比调相应用广泛，调频主要应用于模拟系统中，如调频广播、广播电视等。而在数字通信中，调相比调频应用普遍，如数字通信系统中的移相键控等。

7.2　调频信号波形的变化规律

请读者注意：掌握本节的内容将会对调频信号有一个直观的认识，改变到此为止对调频信号只有一个抽象化概念的认知。

（1）如图 7.2.1 所示，对应调制信号 $u_\Omega(t)$ 的每个周期，调频信号波形由密到疏变化，如果调制信号频率 F 为 1 Hz，则这种变化每秒钟有 1 次；如果 F 为 100 Hz，则这种变化每秒钟就有 100 次。由此可见，调频信号波形每秒钟由密到疏的变化次数由调制信号频率 F 决定。

（2）U_Ω 增大则频偏增大，反映到波形上，则密的时候更密，疏的时候更疏。U_Ω 减小则频偏减小，密疏度下降。由此可见，调频信号（载波）的频率变化范围，即频偏的大小由调制信号振幅 U_Ω 决定。

总之，在调频制中载波的瞬时频率受

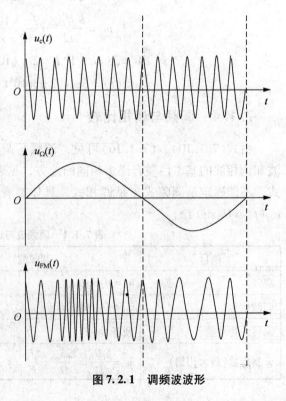

图 7.2.1　调频波波形

调制信号的控制产生变化，这种变化的周期由调制信号频率所决定，变化的大小与调制信号的强度成正比。

7.3 调频信号的频域分析

7.3.1 调频波的展开

调频波的展开式为

$$u_{FM}(t) = U_c \cos\left[\omega_c t + m_f \sin(\Omega t)\right] = \mathrm{Re}\left[U_c e^{j\omega_c t} e^{jm_f \sin(\Omega t)}\right]$$

式中，$e^{jm_f \sin(\Omega t)}$ 是周期为 $2\pi/\Omega$ 的周期性时间函数，可以将它展开为傅氏级数，其基波角频率为 Ω，即

$$e^{jm_f \sin(\Omega t)} = \sum_{n=-\infty}^{\infty} J_n(m_f) e^{jn\Omega t} \tag{7.3.1}$$

式中 $J_n(m_f)$ 是系数为 m_f 的 n 阶第一类贝塞尔函数，它可以用无穷级数进行计算：

$$J_n(m_f) = \sum_{m=0}^{\infty} \frac{(-1)^n \left(\dfrac{m_f}{2}\right)^{n+2m}}{m!(n+m)!} \tag{7.3.2}$$

它随 m_f 变化的曲线如图 7.3.1 所示，并具有以下特性：

$$J_n(m_f) = (-1)^n J_{-n}(m_f) \tag{7.3.3}$$

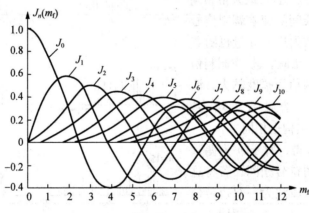

图 7.3.1 第一类贝塞尔函数曲线

n 为偶数则等式两端符号相同，n 为奇数则等式两端符号相反。因而，调频波的级数展开式为：

$$u_{FM}(t) = U_c \mathrm{Re}\left[\sum_{n=-\infty}^{\infty} J_n(m_f) e^{j(\omega_c t + n\Omega t)}\right]$$

$$= U_c \sum_{n=-\infty}^{\infty} J_n(m_f) \cos\left[(\omega_c + n\Omega)t\right] \tag{7.3.4}$$

图 7.3.1 显示：① 调制系数 m_f 越大，具有较大振幅的边频数量就越多；② 除 $J_0(m_f)$

外，在 $m_f = 0$ 时其他各阶函数值均为 0，也就是当没有角度调制时，除了载波外，不含其他频率分量。

7.3.2　调频波的频谱结构和特点

将式(7.3.4)进一步展开，有

$$u_{FM}(t) = U_c \{ J_0(m_f)\cos(\omega_c t) + J_1(m_f)\cos[(\omega_c + \Omega)t] - J_1(m_f)\cos[(\omega_c - \Omega)t] +$$
$$J_2(m_f)\cos[(\omega_c + 2\Omega)t] + J_2(m_f)\cos[(\omega_c - 2\Omega)t] +$$
$$J_3(m_f)\cos[(\omega_c + 3\Omega)t] - J_3(m_f)\cos[(\omega_c - 3\Omega)t] \} \qquad (7.3.5)$$

由式(7.3.5)可得：① FM 信号是很多单一频率信号的叠加，它的频谱由载波 ω_c 以及无穷多对边频分量 $\omega_c \pm n\Omega$ 组成，这些边频对称地分布在载频两边，其幅度取决于调制系数 m_f；② 单一频率调频波是由许多频率分量组成的，而不像振幅调制那样，单一低频调制时只产生两个边频（AM、DSB），因此调频属于非线性变换。

图 7.3.2 显示：① 相邻两根谱线的间隔为调制信号频率。调制信号频率不变，则谱线间隔不变。② 当最大角频偏 $\Delta\omega_m$ 为常数时，谱线间隔随着调制信号频率升降而伸缩，带内边频数量也随着调制信号频率升降而增减。③ 在调制信号频率一定时，调制信号幅度越大，调制系数 m_f 也越大，边频数量增多。④ m_f 相同时，频谱结构也相同。

由式(7.3.3)可得，对于 n 为偶数的边频分量，边频的符号相同，若将这一对边频相加，则合成波为一双边带信号（DSB），其高频相位与载波相同。若用矢量表示，如图 7.3.3(a)所示。

对于 n 为奇数的边频分量，边频的符号相反，它们相加后其合成矢量与载波方向垂直，若将这一对边频相加，如图 7.3.3(b)所示。

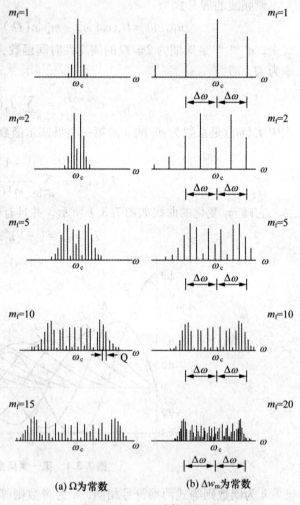

图 7.3.2　FM 波的振幅谱

对照图 7.3.3(a)、(b)可以发现，调频信号的调角作用是由这些奇次边频完成的，而它们所引起的附加幅度变化，是由偶次边频的调幅作用来补偿，从而得到幅度不变的合成矢量。

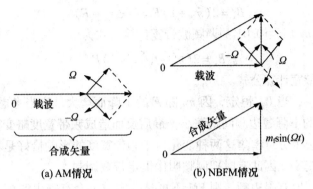

图 7.3.3　调频信号的矢量表示

7.3.3　调频信号的带宽

从上面的讨论可知，调频波的频谱结构与调制系数有密切的关系。

1. 确定带宽的准则

虽然调频被的边频分量有无数多个，但是对于任一给定 m_f 值（ N 取一定值），高到一定次数的边频分量其振幅已经小到可以忽略，滤除这些边频分量对调频波形不会产生显著的影响。因此调频信号的频带宽度实际上可以认为是有限的。通常选取有影响边频分量的准则是：信号的频带宽度应包括幅度大于未调载波 1% 以上的边频分量，即

$$| J_n(m_f) | \geqslant 0.01$$

不过，在要求不高的场合，此标准也可定为 5% 甚至 10%。对于不同的 m_f 值，有用边频的数目（ $2n$ ）可查贝塞尔函数表。也就是带宽是人为确定的，根据能量集中程度确定不同带宽。

2. 宽带调频与窄带调频及带宽

为了直观地说明 $n = m_f$ 而绘制 $n/m_f - m_f$ 曲线，如图 7.3.4 所示。由图可知：

当 $\Delta f_m \gg F$，$m_f \gg 1$ 时，$n/m_f \Rightarrow 1$，存在 $n = m_f$。也就是调制系数 m_f 越大，应取的边频数量 n 就越多。

（1）宽带调频（WBFM）：是指调制指数 $m_f \gg 1$ 时的调频。

故应将 $n = m_f$ 的边频包括在频带内，此时带宽为

$$B_s = 2nF = 2m_f F = 2\Delta f_m \qquad (7.3.6)$$

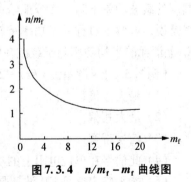

图 7.3.4　$n/m_f - m_f$ 曲线图

即宽带调频带宽约等于频偏的 2 倍。调频广播中规定频偏为 75 kHz。

（2）窄带调频（NBFM）：是指调频时其调制指数 m_f 很小的调频，如 $m_f < 0.5$。窄频带调频时

$$B_s = 2F \qquad (7.3.7)$$

对于一般情况，调频波的带宽可以取为

$$B_s = 2(m_f + 1)F = 2(\Delta f_m + F) \tag{7.3.8}$$

更近似于 $\mid J_n(m_f) \mid \geqslant 0.01$ 的调频波带宽计算公式为

$$B_s = 2(m_f + \sqrt{m_f} + 1)F \tag{7.3.9}$$

上式称为卡森带宽计算公式。

对于调频制来说，当 U_Ω 恒定，因 m_f 随 F 的下降而增大，应当考虑的边频分量增多，但同时由于随着 F 的下降各边频间距缩小，最后反而造成频带宽度略变窄。但应注意，边频分量数目增多和边带分量密集这两种变化对于频带宽度的影响恰好是相反的，所以总的效果是使频带略微变窄。因此有时把调频叫作恒定带宽调制。

值得指出的是，取有限边频，则 FM 不再是等幅波，会有寄生调幅，寄生调幅是有害的，但其变化规律与调制信号变化规律一致，从仪器上不易看到 FM 的变化规律，却可通过寄生调幅看到频率疏密变化规律。

7.3.4　调频波的功率

调频信号 $u_{FM}(t)$ 在电阻 R_L 上消耗的平均功率为

$$P_{FM} = \frac{\overline{u_{FM}^2(t)}}{R_L} \tag{7.3.10}$$

由于余弦项的正交性，总和的均方值等于各项均方值的总和，由式(7.3.10)可得

$$P_{FM} = \frac{1}{2R_L} U_c^2 \sum_{n=-\infty}^{\infty} J_n^2(m_f) \tag{7.3.11}$$

根据贝塞尔函数的性质有

$$\sum_{n \to \infty}^{\infty} J_n^2(m_f) = 1 \tag{7.3.12}$$

$$P_{FM} = \frac{U_c^2}{2R_L} = P_c \tag{7.3.13}$$

式(7.3.13)说明，调频前后平均功率没有发生变化。当调制指数 m_f 由零增加时，已调制的载波功率下降，而分配给边频分量，能量从载波向边频分量转移，总能量不变。这就是说，调频的过程就是功率重新分配的过程。式(7.3.13)说明，调频信号 $u_{FM}(t)$ 在电阻 R_L 上消耗的平均功率等于载波在电阻 R_L 上消耗的功率。

【例 7.3.1】　调角波 $u(t) = 20\cos[2\pi \times 10^6 t + 10\cos(1\,000\pi t)]$ V，试确定：

(1) 最大频偏；

(2) 最大相偏；

(3) 信号带宽；

(4) 此信号在单位电阻上的功率；

(5) 能否确定这是 FM 波还是 PM 波？

解： 根据给定条件可得

$\Omega = 1\,000\pi$ rad/s，$F = 500$ Hz，$\Delta\varphi(t) = 10\cos(1\,000\pi t)$

(1) 最大频偏 $\Delta\omega = \dfrac{\mathrm{d}\Delta\varphi(t)}{\mathrm{d}t} = -10\,000\pi\sin(1\,000\pi t)$

故 $\Delta\omega_m = 10\,000\pi$ rad/s，$\Delta f_m = \dfrac{\Delta\omega_m}{2\pi} = 5\,000$ Hz。

（2）最大相偏 $\Delta\varphi_m = m_p = 10$ rad。

（3）信号带宽度 $B_s = 2(\Delta f_m + F) = 2 \times (5\,000 + 500)\,\text{Hz} = 11$ kHz。

（4）因为调角波的功率就等于载波功率，所以 $P = \dfrac{U_c^2}{2R_L} = \dfrac{20^2}{2} = 200$ W。

（5）因题中没有给出调制信号的形式，故无法判定它是 FM 信号还是 PM 信号。

7.4 调频特性及对调频器的技术要求

调频特性是指调频器的调制特性，即输出已调信号频率（或频偏）随输入信号（调制信号）的变化规律。调频特性如图 7.4.1 所示。理想情况下 Δf 与 U_Ω 是线性关系，直线越长则线性范围越宽，斜率越大说明比较小的调制信号幅度能获得较大频偏。Δf 与 U_Ω 的关系曲线能直观表示 FM 的功能。

鉴于调频特性可得对调频器的技术要求有：

（1）已调波的瞬时频率（或频偏）随输入信号（调制信号）成比例线性变化，也就是调制特性线性要好。

（2）最大频偏要满足要求并且与调制频率无关。

（3）电路的调制灵敏度要高。

（4）未调制时的载波频率，即已调波的中心频率具有一定的稳定度（视应用场合不同而有不同的要求）。

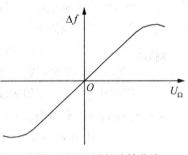

图 7.4.1 调频特性曲线

7.5 调频方法概述

产生调频信号的方法主要有两类：第一类是用调制电压直接控制振荡器的振荡频率，使振荡频率按调制电压的规律变化。第二类是先将调制信号积分，然后对载波进行调相，结果得到调频波。

7.5.1 直接调频原理

直接调频的基本原理是用调制信号直接线性地改变载波振荡的瞬时频率。这种方法一般是若被控制的是 LC 振荡器，则只需控制振荡回路的某个元件（L 或 C），使其参数随调制电压变化，就可以完成直接调频的任务。它的优点是振荡器与调制器合二为一，在实现线性调频的要求下，可以获得较大的频偏。缺点是频率稳定度差。

变容二极管或反向偏置的半导体 PN 结，可以作为电压控制可变电容元件。具有铁氧体磁芯的电感线圈，可以作为电流控制可变电感元件。若将以上元件或电路并联在振荡回路上（或直接代替某一个回路元件），即可实现直接调频。

7.5.2　间接调频原理

用调制信号 $u_\Omega(t) = U_\Omega\cos(\Omega t)$ 对载波进行调频时，其瞬时相位为 $\varphi(t) = k_f\int_0^t \omega(t)\mathrm{d}t_0$，式中 $\omega(t) = \omega_c + k_f u_\Omega(t)$，即将 $u_\Omega(t)$ 积分后再对载波调相，得到：

$$u_{FM}(t) = U_c\cos\varphi(t) = U_c\cos[\omega_c t + m_f\sin(\Omega t)]$$

间接调频的基本思想是：先将调制信号积分，然后对载波调相。这样，就可以采用频率稳定度很高的振荡器（如石英晶体振荡器）作为载波振荡器，然后在它的后级进行调相，因而调频波的中心频率稳定度很高。间接调频曾因其频移太小，需要非常高次的倍频，而使得它的实际应用受到限制。

【例 7.5.1】　频率为 100 MHz 的载波被频率为 10 kHz 的正弦信号调制，最大频偏为 75 kHz，求此时 FM 波的带宽。若 U_Ω 加倍，频率不变，带宽是多少？若 U_Ω 不变，频率增大 1 倍，带宽如何？若 U_Ω 和频率都增大 1 倍，带宽又如何？

解： 已知 $\omega_c = 100$ MHz，$F = 10$ kHz，$\Delta f_m = 75$ kHz

（1）$B_s = 2(\Delta f_m + F) = 2\times(75+10) = 170$ kHz

（2）当 U_Ω 加倍时，因为 Δf_m 正比于 U_Ω，所以 Δf_m 也加倍，调频指数 m_f 增大 1 倍。

$$B_s = 2(\Delta f_m + F) = 2\times(150+10) = 320 \text{ kHz}$$

（3）当 U_Ω 不变、F 加倍时，最大频偏不变，但调频指数 m_f 减小 1 倍，所以带宽为

$$B_s = 2(\Delta f_m + F) = 2\times(75+20) = 190 \text{ kHz}$$

（4）当 U_Ω、F 都加倍时，最大频偏加倍，但调频指数不变，所以带宽为

$$B_s = 2(\Delta f_m + F) = 2\times(150+20) = 340 \text{ kHz}$$

7.6　变容二极管调频电路

7.6.1　变容二极管简介

如图 7.6.1 所示，C_j 为结电容，R_s 为变容二极管的等效串联电阻（包括接线电阻、引线电阻及 PN 结电阻），L_s 为引线电感。变容二极管有 4 个基本参量，即结电容 C_j，电容变化比，串联电阻 R_s 和击穿电压。它的结电容随所加负偏压而变化，在零偏压时最大，在临近击穿时最小。

变容二极管的典型特性曲线如图 7.6.2（a）所示，图中 u 为反向偏压，C_j 为结电容。在零偏压

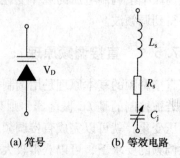

（a）符号　　　　（b）等效电路

图 7.6.1　变容二极管符号和等效电路

时的结电容与在击穿电压时的结电容之比称为电容变化比。串联电阻 R_s 会使变容二极管产生损耗，这种损耗越大，变容二极管的质量越差，故 R_s 越小越好。变容二极管击穿电压较高，一般 15～90 V。其温度系数约为（0.03～0.05）%/℃。

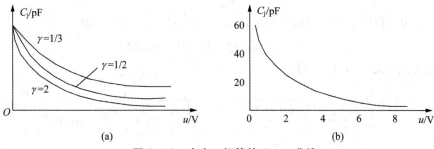

图 7.6.2　变容二极管的 C_j–u 曲线

变容二极管在一定的反向偏压下呈现一个较大的结电容 C_j，这个结电容能灵敏地随反向偏压 u 变化，利用这一特性把变容二极管接在 VCO 振荡回路里做压控器件，构成了 $\omega(t)$ 与 $u_\Omega(t)$ 之间的定量关系实现了调频，同时可减小调制时产生的非线性失真。变容二极管调频主要优点是能够获得较大的频偏，电路结构简单，并且几乎不需要调制功率。其主要缺点是中心频率稳定度低。

变容二极管 PN 结存在势垒电容和扩散电容，它主要利用二极管的势垒电容，故变容二极管须工作在反向状态。变容二极管结电容 C_j 与在其两端所加反偏电压 u 之间存在着如下关系：

$$C_j = \frac{C_0}{\left(1 + \dfrac{u}{u_\varphi}\right)^\gamma} \tag{7.6.1}$$

式中，C_0 是变容二极管无偏压时的电容；u_φ 是 PN 结的势垒电压，Si：0.7 V，Ge：0.3 V；γ 是结电容变化指数（与工艺有关的参数），通常 $\gamma = 1/3 \sim 1/2$，经特殊工艺制成的超突变结电容 $\gamma = 1 \sim 5$；u 是加在其上的反向电压。

可以看出，C_j 与 u 之间是非线性关系，这种非线性电容基本上不消耗能量，产生的噪声量级也较小，是较理想的高效率低噪声非线性器件。静态工作点为 U_Q 时，变容二极管结电容为

$$C_j = C_Q = \frac{C_0}{\left(1 + \dfrac{U_Q}{u_\varphi}\right)^\gamma} \tag{7.6.2}$$

令 $m = \dfrac{V_\Omega}{V_D + V_0}$，称其为调制深度，于是

$$C_j = C_0 [1 + m\cos(\Omega t)]^{-\gamma}$$

则

$$C' = C_1 + \frac{C_c C_j}{C_c + C_j} = C_1 + \frac{C_c}{1 + \dfrac{C_c}{C_j}} = C_1 + \frac{C_c}{1 + \dfrac{C_c}{C_0}[1 + m\cos(\Omega t)]^\gamma}$$

则回路振荡引起的总电容变化为

$$\Delta C(t) = C' - C = \frac{C_{\mathrm{c}}}{1 + \dfrac{C_{\mathrm{c}}}{C_0}[\,1 + m\cos(\Omega t)\,]^{\gamma}} - \frac{C_{\mathrm{c}}}{1 + \dfrac{C_{\mathrm{c}}}{C_0}}$$

设在变容二极管上加的调制信号电压为 $u_{\Omega}(t) = U_{\Omega}\cos(\Omega t)$，则

$$u = U_{\mathrm{Q}} + u_{\Omega}(t) = U_{\mathrm{Q}} + U_{\Omega}\cos(\Omega t)$$

将上式代入式(7.6.1)，得

$$C_{\mathrm{j}} = \frac{C_0}{\left[1 + \dfrac{U_{\mathrm{Q}} + U_{\Omega}\cos(\Omega t)}{u_{\varphi}}\right]^{\gamma}} = \frac{C_0}{\left(\dfrac{u_{\varphi} + U_{\mathrm{Q}}}{u_{\varphi}}\right)^{\gamma}\left[1 + \dfrac{U_{\Omega}}{u_{\varphi} + U_{\mathrm{Q}}}\cos(\Omega t)\right]^{\gamma}} \tag{7.6.3}$$

于是

$$C_{\mathrm{j}} = C_{\mathrm{Q}}[\,1 + m\cos(\Omega t)\,]^{-\gamma} \tag{7.6.4}$$

式中

$$m = U_{\Omega}/(U_{\mathrm{Q}} + u_{\varphi}) \approx U_{\Omega}/U_{\mathrm{Q}} \tag{7.6.5}$$

7.6.2　变容二极管调频电路原理

如图7.6.3所示是一电容三点式压控振荡电路，变容二极管 V_{D}、C_1、C_2、L 构成 VCO 的谐振回路，C_4 是变容管与 LC 回路之间的耦合电容，同时起隔直的作用。RFC 是高频扼流圈，起隔离高频信号的作用，但调制信号 $u_{\Omega}(t)$ 可以通过。C_3 也起隔直的作用。变容二极管 V_{D} 并联在振荡回路里，加有高频振荡电压、调制信号 $u_{\Omega}(t)$ 和反向直流电压 E_{Q}。将 VCO 作调频器使用，变容二极管结电容 C_{j} 近似回路的总电容。把调制信号直接接入谐振回路，则振荡频率受其控制，适当选择变容二极管的特性和工作状态，可以使振荡频率的变化近似地与调制信号呈线性关系，从而实现了调频。

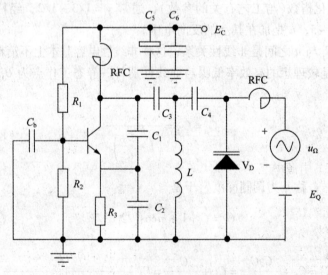

图7.6.3　变容管作为回路总电容全部接入回路

变容二极管上加 $u_\Omega(t)$，C_j 随时间变化（C_j 变成时变电容），此时振荡频率为：

$$\omega(t) = \frac{1}{\sqrt{LC_j}} = \frac{1}{\sqrt{LC_Q}}[1 + m\cos(\Omega t)]^{\gamma/2} = \omega_c[1 + m\cos(\Omega t)]^{\gamma/2} \qquad (7.6.6)$$

式中，$\omega_c = 1/\sqrt{LC_Q}$ 为压控振荡器中心频率。

由于变容二极管上加有三种电压，故回路容易出现频率漂移。

在式(7.6.6)中，若 $\gamma = 2$，则

$$\omega(t) = \omega_c[1 + m\cos(\Omega t)]$$
$$= \omega_c + \Delta\omega(t) \qquad (7.6.7)$$

其中

$$\Delta\omega(t) = \frac{\omega_c u_\Omega(t)}{U_\Omega + u_\varphi} \propto u_\Omega(t) \qquad (7.6.8)$$

即在 ω_c 的基础上增加 $\Delta\omega(t)$，$\Delta\omega(t)$ 与 $u_\Omega(t)$ 成正比，则完成了线性调频。一般情况下，$\gamma \neq 2$，式(7.6.6) 可以展开成幂级数

$$\omega(t) = \omega_c\left[1 + \frac{\gamma}{2}m\cos(\Omega t) + \frac{1}{2!}\cdot\frac{\gamma}{2}\left(\frac{\gamma}{2} - 1\right)m^2\cos^2(\Omega t) + \cdots\right] \qquad (7.6.9)$$

忽略高次项，上式可近似为

$$\omega(t) = \omega_c + \frac{\gamma}{8}\left(\frac{\gamma}{2} - 1\right)m^2\omega_c + \frac{\gamma}{2}m\omega_c\cos(\Omega t) + \frac{\gamma}{8}\left(\frac{\gamma}{2} - 1\right)m^2\omega_c\cos(2\Omega t)$$
$$= \omega_c + \Delta\omega_c + \Delta\omega_m\cos(\Omega t) + \Delta\omega_{2m}\cos(2\Omega t) \qquad (7.6.10)$$

注意式(7.6.9) 中存在 $\cos^2(\Omega t)$，平方后出现直流项 $\frac{\gamma}{8}\left(\frac{\gamma}{2} - 1\right)m^2$，与 ω_c 相乘，式中

出现 $\omega_c + \frac{\gamma}{8}\left(\frac{\gamma}{2} - 1\right)m^2\omega_c = \omega + \Delta\omega_c$，是调制过程中因 $C_j - u$ 不是线性关系所产生的载频（中心频率）漂移。$\Delta\omega_m$ 为最大角频偏，是调制电路的重要参数。$\Delta\omega_{2m}$ 为二次谐波最大频偏，是由于 $C_j - u$ 的非线性引起的二次谐波失真。二次谐波失真系数可用下式求出：

$$K_{f2} = \frac{\Delta\omega_{2m}}{\Delta\omega_m} = \frac{1}{4}\left(\frac{\gamma}{2} - 1\right)m \qquad (7.6.11)$$

调频灵敏度可以通过调制特性或式(7.6.11)求出。根据调频灵敏度的定义，有

$$k_f = S_f = \frac{\Delta\omega_m}{U_\Omega} = \frac{\gamma}{2}\frac{m\omega_c}{U_\Omega} = \frac{\gamma}{2}\frac{\omega_c}{E_Q + u_\varphi} \approx \frac{\gamma}{2}\frac{\omega_c}{E_Q} \qquad (7.6.12)$$

由以上分析可得出变容二极管调频电路的特点：① 输出频偏大，调制灵敏度高；② 由于 C_j 随温度、电源电压变化大，故振荡器的载频（中心频率）频率稳定度低，振荡回路的高频电压完全作用在变容管上，因此存在寄生调制。当偏压较小时，若变容管生高频电压过大，可能导致二极管正向导通，也将引起中心频率不稳。变容管等效电容随高频电压振幅和偏压的变化如图 7.6.4 所示。

出现上述问题通常利用对变容二极管串联或并联电容的方法来调整回路总电容 C 与电压 u 之间的特性，C_j 部分接入。变容管部分接入回路的一般电路可简化为图 7.6.5，这样，回路的总电容为

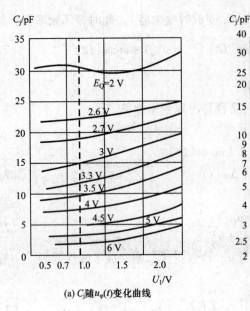

(a) C_j随$u_\varphi(t)$变化曲线

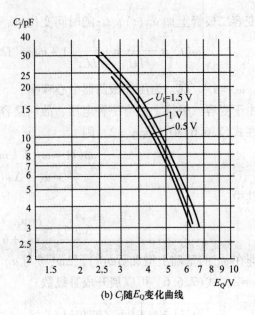

(b) C_j随E_Q变化曲线

图 7.6.4   变容管等效电容随高频电压振幅和偏压的变化

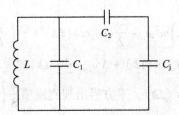

图 7.6.5   部分接入的振荡回路

$$C = C_1 + \frac{C_2 C_j}{C_2 + C_j} = C_1 + \frac{C_2 C_Q}{C_2[1 + m\cos(\Omega t)]^\gamma + C_Q}$$

振荡频率为

$$\omega(t) = \omega_c[1 + A_1 m\cos(\Omega t) + A_2 m^2 \cos^2(\Omega t) + \cdots]$$

$$= \omega_c + \frac{A_2}{2} m^2 \omega_c + A_1 m \omega_c \cos(\Omega t) + \frac{A_2}{2} m^2 \omega_c \cos(2\Omega t) + \cdots \quad (7.6.13)$$

式中

$$\omega_c = \frac{1}{\sqrt{L\left(C_1 + \dfrac{C_2 C_Q}{C_2 + C_Q}\right)}}$$

$$A_1 = \frac{\gamma}{2p}$$

$$A_2 = \frac{3}{8} \cdot \frac{\gamma^2}{p^2} + \frac{1}{4} \cdot \frac{\gamma(\gamma - 1)}{p} - \frac{\gamma^2}{2p} \cdot \frac{1}{1 + p_1}$$

$$p = (1 + p_1)(1 + p_1 p_2 + p_2)$$

$$p_1 = \frac{C_Q}{C_2}$$

$$p_2 = \frac{C_1}{C_Q}$$

因此，瞬时频偏为

$$\Delta f(t) = mf_c\left[\frac{A_2}{2}m + A_1\cos(\Omega t) + \frac{A_2}{2}m\cos(2\Omega t) + \cdots\right] \tag{7.6.14}$$

从式(7.6.14)可以看出，当 C_j 部分接入时，其最大频偏为

$$\Delta f_m = A_1 mf_c = \frac{\gamma}{2p}mf_c \tag{7.6.15}$$

上式说明，最大频偏是全接入的 $1/p$，其控制灵敏度为原来的 $1/p$。

如图 7.6.6 所示，曲线②是 C_j 与 u 的关系曲线。曲线①是 C_j 并联一个电容 C_1 后与 u 的关系曲线，等效电容比 C_j 大，所以曲线①位于曲线②的上方。u 越大则 C_j 容量减小，C_1 的影响越大，曲线①变化趋缓，斜率减小。u 越小则 C_j 增大，C_1 的影响减小，曲线①的斜率越接近曲线②的斜率。曲线③是 C_j 串联一个电容 C_2 时总的等效电容与 u 的关系曲线，等效电容比 C_j 小，所以曲线③位于曲线②的下方。u 越小则 C_j 增大，C_2 的影响增大，曲线③变化趋缓，斜率减小。

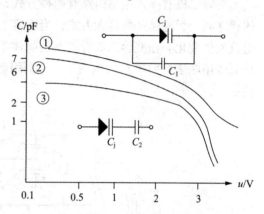

图 7.6.6　C_j 与固定电容串、并联后的特性

u 越大则 C_j 容量减小，C_2 的影响减小，曲线③的斜率越接近曲线②的斜率。所以，串联 C_2 使曲线高端变化趋缓，并联 C_1 使低端变化减缓，两者合成使 γ 接近于 2，使谐波减少频偏增大。也就当 γ 不等于 2 时，为实现线性调频，串联并联电容改善了 $C_j - u$ 曲线的特性，使它近似为直线。

由于 C_j 与固定电容串、并联，虽然会在一定程度上降低了压控灵敏度 k_f，减小了调频电路的最大频偏，但改善了调频特性，相应降低了变容管结电容 C_j 随温度变化的量值，使中心频率更加稳定，在保证最大频偏的前提下，尽量减小了非线性失真，同时降低了输出信号的相位噪声。C_1、C_2 的接入还有利于降低电源电压波动对频率漂移的影响，因电源电压波动引起变容二极管偏压变化，导致容量改变。

7.7　晶体振荡器直接调频

直接调频的主要优点是可以获得较大的频偏，但是中心频率的稳定性(主要是长期稳定性)较差。在某些情况下，对中心频率的稳定度提出了比较严格的要求。例如，在 88 ~ 108 MHz 频段的调频电台，为了减小邻近电台间的相互干扰，通常规定各电台调频信号中

心频率的绝对稳定度不劣于正负 2 kHz。若中心频率为 100 MHz，这就意味着其相对频率稳定度不劣于 2×10^{-5}。这种稳定度要求，前述几种直接调频方法都无法达到，目前，稳定中心频率常采用以下三种方法：

① 对石英晶体振荡器进行直接调频；

② 采用自动频率控制电路；

③ 利用锁相环路稳频。

晶体振荡器有两种类型，一种是工作在石英晶体的串联谐振频率上，晶体等效为一个短路元件，起着选领作用；另一种是工作于晶体的串联与并联谐振频率之间，晶体等效为一个高品质因数的电感元件，作为振荡回路元件之一。通常是利用变容二极管控制后一种晶体振荡器的振荡频率来实现调频。

变容二极管接入振荡回路有两种方式，一种是与石英晶体相串联，另一种是与石英晶体相并联。无论哪一种接入方式，当变容二极管的结电容发生变化时，都引起晶体的等效电抗发生变化。在变容二极管与石英晶体相串联的情况下，变容管结电容的变化，主要是使晶体串联谐振频率 f_q 发生变化，从而引起石英晶体的等效电抗的大小变化，如图 7.7.1 所示。

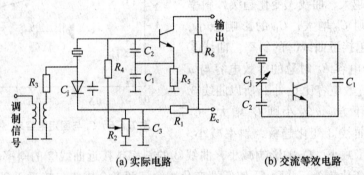

(a) 实际电路　　　　　　　(b) 交流等效电路

图 7.7.1　晶体振荡器直接调频电路

图 7.7.1(a)为变容二极管对晶体振荡器直接调频电路，图 7.7.1(b)为其交流等效电路。由图可知，此电路为并联型晶振皮尔斯电路，其稳定度高于密勒电路。其中，变容二极管相当于晶体振荡器中的微调电容，它与 C_1、C_2 的串联等效电容作为石英谐振器的负载电容 C_L。此电路的振荡频率为

$$f_1 = f_q \left[1 + \frac{C_q}{2(C_L + C_0)} \right] \tag{7.7.1}$$

石英晶体工作于感性区，振荡频率介于晶体的串联振荡频率和并联振荡频率之间，其相对频偏很窄，只有 $10^{-3} \sim 10^{-4}$。扩大频偏的方法有：

① 在晶体两端并联小电感，该法简单有效，但扩展范围有限，同时会使中心频率稳定度下降；

② 利用 π 型网络进行阻抗变换；

③ 在调频振荡器的输出端增设多次倍频和混频的方法，该法不仅满足了载频的要求，也增加了频偏。

7.8 鉴频器与鉴频方法

7.8.1 鉴频概念和鉴频特性

1. 鉴频概念

调频信号的解调是从原调频波 $u_{FM}(t) = U_c \cos \varphi(t) = U_c \cos[\omega_c t + m_f \sin(\Omega t)]$ 中恢复出原调制信号 $u_\Omega(t)$ 的过程，完成调频波解调的过程的电路称为频率检波器——鉴频器。为了消除干扰，鉴频器中常包含限幅器。

2. 鉴频特性

鉴频特性可以由鉴频特性曲线来全面描述。鉴频特性曲线是指鉴频器的输出电压 u_o 与输入电压瞬时频率 f 或频偏之间的关系曲线。反映了鉴频器输出电压 u_o 与输入信号电压 $u_{FM}(t)$ 的频偏 Δf 之间的关系曲线。

理想鉴频特性曲线应是一条直线，但实际上往往有弯曲，呈 S 形，如图 7.8.1 所示。

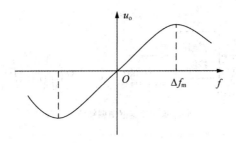

图 7.8.1 鉴频特性曲线

7.8.2 鉴频器的主要参数

1. 鉴频器的中心频率 f_0

鉴频器的中心频率 f_0 对应于鉴频特性曲线原点处的频率。通常，由于鉴频器在中频放大器之后，故中心频率与中频频率相同。

2. 鉴频带宽 B_m

鉴频带宽 B_m 是指鉴频器能够不失真地解调所允许输入信号频率变化的最大范围。在图 7.8.1 中 $B_m = 2\Delta f_m$。要求 B_m 应大于输入 FM 波最大频偏摆动范围 $2\Delta f_m$。

3. 鉴频器的线性度

鉴频器的线性度是指鉴频特性曲线在鉴频带宽内的线性特性。

4. 鉴频线性范围

由于输入调频信号的瞬时频率是在载频附近变化，故鉴频特性曲线位于载频附近，其中线性部分大小称为鉴频线性范围。

5. 鉴频跨导 SD

鉴频跨导 SD 可以理解为将输入频率转换为输出电压的能力或效率，它表示单位频偏所能产生的解调输出电压。鉴频跨导又叫作鉴频灵敏度。用公式表示为

$$S_{\mathrm{D}} = \frac{\mathrm{d}u_{\mathrm{o}}}{\mathrm{d}f}\bigg|_{f=f_{\mathrm{c}}} = \frac{\mathrm{d}u_{\mathrm{o}}}{\mathrm{d}\Delta f}\bigg|_{\Delta f=0} \tag{7.8.1}$$

表明了鉴频特性曲线在原点处（$\Delta f=0$）的斜率，反映了鉴频灵敏度。显然希望 S_{D} 值应尽可能大。

7.8.3 鉴频方法

1. 振幅鉴频法

二极管峰值包络检波器线路简单、性能好，调频波振幅恒定无法直接用包络检波器解调。但将等幅的调频信号变换成振幅也随瞬时频率变化的既调频又调幅的 FM-AM 波，将这个信号送二极管包络检波器就可以解调出调频信号。如图 7.8.2 所示，对应的频率高则幅度高，频率低则幅度低。应用该原理的鉴频器称为振幅鉴频器。图中变换电路具有线性频率-电压转换特性。

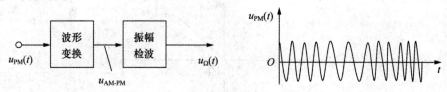

(a) 振幅鉴频器框图调频信号波形

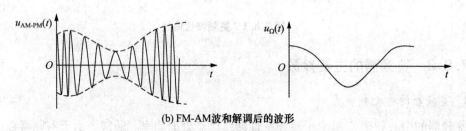

(b) FM-AM 波和解调后的波形

图 7.8.2　振幅鉴频器原理

2. 相位鉴频法

相位鉴频法的原理框图如图 7.8.3 所示。图中的变换电路具有线性的频率-相位转换特性，它可以将等幅的调频信号变成相位也随瞬时频率变化的、既调频又调相的 FM-PM 波。

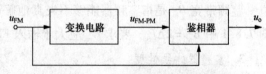

图 7.8.3　相位鉴频法的原理框图

相位鉴频法的关键是相位检波器（PD），也称为鉴相器，是用来检出两个信号之间的相位差，完成相位差-电压变换作用的部件或电路。设输入鉴相器的两个信号分别为（有

90°的固定相差）：

$$u_1 = U_1 \cos\left[\omega_c t + \varphi_1(t)\right] \tag{7.8.2}$$

$$u_2 = U_2 \cos\left[\omega_c t - \frac{\pi}{2} + \varphi_2(t)\right] = U_2 \sin\left[\omega_c t + \varphi_2(t)\right] \tag{7.8.3}$$

上述两个信号同时作用于鉴相器。鉴相器比较两个同频输入电压 $u_1(t)$ 和 $u_2(t)$ 的相位，而输出电压是两个输入电压相位差的函数，其中，$\varphi_1(t)$ 是 $u_1(t)$ 的瞬时相位，$\varphi_2(t)$ 是 $u_2(t)$ 的瞬时相位，当线性鉴相的情况下，输出电压 $u_o(t)$ 与两个输入电压的瞬时相位差成正比（图 7.8.4）：

$$u_o(t) = k\left[\varphi_1(t) - \varphi_2(t)\right] \tag{7.8.4}$$

通常 $u_1(t)$ 为调相波，$u_2(t)$ 为参考信号。与调幅信号的解调类似，鉴频方法也有乘积型和叠加型两类。

（1）乘积型相位鉴频法

利用乘积型鉴相器实现鉴频的方法称为乘积型相位鉴频法。在乘积型相位鉴频器中，线性相移网络通常是单谐振回路（或耦合回路），而相位检波器为乘积型鉴相器，如图 7.8.5 所示。

图 7.8.4　鉴相器　　　　　　图 7.8.5　乘积型相位鉴频法

设：鉴相器输入 PM 信号，$u_s(t) = U_1 \cos\left[\omega_o t + \varphi(t)\right]$，而另一输入信号为 $u_s(t)$ 的同频正交载波 $u_s'(t) = U_2 \cos\left(\omega_o t + \frac{\pi}{2}\right)$

则经过低通滤波，滤除 $\cos\left[2\omega_o t + \varphi(t) + \frac{\pi}{2}\right]$，得到输出为

$$u_o(t) = \frac{1}{2} K U_1 U_2 \cos\left[\varphi(t) - \frac{\pi}{2}\right] = \frac{1}{2} K U_1 U_2 \sin\varphi(t) \tag{7.8.5}$$

式中，K 为相乘器的乘积因子。

可见乘积型鉴相器具有正弦形鉴相特性。若：

$$\varphi(t) = \frac{\pi}{2} - \arctan(2Q_0 \Delta f/f_0) \tag{7.8.6}$$

式中，f_0 和 Q_0 分别为谐振回路的谐振频率和品质因素，$f_0 = f_c$。设乘法器的乘积因子为 K，则经过相乘器和低通滤波器后的输出电压为

$$u_o = \frac{K}{2} U_1 U_2 \sin\left(\arctan\frac{2Q_0 \Delta f}{f_0}\right) \tag{7.8.7}$$

由上式可知，乘积型相位鉴频器的鉴频特性呈正弦形。当 $\Delta f/f_0 \ll 1$ 时

$$u_0 = K U_1 U_2 Q_0 \Delta f/f_0 \tag{7.8.8}$$

可见鉴频器输出与输入信号的频偏成正比。特别需要说明的是，由于鉴频器是频谱的

非线性变换，所以不能简单用乘法器来实现，因此上述电路模型是有局限的，即只有在频偏较小时才成立。

（2）叠加型相位鉴频法

利用叠加型鉴相器实现鉴频的方法称为叠加型相位鉴频法。对于叠加型鉴相器，就是先将式（7.8.2）和式（7.8.3）相加，把两者的相位差的变化转换为合成信号的振幅变化，然后用包络检波器检出其振幅变化，从而达到鉴相的目的。如图7.8.6所示。

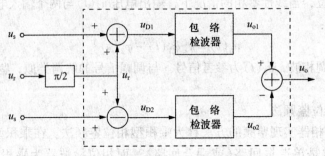

图7.8.6 平衡式叠加型相位鉴频器框图

需要指出的是，叠加型鉴频器的工作过程包括两个阶段，通过叠加，将两个信号电压之间的相位差变换为合成信号的包络变化（PM-AM），利用包络检波器检出调制信号。

7.9 鉴频器电路

7.9.1 斜率鉴频器

斜率鉴频器主要功能是将 FM 波变成 FM-AM 波，送包络检波器，输出调制信号。

1. 单失谐回路斜率鉴频器

单失谐回路斜率鉴频器是最简单的斜率鉴频器。它由一个单失谐回路和一个二极管包络检波器所构成。如图 7.9.1 所示，LC 组成并联谐振回路，调频载波频率 f_c 偏离 LC 谐振频率 f_0，调谐回路处于失谐状态，利用其幅频特性的倾斜部分将频率变化转变成幅度变化，因此称为斜率鉴频法，又称为失谐回路法。它的不足之处是线性度较差，线性范围较小，故采用三调谐回路的双失谐平衡鉴频电路来改进。

2. 双失谐斜率鉴频器

双失谐回路斜率鉴频器采用对称电路结构，通过一定的相互补偿展宽了频率－振幅转换的线性区域，其电路原理类似于乙类放大器对交越失真的改进过程。如图 7.9.2 所示，有三个调谐回路，它们的谐振频率分别满足：

$$f_{03} < f_{01} = f_c < f_{02}$$

且
$$f_{02} - f_c = f_c - f_{03}$$

将两个失谐特性相减得到幅度对频率的变化，即鉴频特性曲线，再经包络检波得到跟

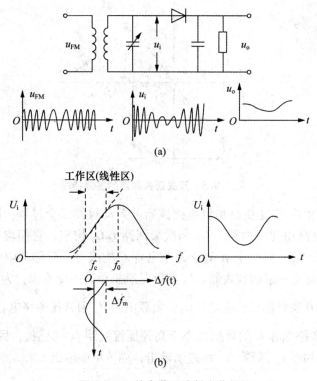

(a)

图 7.9.1　单失谐回路斜率鉴频法

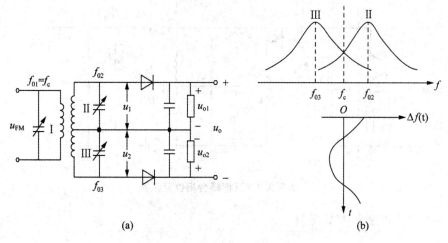

(a)　　　　　　　　(b)

图 7.9.2　双失谐平衡鉴频器

随频率变化的输出电压。两个失谐特性相减后线性得以改善,线性范围展宽,如图 7.9.3 所示。灵敏度也高于单失谐回路斜率鉴频器。双失谐平衡鉴频器存在元件对称性差和不容易调整的缺点。

7.9.2　互感耦合相位鉴频器

互感耦合相位鉴频器属于叠加型相位鉴频器。其工作原理可分为移相网络的频率-相

211 ◀◀

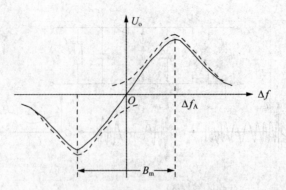

图 7.9.3　双失谐鉴频器的鉴频特性

位变换、加法器的相位-幅度变换和包络检波器的差动检波三个过程。图 7.9.4 是其典型
电路，频-相转换电路由初级回路 L_1C_1 和次级回路 L_2C_2 构成，它们均调谐在输入载频 f_c
上。由二极管 V_{D1}、V_{D2}，两个电阻 R_L，两个电容 C 构成上下对称的两个包络检波器作鉴
相器。放大部分实际是一限幅放大器。L_3 实际是感抗很大的扼流圈，为检波器构成直流通
路。$\dot{U}_1$ 经互感耦合在次级形成感应电压 $\dot{U}_2$。负载电阻 R_L 通常比旁路电容 C 的容抗大得多，
而耦合电容 C_o 和旁路电容 C 的容抗远小于高频扼流线圈 L_3 的感抗，因此 $\dot{U}_1$ 经电容 C_o 耦
合到次级几乎全部加在 L_3 两端。u_o 可差动输出，亦可单端输出。

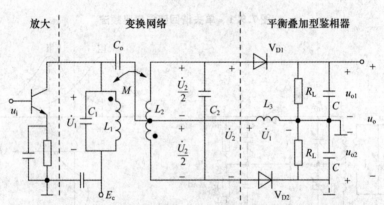

图 7.9.4　互感耦合相位鉴频器

1. 移相网络的频率-相位变换

由双调谐等效电路图 7.9.5(b)可知，次级回路是一 LC 串联谐振回路，$\dot{E}_2$ 是初次级回
路耦合产生的感生电动势。由图 7.9.5(a)可知，初级回路电感 L_1 中的电流为(其中 Z_f 为
次级映射电阻)

$$\dot{I}_1 = \frac{\dot{U}_1}{r_1 + j\omega L_1 + Z_f}$$

考虑初、次级回路均为高 Q 回路，r_1 也可忽略。这样，上式可近似为

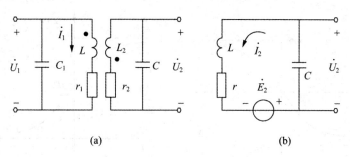

图 7.9.5 互感耦合回路

$$\dot{I}_1 \approx \frac{\dot{U}_1}{j\omega L_1} \tag{7.9.1}$$

初级电流在次级回路产生的感应电动势为

$$\dot{E}_2 = j\omega M \dot{I}_1 = \frac{M}{L_1}\dot{U}_1 = k\dot{U}_1 \tag{7.9.2}$$

感生电动势 $\dot{E}_2$ 在次级回路形成的电流 $\dot{I}_2$ 为

$$\dot{I}_2 = \frac{\dot{E}_2}{r_2 + j\left(\omega L_2 - \dfrac{1}{\omega C_2}\right)} = \frac{M}{L_1} \cdot \frac{\dot{U}_1}{r_2 + j\left(\omega L_2 - \dfrac{1}{\omega C_2}\right)} \tag{7.9.3}$$

$$\dot{U}_2 = -\frac{\dot{I}_2}{j\omega C_2} = j\frac{1}{\omega C_2}\frac{M}{L_1}\frac{\dot{U}_1}{r_2 + j\left(\omega L_2 - \dfrac{1}{\omega C_2}\right)} \tag{7.9.4}$$

令 $\xi = 2Q\dfrac{\Delta f}{f_0}$，则上式变为

$$\dot{U}_2 = \frac{jA}{1+j\xi}\dot{U}_1 = \frac{A\dot{U}_1}{\sqrt{1+\xi^2}}\,\mathrm{e}^{\frac{\pi}{2}-\varphi} \tag{7.9.5}$$

式中，$A = kQ$ 为耦合因子，$\varphi = \arctan\xi$ 为次级回路的阻抗角。上式表明：① $\dot{U}_2$ 与 $\dot{U}_1$ 之间的幅度和相位关系都随输入信号的频率（广义失谐 ξ）变化；② 互感耦合回路完成相移功能，其中 φ 是 $r_2 + j\left(\omega L_2 - \dfrac{1}{\omega C_2}\right)$ 引起的相移，即完成了频率-相位变换，变换关系如图 7.9.6 所示。

由于次级回路从 $\dot{E}_2$ 两端看进去是串联谐振，故存在图 7.9.6(a) 所示的正斜率相频特性曲线。由图 7.9.6(b) 可知，在一定的频率范围内，$\dot{U}_2$ 与 $\dot{U}_1$ 的相位差与频率之间具有线性关系，其中固定的相位差是 $\dfrac{\pi}{2}$，也就是线性相移网络将载频移相 90°，当有频偏时，相位差偏离固定值，偏移量为 $\dfrac{\pi}{2} - \varphi$，φ 是次级回路响应调频信号的频偏而失谐产生的相位偏移量。

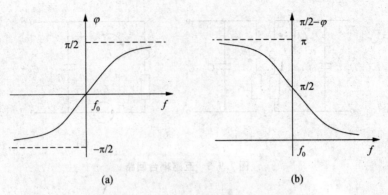

图 7.9.6　频率-相位变换电路的相频特性

2. 加法器的相位-幅度变换

电容 C_o 将 $\dot{U}_1$ 耦合至扼流线圈 L_3 的两端。只要 $\dot{U}_2$ 与 $\dot{U}_1$ 存在相位差，且这个相位差的变化正比于调频信号的频率变化，就可以通过鉴相的方法取出有用信号。对于由二极管、电容和电阻组成的鉴相器，可采用叠加型鉴相器的分析方法，也可将 RC 视为低通滤波器，采用乘积型鉴相器的分析方法。现用叠加型鉴相器的分析方法进行分析，根据规定的 $\dot{U}_2$ 与 $\dot{U}_1$ 的极性，图 7.9.4 电路可简化为图 7.9.7，这是两个上下对称的包络检波器组成的鉴相器(同步检波器)，在两个检波二极管上的高频电压分别为

$$\left.\begin{array}{l} \dot{U}_{D1} = \dot{U}_1 + \dfrac{\dot{U}_2}{2} \\[2mm] \dot{U}_{D2} = \dot{U}_1 - \dfrac{\dot{U}_2}{2} \end{array}\right\} \qquad (7.9.6)$$

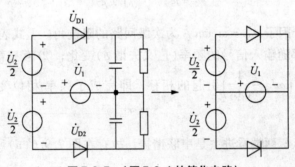

图 7.9.7　(图 7.9.4 的简化电路)

合成矢量的幅度随 $\dot{U}_2$ 与 $\dot{U}_1$ 间的相位差而变化(FM-PM-AM 信号)，如图 7.9.8 所示。

① $f = f_0 = f_c$ 时，$\varphi = 0$，$\dfrac{\dot{U}_2}{2}$ 与 $\dot{U}_1$ 的相位差为 $\dfrac{\pi}{2}$，U_{D2} 与 U_{D1} 的振幅相等，即 $U_{D1} = U_{D2}$，如图 7.9.8(a)所示。

② $f > f_0 = f_c$ 时，$\varphi > 0$，$\dfrac{\dot{U}_2}{2}$ 与 $\dot{U}_1$ 的相位差为 $\dfrac{\pi}{2} - \varphi < 90°$，故 $U_{D1} > U_{D2}$。随着 f 的增加，两者差值将加大，如图 7.9.8(b) 所示。

③ $f < f_0 = f_c$ 时，$\varphi < 0$，$\dfrac{\dot{U}_2}{2}$ 与 $\dot{U}_1$ 的相位差为 $\dfrac{\pi}{2} - \varphi > 90°$，故 $U_{D1} < U_{D2}$。随着 f 的增加，两者差值也将加大，如图 7.9.8(c) 所示。

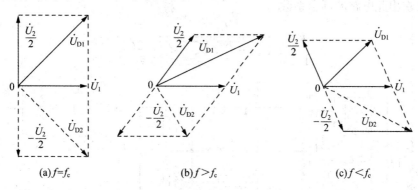

(a)$f = f_c$　　　　(b)$f > f_c$　　　　(c)$f < f_c$

图 7.9.8　不同频率时的 U_{D2} 与 U_{D1} 矢量图

3. 包络检波器的差动检波

设两个包络检波器的检波系数分别为 k_{d1}、k_{d2}（通常 $k_{d1} = k_{d2} = k_d$），则两个包络检波器的输出分别为 $u_{o1} = k_{d1} \dot{U}_{D1}$，$u_{o2} = k_{d2} \dot{U}_{D2}$。鉴频器的输出电压为：

$$u_o = u_{o1} - u_{o2} = k_d (\dot{U}_{D1} - \dot{U}_{D2}) \qquad (7.9.7)$$

当 $f = f_0 = f_c$ 时，鉴频器的输出电压 u_o 为零；当 $f > f_0 = f_c$ 时，鉴频器的输出电压 u_o 为正；当 $f < f_0 = f_c$ 时，鉴频器的输出电压 u_o 为负。

鉴频特性曲线上下部的伸展受限制，是因频率偏离 f_0 越多，φ 角趋于 $\pm \dfrac{\pi}{2}$，频率-相位变换曲线趋于平坦，如图 7.9.6 所示。因为

$$u_o = u_{o1} - u_{o2} = k_d (\dot{U}_{D1} - \dot{U}_{D2}) = k_d \dot{U}_2 \qquad (7.9.8)$$

与此对应，鉴频器的输出信号 u_o 趋于 $\pm k_d |\dot{U}_2|$，类似于串联谐振回路的相频特性。如果 f 进一步偏离 f_0，则因偏量过大，回路阻抗减小，$\dot{U}_1$ 幅度下降，$\dot{U}_2$ 幅度也随着下降，所以鉴频特性上部曲线向下弯曲，下部曲线向上弯曲，如图 7.9.9 所示。

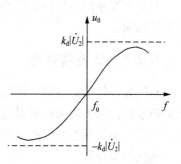

图 7.9.9　鉴频特性曲线

互感耦合相位鉴频器是经典的鉴频电路，它的精妙之处是通过耦合回路将载频移相 90°，使输送给鉴相器的两个信号 $\dot{U}_2$ 与 $\dot{U}_1$ 同频正交，且次级回路因频偏而失谐，产生

相位偏移。

7.9.3 电容耦合相位鉴频器

图 7.9.10(a)是电容耦合相位鉴频器的基本电路, 两个回路相互屏蔽。图中 C_m 为两回路间的耦合电容, 其值很小, 一般只有几个皮法至十几个皮法。耦合回路部分单独示于图 7.9.10(b)中, 设 $C_1 = C_2 = C$, $L_1 = L_2 = L$, 其等效电路示于图 7.9.10(c)中。根据耦合电路理论可求出此电路的耦合系数为

$$k = \frac{C_m}{\sqrt{(C_m + C)(C_m + 4C)}} \approx \frac{C_m}{2C} \tag{7.9.9}$$

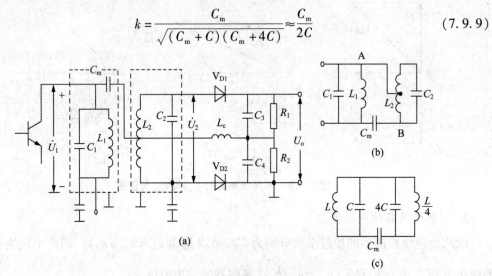

图 7.9.10 电容耦合相位鉴频器

设次级回路的并联阻抗为 $Z_2 = \dfrac{R_e}{1 + j\xi}$, 由于 C_m 很小, 满足 $1/(\omega C_m) \gg p^2 Z_2$, $p = 1/2$。分析可得 AB 间的电压为 $\dfrac{1}{2}\dot{U}_2 = j\dfrac{1}{4}\omega C_m Z_2 \dot{U}_1$, 由此可得

$$\dot{U}_2 = j\frac{1}{2}\omega C_m \frac{R_e}{1 + j\xi}\dot{U}_1 = j\frac{1}{2}\omega C_m \frac{\frac{Q}{\omega_0 C}}{1 + j\xi}\dot{U}_1 \approx jkQ\,\dot{U}_1\frac{1}{1 + j\xi} = j\frac{A\dot{U}_1}{1 + j\xi} \tag{7.9.10}$$

上式与互感耦合相位鉴频器的式(7.9.3)完全相同, 因此其鉴频特性与互感耦合相位鉴频器相同。

7.9.4 比例鉴频器

相位鉴频器的缺点是鉴频输出电压与 FM 信号幅度有关。因此, 各种干扰、噪声以及电路频率特性的不均匀性所引起的寄生调幅都将引起鉴频失真。克服这种失真的方法有两种: 一是在鉴频器前面加限幅器, 预先消除寄生调幅; 另一种是采用同时具有限幅和鉴频能力的比例鉴频器。

比例鉴频器是一种类似于叠加型相位鉴频器, 在相位鉴频器的基础上适当改进具有一定的限幅能力, 其基本电路如图 7.9.11(a)所示。它与互感耦合相位鉴频器电路的区别有

以下三个方面：

（1）包络检波器的两个二极管顺接，而这里 V_{D2} 反接。

（2）在电阻 $R_1 + R_2$ 两端并接一个大电容 C，容量约在 $10\ \mu F$ 数量级。时间常数 $(R_1 + R_2)C$ 很大，约 $0.1 \sim 0.25\ s$，远大于低频信号的周期。大容量 C 具有限幅作用。

（3）将 C_1 和 C_2 中间点 O 作输出点，将 R_1 与 R_2 中间点 D 接地。

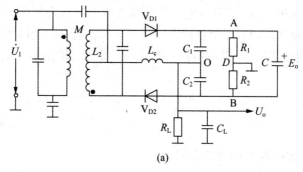

(a)

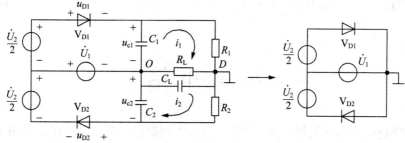

(b)

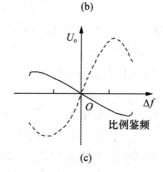

(c)

图 7.9.11　比例鉴频器电路及特性

图 7.9.11(b) 是图(a)的简化等效电路，由电路理论可得

$$i_1(R_1 + R_L) - i_2 R_L = u_{c1} \tag{7.9.11}$$

$$i_2(R_2 + R_L) - i_1 R_L = u_{c2} \tag{7.9.12}$$

$$u_o = (i_2 - i_1)R_L \tag{7.9.13}$$

当 $R_1 = R_2 = R$ 时，可得

$$u_o = \frac{u_{c2} - u_{c1}}{2R_L + R}$$

$$u_o = \frac{1}{2}(u_{c2} - u_{c1}) = \frac{1}{2}K_d(U_{D2} - U_{D1}) \tag{7.9.14}$$

由上式可见，在电路参数相同的条件下，输入调频信号也相等，比例鉴频器的输出电压与互感耦合或电容耦合相位鉴频器相比要小一半。根据式(7.9.14)有：

当 $f = f_c$ 时，$U_{D1} = U_{D2}$，$i_1 = i_2$，但以相反方向流过负载 R_L，所以输出电压为零；

当 $f > f_c$ 时，$U_{D1} > U_{D2}$，$i_1 > i_2$，输出电压为负；

当 $f < f_c$ 时，$U_{D1} < U_{D2}$，$i_1 < i_2$，输出电压为正。

其鉴频特性如图 7.9.11(c)所示，它与互感耦合或电容耦合相位鉴频器的鉴频特性的极性相反，这在自动频率控制系统中要特别注意。当然，通过改变两个二极管连接的方向或耦合线圈的绕向(同名端)，可以使鉴频特性反向。此外，输出电压也可由下式导出：

$$u_o = \frac{1}{2}(u_{c2} - u_{c1}) = \frac{1}{2}E_0\frac{u_{c2} - u_{c1}}{E_0} = \frac{1}{2}E_0\frac{u_{c2} - u_{c1}}{u_{c2} + u_{c1}} = \frac{1}{2}E_0\frac{1 - \dfrac{u_{c1}}{u_{c2}}}{1 + \dfrac{u_{c1}}{u_{c2}}} \qquad (7.9.15)$$

式中，$E_0 = u_{c1} + u_{c2}$，为电容 C 两端的电压。

上式说明，比例鉴频器输出电压取决于两个检波电容上电压的比值，故称为比例鉴频器。

本 章 小 结

本章主要讨论了角度调制的基本理论以及调频调制电路和解调电路。说明了调频信号波形的变化规律。

调频信号波形每秒钟由密到疏的变化次数由调制信号频率 F 决定，调频信号的频率变化范围，即频偏的大小由调制信号振幅 U_Ω 决定。或者说载波的瞬时频率受调制信号的控制产生变化，这种变化的周期由调制信号频率所决定，变化的大小与调制信号的强度成正比。

变容二极管调频电路是调频调制的典型电路，变容二极管结电容受在其两端所加反偏电压控制，接入谐振回路并加调制信号，则振荡频率受调制信号控制，适当选择变容二极管的特性和工作状态，可以使振荡频率的变化近似地与调制信号呈线性关系，从而实现了调频。

互感耦合相位鉴频器是调频解调电路的典型电路，其工作原理可分为移相网络的频率－相位变换，加法器的相位－幅度变换和包络检波器的差动检波三个过程。其通过耦合回路将载频移相，使输送给鉴相器的两个信号同频正交，且次级回路响应频偏而失谐，产生相位偏移，从而实现调频信号的解调。

习 题

7－1 已知调制信号 $u_\Omega = 8\cos(2\pi \times 10^3 t)$ V，载波输出电压 $u_o(t) = 5\cos(2\pi \times 10^6 t)$ V，

$k_f = 2\pi \times 10^3\,\text{rad/s} \cdot \text{V}$，试求调频信号的调频指数 m_f、最大频偏 Δf_m 和有效频谱带宽 BW，写出调频信号表示式。

7-2　已知调频信号 $u_o(t) = 3\cos\left[2\pi \times 10^7 t + 5\sin(2\pi \times 10^2 t)\right]\text{V}$，$k_f = 10^3\pi\,\text{rad/s} \cdot \text{V}$。

(1) 求该调频信号的最大相位偏移 m_f、最大频偏 Δf_m 和有效频谱带宽 BW；

(2) 写出调制信号和载波输出电压表示式。

7-3　已知载波信号 $u_o(t) = U_m\cos(\omega_c t)$，调制信号 $u_\Omega(t)$ 为周期性方波，如图所示，试画出调频信号、瞬时角频率偏移 $\Delta\omega(t)$ 和瞬时相位偏移 $\Delta\varphi(t)$ 的波形。

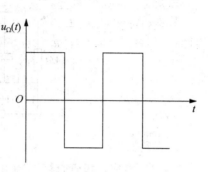

题 7-3 图

7-4　调频信号的最大频偏为 75 kHz，当调制信号频率分别为 100 Hz 和 15 kHz 时，求调频信号的 m_f 和 BW。

7-5　已知调制信号 $u_\Omega(t) = 6\cos(4\pi \times 10^3 t)\text{V}$，载波输出电压 $u_o(t) = 2\cos(2\pi \times 10^8 t)\text{V}$，$k_p = 2\,\text{rad/V}$。试求调相信号的调相指数 m_p、最大频偏 Δf_m 和有效频谱带宽 BW，并写出调相信号的表示式。

7-6　设载波为余弦信号，频率 $f_c = 25\,\text{MHz}$、振幅 $U_m = 4\,\text{V}$，调制信号为单频正弦波，频率 $F = 400\,\text{Hz}$，若最大频偏 $\Delta f_m = 10\,\text{kHz}$，试分别写出调频和调相信号表示式。

7-7　已知载波电压 $u_o(t) = 2\cos(2\pi \times 10^7 t)\text{V}$，现用低频信号 $u_\Omega(t) = U_{\Omega m}\cos(2\pi F t)$ 对其进行调频和调相，当 $U_{\Omega m} = 5\,\text{V}$、$F = 1\,\text{kHz}$ 时，调频和调相指数均为 10 rad，求此时调频和调相信号的 Δf_m、BW；若调制信号 $U_{\Omega m}$ 不变，F 分别变为 100 Hz 和 10 kHz 时，求调频、调相信号的 Δf_m 和 BW。

7-8　直接调频电路的振荡回路，变容二极管的参数为：$U_B = 0.6\,\text{V}$，$\gamma = 2$，$C_{jQ} = 15\,\text{pF}$。已知 $L = 20\,\mu\text{H}$，$U_Q = 6\,\text{V}$，$u_\Omega = 0.6\cos(10\pi \times 10^3 t)\text{V}$，试求调频信号的中心频率 f_c、最大频偏 Δf_m 和调频灵敏度 S_F。

7-9　调频振荡回路如图所示，已知 $L = 2\,\mu\text{H}$，变容二极管参数为：$C_{j0} = 225\,\text{pF}$、$\gamma = 0.5$、$U_B = 0.6\,\text{V}$、$U_Q = 6\,\text{V}$，调制电压为 $u_\Omega = 3\cos(2\pi \times 10^4 t)\,\text{V}$。试求调频波的下列值：

(1) 载频；

(2) 由调制信号引起的载频漂移；

(3) 最大频偏；

(4) 调频灵敏度；

(5) 二阶失真系数。

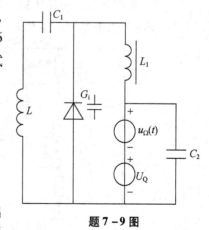

题 7-9 图

7-10　变容二极管直接调频电路如图所示，画出振荡部分交流通路，分析调频电路的工作原理，并说明各主要元件的作用。

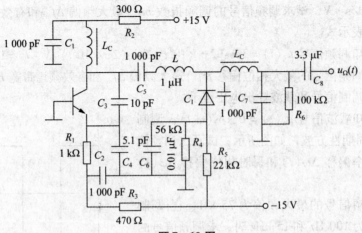

题 7-10 图

7-11　变容二极管直接调频电路如图所示，试画出振荡电路简化交流通路、变容二极管的直流通路及调制信号通路；当 $U_\Omega(t) = 0$ 时，$C_{jQ} = 60$ pF，求振荡频率 f_c。

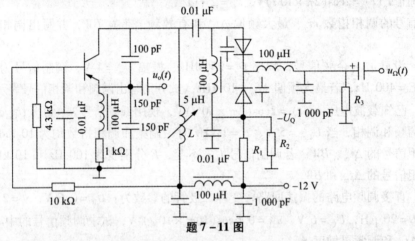

题 7-11 图

7-12　如图所示，为晶体振荡器直接调频电路，画出振荡部分交流通路，说明其工作原理，同时指出电路中各主要元件的作用。

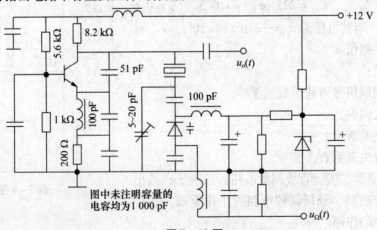

图中未注明容量的
电容均为 1 000 pF

题 7-12 图

7 - 13　晶体振荡器直接调频电路如图所示，试画交流通路，说明电路的调频工作原理。

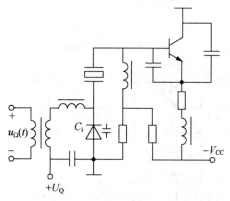

题 7 - 13 图

7 - 14　如图所示为单回路变容二极管调相电路，图中，C_3 为高频旁路电容，$u_\Omega(t) = U_{\Omega m}\cos(2\pi Ft)$，变容二极管的参数为 $\gamma = 2$，$U_B = 1$ V，回路等效品质因数 $Q_e = 15$。试求调相指数 m_p 和最大频偏 Δf_m。

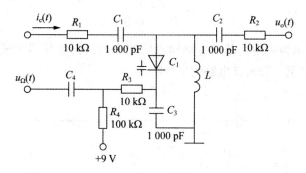

题 7 - 14 图

7 - 15　某调频设备组成如图所示，直接调频器输出调频信号的中心频率为 10 MHz，调制信号频率为 1 kHz，最大频偏为 1.5 kHz。试求：

（1）该设备输出信号 $u_o(t)$ 的中心频率与最大频偏；

（2）放大器 1 和 2 的中心频率和通频带。

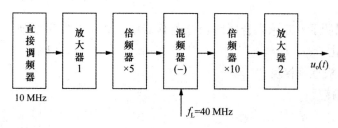

题 7 - 15 图

7 - 16　如图所示，鉴频器输入调频信号 $u_s(t) = 3\cos[2\pi \times 10^6 t + 16\sin(2\pi \times 10^3 t)]$ V，鉴频灵敏度 $S_D = 5$ mV/kHz，线性鉴频范围 $2\Delta f_{max} = 50$ kHz，试画出鉴频特性曲线及鉴频输

出电压波形。

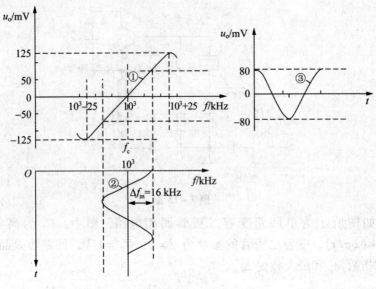

题 7 - 16 图

7 - 17 如图所示为采用共基极电路构成的双失谐回路鉴频器，试说明图中谐振回路 Ⅰ、Ⅱ、Ⅲ应如何调谐，分析该电路的鉴频特性。

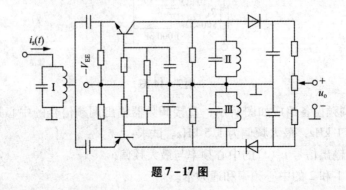

题 7 - 17 图

7 - 18 如图所示，互感耦合回路相位鉴频器中，如电路发生下列一种情况，试分析其鉴频特性的变化：

（1）V_2、V_3 极性都接反；

（2）V_2 极性接反；

（3）V_2 开路；

（4）次级线圈 L_2 的两端对调；

（5）次级线圈中心抽头不对称。

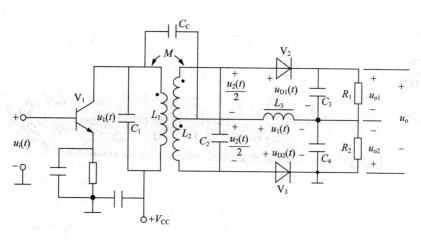

题 7 – 18 图

7 – 19   晶体鉴频器原理电路如图所示。试分析该电路的鉴频原理并定性画出其鉴频特性。图中 $R_1 = R_2$，$C_1 = C_2$，V_1 与 V_2 特性相同。调频信号的中心频率 f_c 处于石英晶体串联谐频 f_s 和并联谐频 f_p 中间，在 f_c 频率上，C_0 与石英晶体的等效电感产生串联谐振，$u_1 = u_2$，故鉴频器输出电压 $u_o = 0$。

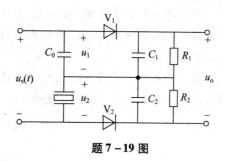

题 7 – 19 图

7 – 20   如图所示，两个电路中，哪个能实现包络检波，哪个能实现鉴频，相应的回路参数应如何配置？

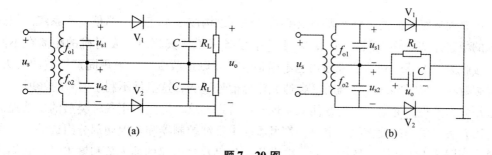

题 7 – 20 图

第8章

反馈控制电路

在通信设备中，为了提高设备的性能，广泛采用各种反馈控制电路。根据调节参量的不同，反馈控制电路又分为自动增益控制电路、自动频率控制电路和自动相位控制电路。

自动增益控制电路（AGC）又称为自动电平控制电路，需要调节的参量为电压或电流，用来控制输出信号的幅度。

自动频率控制电路（AFC）需要调节的参量为频率，目的是用于维持输出频率的稳定。

自动相位控制电路（APC）需要调节的参量为相位，其主要应用是锁相环路系统。这也是一种以消除频率误差为目的的自动控制电路，但它不是直接利用频率误差信号电压，而是利用相位误差信号电压去消除频率误差。

本章重点讨论了锁相环路的工作原理及其应用，还对不同种类的频率合成器进行了分析，对自动增益控制电路和自动频率控制电路只做简单介绍。

8.1 概　述

由放大电路、振荡电路、调制及解调电路可以构成一个完整的通信电子系统。但这个系统的稳定性却不够理想。例如，对于移动设备来说，其相对于发射机的距离在不断变化，接收天线上感应到的信号强弱也不断地、无规则地改变。若采用固定增益的放大器，信号强时将造成阻塞，信号弱时又会造成输出信号过弱，这显然不利于信号的处理。

因此为了提高通信系统的性能或实现某些特定要求，广泛采用各种类型的反馈控制电路。不管哪种类型的反馈控制电路，都可看成由反馈控制器和对象两部分组成的自动调节系统，如图 8.1.1 所示。图中，X_i、X_o 分别为反馈控制电路的输入量和输出量，它们之间有一确定的关系，设 $X_o = f(X_i)$，这个关系是根据使用要求预先设定的。若由于某种原因，使这个关系受到破坏，反馈控制器就能在对 X_o 和 X_i 的比较过程中检测出它们与预定关系之间的偏离程度，从而产生相应的误差量 X_e，加到对象上。对象根据 X_e 对 X_o 进行调节，使 X_o 与 X_i 之间接近或恢复到预定的关系。

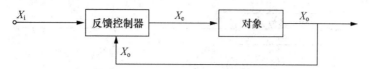

图8.1.1　反馈控制电路的组成框图

根据需要比较和调节的参量不同,反馈控制电路可分为以下三类:

自动增益控制电路(Automatic Gain Control,简称 AGC),是指需要比较和调节的参量即 X_o 和 X_i 为电压或电流的反馈控制电路,用于控制输出信号的幅度。

自动频率控制电路(Automatic Frequency Control,简称 AFC),是指需要比较和调节的参量即 X_o 和 X_i 为频率的反馈控制电路,用于维持工作频率的稳定。

自动相位控制电路(Automatic Phase Control,简称 APC),是指需要比较和调节的参量即 X_o 和 X_i 为相位的反馈控制电路。自动相位控制电路又称为锁相环路(Phase Locked Loop,简称 PLL)。它用于锁定相位,是应用最广的一种反馈控制电路,尤其是利用锁相原理构成频率合成器,是现代通信系统的重要组成部分,目前已制成通用的集成组件。

8.2　自动增益控制电路

自动增益控制电路是接收机的重要辅助电路之一,它的作用是使接收机输出电平保持一定范围,变化较小。

8.2.1　工作原理

自动增益控制电路组成如图 8.2.1 所示。图中可控增益放大器用于放大输入信号 u_i,其增益是可变的,它的大小取决于控制电压 U_C。振幅检波器、直流放大器和比较器构成反馈控制器。放大器的交流输出电压 u_o 经振幅检波器变换为直流信号,由直流放大器放大后与参考电平 U_R 进行比较,从而产生直流电压 U_C。如图 8.2.1 所示构成一个闭合回路。当输入电压 u_i 的幅度增加而使得输出电压 u_o 幅度增加时,通过反馈控制器产生一控制电压,使 A_u 减小;当 u_i 幅度减小,使得 u_o 幅度减小时,反馈控制器即产生一控制信号使得 A_u 增加。这样,通过环路的反馈控制作用,可使输入信号 u_i 幅度增大或减小时,输出信号幅度保持恒定或仅在很小范围内变化,这就是自动增益控制电路的作用。

在通信、导航、遥测系统中,由于受发射功率大小、收发距离远近、电波传播衰减等各种因素的影响,所接收到的信号强弱变化范围很大,弱的可能是几微伏,强的则可以达几百毫伏。若接收机的增益恒定不变,则信号太强时会造成接收机饱和或阻塞,而信号太弱时又可能被丢失。因此希望接收机的增益随接收信号的强弱而变化,信号强时增益低,信号弱时增益高,这样就需要使用自动增益控制电路。所以,为了提高接收机的性能,AGC 电路在接收机中几乎是不可或缺的辅助电路。

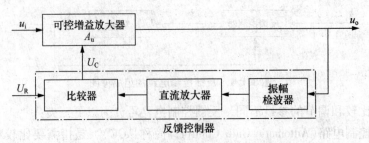

图 8.2.1 自动增益控制电路框图

8.2.2 应用举例

图 8.2.2 是具有 AGC 电路的接收机框图。

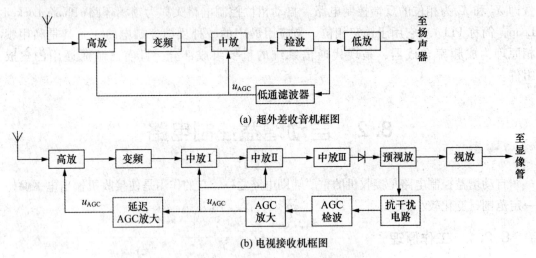

(a) 超外差收音机框图

(b) 电视接收机框图

图 8.2.2 具有 AGC 电路的接收机框图

图 8.2.2(a) 是超外差式收音机的框图，具有简单的 AGC 电路，天线收到的信号经放大、变频、再放大后，进行检波，取出音频信号。此音频信号的大小，将随输入信号强弱的变化而变化。此音频信号经过滤波后，取出其平均值，称为 AGC 电压 u_{AGC}。输入信号强，u_{AGC} 大；输入信号弱，u_{AGC} 小。再利用 AGC 电压控制高放及中放增益，u_{AGC} 大，增益低；u_{AGC} 小，增益高，即可达到自动增益控制的目的。低通滤波器的作用，当输入信号为调幅信号时，其调制信号为低频信号，经过振幅检波器可将该调制信号检测出来。显然，自动增益控制电路不应该按此信号的变化来控制增益放大器，否则，调幅波的有用幅值变化将会被自动增益控制电路的控制作用所抵消。即当此调制信号幅度大时，可控增益放大器的增益下降；此调制信号幅度较小时，可控增益放大器的增益增加，从而使放大器的输出保持基本不变，这种现象被称为反调制。显然，当出现反调制后，可控增益放大器输出的调幅信号的调制度将下降。由于发射功率变化，距离远近变化，电波传播衰减等引起信号强度的变化是比较缓慢的，反映其变化的信号应是缓慢变化信号，其频率应该比调制信号的频率低。低通滤波器的作用应该是将调制信号滤除，而保留缓慢变化信号送给电压比

较器进行比较。因此，必须选择适当的环路的频率响应特性，使对于高于某一频率的调制信号的变化无响应，而仅对低于这一频率的缓慢变化才有控制作用。这主要取决于低通滤波器的截止频率。

图 8.2.2(b)是电视接收机的框图，具有较复杂的 AGC 电路。电视天线收到的信号经放大、变频、再放大后，进行检波，取出视频信号。预视放对视频信号放大，除送到下一级视频放大外，还送到 AGC 电路，去除干扰后，再经 AGC 检波和放大。AGC 检波的目的是取出信号平均值，作为 AGC 电压 u_{AGC}。u_{AGC} 除控制中放增益外，还经过延迟放大，去控制高放增益。

8.2.3　增益控制电路

根据系统对 AGC 的要求，可采用多种不同形式的控制电路。

高频放大器的谐振增益为

$$A_{u0} = \frac{p_1 p_2 |y_{fe}|}{g_{\Sigma}} \tag{8.2.1}$$

可见，放大器的增益与晶体管的正向传输导纳 $|y_{fe}|$ 成正比，$|y_{fe}|$ 的大小与工作点电流 I_Q 有关。因此，改变发射极静态电流 I_E，可以改变 $|y_{fe}|$，从而改变了电压增益 A_{u0}。

图 8.2.3 是晶体管 $|y_{fe}|$-I_E 特性曲线。由曲线可见，当 I_E 较小时，$|y_{fe}|$ 随 I_E 的增加而增加，当 I_E 增大到某一数值时，$|y_{fe}|$ 达最大值，然后随着 I_E 的增大，曲线缓慢下降。若将静态工作点选在 I_{EQ} 点，当 $I_E < I_{EQ}$ 时，$|y_{fe}|$ 随 I_E 减小而下降，称为反向 AGC；当 $I_E > I_{EQ}$ 时，$|y_{fe}|$ 随 I_E 增加而下降，称为正向 AGC。

对于反向 AGC，可将 AGC 电压加至晶体管的发射结，如图 8.2.4(b)所示。

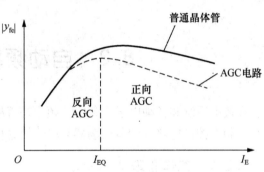

图 8.2.3　晶体管 $|y_{fe}|$-I_E 特性

当 u_{AGC} 增大时，发射结电压 u_{BE} 降低，造成 I_E 减小。则形成 $U_{om} \uparrow \to u_{AGC} \uparrow \to I_E \downarrow \to |y_{fe}| \downarrow \to A_u \downarrow$，使输出电压减小。由于 I_E 的变化方向与 AGC 电压的变化方向正好相反，故称为反向 AGC。

对于正向 AGC，如图 8.2.4(a)所示，u_{AGC} 增大时，必须设法使增益下降，即要求 I_E 增大。从而造成 $U_{om} \uparrow \to u_{AGC} \uparrow \to I_E \uparrow \to |y_{fe}| \downarrow \to A_u \downarrow$，使输出电压减小。由于 I_E 的变化方向与 AGC 电压的变化方向相同，称为正向 AGC。其电路形式与反向 AGC 是一样的，但电压极性应该相反。

反向 AGC 的优点是工作电流较小，对晶体管安全工作有利，电路比较简单，使用普通的高频管即可。它的缺点是增益控制范围不宽，当输入信号增大较多时，反向 AGC 的作用将使 I_E 下降较多，从而进入晶体管的非线性区，产生非线性失真。但由于它的电路简单，在一些要求不太高的 AGC 电路中仍被广泛应用。

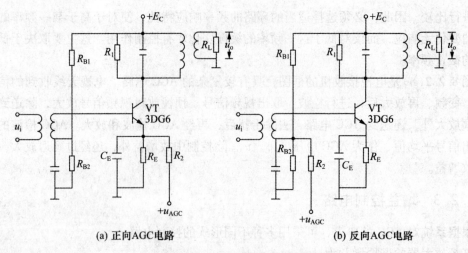

(a) 正向AGC电路   (b) 反向AGC电路

图 8.2.4　正向和反向 AGC 电路

正向 AGC 的优点是，对于弱信号，晶体管工作点选在 $|y_{fe}|$ 最大处，可以充分利用晶体管的放大能力，使 u_i 得到尽可能的放大；对于强信号，I_E 增大，因而仍工作在线性较好的区域内，非线性失真不致明显增加。因此得到广泛应用，特别是电视接收机中，应用更多。

8.3　自动频率控制电路

在通信系统和各种电子设备中，频率是否稳定将直接影响系统的性能，工程上一般采用自动频率控制电路来调节振荡器频率，使之稳定在某一预期的标准频率附近。

8.3.1　工作原理

自动频率控制电路 AFC 的组成框图如图 8.3.1 所示。它由鉴频器、低通滤波器和压控振荡器组成，f_r 为标准频率，f_o 为输出信号频率。

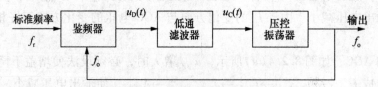

图 8.3.1　自动频率控制电路框图

由图 8.3.1 可见，压控振荡器的输出频率 f_o 与标准频率 f_r 在鉴频器中进行比较，当 $f_o = f_r$ 时，鉴频器无输出，压控振荡器不受影响；当 $f_o \neq f_r$ 时，鉴频器即有误差电压输出，其大小正比于 $f_o - f_r$，低通滤波器滤除交流成分，输出的直流控制电压 $u_C(t)$ 迫使压控振荡器的振荡频率 f_o 向 f_r 接近；尔后在新的压控振荡器振荡频率基础上，再经历上述同样的过程，使误差频率进一步减小，如此循环下去，最后 f_o 和 f_r 的误差减小

到某一最小值 Δf 时，自动微调过程即停止，环路进入锁定状态。就是说，环路在锁定状态时，压控振荡器输出信号频率等于 $f_r + \Delta f$，Δf 称为剩余频率误差，简称剩余频差。这时，压控振荡器在剩余频差 Δf 通过鉴频器产生的控制电压作用下，使其振荡频率保持在 $f_r + \Delta f$ 上。自动频率控制电路通过自身的调节，可以将原先因压控振荡器不稳定而引起的较大起始频差减小到较小的剩余频差 Δf。由于自动频率微调过程是利用误差信号的反馈作用来控制压控振荡器的振动频率的，而误差信号是有鉴频器产生的，因而到达最后稳定状态，即锁定状态时，两个频率不能完全相等，一定有剩余频差 Δf 存在，这是 AFC 电路的缺点。当然，要求剩余频差 Δf 越小越好。自动频率控制电路剩余频差的大小取决于鉴频器和压控振荡器的特性，鉴频特性和压控振荡器的控制特性斜率值越大，环路锁定所需要的剩余频差也就越小。

8.3.2 应用举例

1. 稳定接收机的中心频率

自动频率控制电路（AFC）也叫自动频率微调电路。由于超外差接收机的增益和选择性主要由中频放大器决定，所以要求中频频率很稳定。在接收机中，中频频率是本振信号频率与外来信号频率之差。一般地，外来信号的频率稳定度较高，本机振荡器产生的本振信号频率稳定度较低，为提高其稳定性，在接收机中加入自动频率控制电路。图 8.3.2 所示是具有 AFC 电路的调幅接收机组成框图。

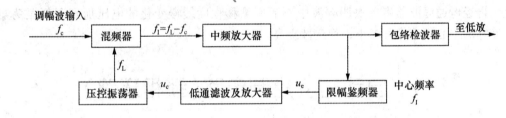

图 8.3.2　具有 AFC 电路的调幅接收机组成框图

可见，采用 AFC 电路的调幅接收机比普通调幅接收机增加了限幅鉴频器、低通滤波器和放大器，把本机振荡器改为压控振荡器。载波频率为 f_c 的调幅波与压控振荡器输出信号经混频器混频，输出的中频信号经过中频放大器放大后，除送到包络检波器外，还送到限幅鉴频器，限幅鉴频器的中心频率为 f_I，当压控振荡器输出的信号频率稳定为 f_L 时，混频器输出的中频信号频率恰为 $f_L - f_c = f_I$，这时，限幅鉴频器输出的误差电压 $u_e = 0$。而当压控振荡器输出的信号频率有偏移为 $f_L + \Delta f_L$ 时，混频后得到的中频信号频率也发生偏移为 $f_I + \Delta f_L$，此时，限幅鉴频器就会输出相应的误差电压 u_e，通过低通滤波器滤波和直流放大，输出控制电压 u_c，u_c 控制压控振荡器，使其本振频率降低，从而使混频后得到的中频信号频率降低，达到稳定中频频率的目的。

类似地，AFC 电路也可用于调频接收机中，如图 8.3.3 所示为具有 AFC 电路的调频接收机组成框图。在调频接收机中，由于接收机本身有鉴频器，所以不需外加鉴频器。

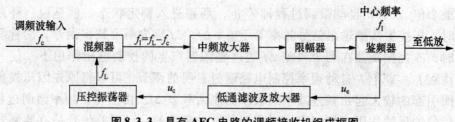

图 8.3.3　具有 AFC 电路的调频接收机组成框图

2. 稳定调频发射机的中心频率

为使调频发射机不仅有大的频偏，而且有稳定的中心频率，可在调频发射机中采用 AFC 电路。图 8.3.4 是具有 AFC 电路的调频发射机组成框图。

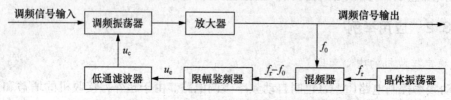

图 8.3.4　具有 AFC 电路的调频发射机组成框图

晶体振荡器是参考信号源，它的频率稳定性很高，其频率 f_r 是 AFC 电路的标准频率；调频振荡器的标称中心频率为 f_0；限幅鉴频器的中心频率为 $f_r - f_0$。当调频振荡器的中心频率发生漂移时，经混频器混频后输出的信号频率会偏移，使限幅鉴频器的输出电压发生变化，再经低通滤波器将反映调频波中心频率漂移程度缓慢变化的电压加到调频振荡器上，使它的中心频率漂移减小，稳定性提高。

8.4　自动相位控制电路(锁相环路)

自动相位控制电路(锁相环路)是一种相位负反馈的控制技术，它对输入量与输出量的描述均指相位信号。锁相环路电路具有优良的性能，主要体现在：① 环路锁定时具有稳定的相位误差而无剩余频差；② 环路锁定时具有良好的窄带载波跟踪特性；③ 锁定环路时具有良好的宽带调制的跟踪特性；④ 门限性能好；⑤ 易于集成。

锁相环路在通信系统中的基本应用主要有锁相解调、载波提取、位同步及频率合成等。本节首先重点介绍锁相环路的构成、工作原理、性能分析等锁相技术中的基本概念和常用集成锁相环路芯片，然后介绍锁相环路技术的应用，最后介绍利用锁相技术完成的锁相频率合成技术。

有关锁相环路的理论分析十分繁杂，本节只对其理论分析作简单介绍，详细内容可参考相关的文献。

8.4.1　工作原理

图 8.4.1 是锁相环电路的原理框图，它主要由压控振荡器(VCO)、鉴相器(PD)、低

通滤波器(LPF)和参考晶体振荡器所组成。当压控振荡器的频率 f_V 由于某种原因而发生变化时，必然相应地产生相位变化。该相位变化在鉴相器中与参考晶体振荡器的稳定相位(对应于频率 f_R)相比较，使鉴相器输出一个与相位误差成比例的误差电压 $v_d(t)$，经过低通滤波器，取出其中缓慢变动的直流电压分量 $v_c(t)$。$v_c(t)$ 用来控制压控振荡器中的压控元件数值(通常是变容二极管的电容量)，而压控元件又是 VCO 振荡回路的组成部分，结果压控元件电容量的变化将 VCO 的输出频率 f_V 又拉回到稳定值。这样，

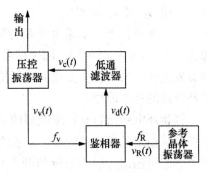

图 8.4.1　锁相环电路原理框图

VCO 的输出频率稳定度即由参考晶体振荡器决定，这时称环路处于锁定状态。

瞬时频率与瞬时相位的关系为

$$\omega(t) = \frac{d\theta(t)}{dt} \tag{8.4.1}$$

$$\theta(t) = \int_0^t \omega(t)dt + \theta_0 \tag{8.4.2}$$

式中，θ_0 为初始相位。

由上面的讨论已知，加到鉴相器上的两个振荡器的振荡信号频率差为

$$\omega(t) = \omega_R - \omega_V$$

此时的瞬时相差为

$$\theta_e(t) = \int \Delta\omega(t)dt + \theta_0$$

可分为两种情况来讨论：

(1) 若 $\omega_R = \omega_V$，则 $\Delta\omega(t) = 0$，于是由式(8.4.2)得

$$\theta_e(t) = \int \Delta\omega(t)dt + \theta_0 = \theta_0 \tag{8.4.3}$$

由此可知，当两个振荡器频率相等时，他们的瞬时相位差是一个常数。

(2) 若 $\theta_e(t) = \theta_0$，则由式(8.4.1)得

$$\Delta\omega(t) = \frac{d\theta_e(t)}{dt}$$

即

$$\omega_R = \omega_V$$

由此可知，当两个振荡信号的瞬时相位差为一常数时，二者的频率必然相等。

由以上简单分析可得到锁相环电路的重要概念：若两个振荡信号频率相等时，则它们之间的相位差保持不变；反之，若两个振荡信号的相位差是恒定值，则它们的频率必然相等。

根据上述概念可知，锁相环电路在锁定之后，两个信号频率相等，但二者间存在恒定相位差(稳定相位差)。稳定相位差经过鉴相器转变为直流误差，通过低通滤波器去控制

VCO，使 ω_V 与 ω_R 同步。

在闭环条件下，如果由于某种原因使 VCO 的角频率 ω_V 发生变化，设变动量为 $\Delta\omega$，那么，由式(8.4.2)可知，两个信号之间的相位差不再是恒定值，鉴相器的输出电压也就随着发生相应的变化。变化的电压使 VCO 的频率不断改变，直到 $\omega_R = \omega_V$ 为止。这就是锁相环电路的基本原理。

锁相环电路与自动频率微调的工作过程十分相似，二者都是利用误差信号的反馈作用来控制被稳定的振荡器频率。二者之间也有着根本的差别，在锁相环电路中，采用的是鉴相器，它所输出的误差电压与两个比较频率源之间的频率差成比例，因而达到最后稳定（锁定）状态时，被稳定（锁定）的频率等于标准频率，但有稳态相位差（剩余相差）存在；在自动频率控制系统中，采用的是鉴频器，它所输出的误差电压与两个比较频率源之间的频率差成比例，因而达到最后稳定状态时，两个频率不能完全相等，必须有剩余频差存在。从这一点来看，利用锁相环电路可以实现较为理想的频率控制。

8.4.2 基本环路方程

锁相环基本环路方程是通过环路相位模型得到的，它从数学上描述了锁相环电路相位调节的动态过程，是分析和设计锁相环电路的基础。锁相环路基本组成框图如图 8.4.2 所示。

为了建立锁相环电路的数学模型，先要建立鉴相器、环路滤波器和压控振荡器的数学模型。

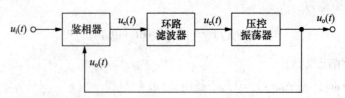

图 8.4.2 锁相环路基本组成框图

1. 鉴相器(PD)

鉴相器是一个相位比较器，两个输入信号分别为环路的输入信号 $u_i(t)$ 和压控振荡器的输出信号 $u_o(t)$。它的作用是检测出两个输入信号之间的瞬时相位差，产生相应的误差信号 $u_e(t)$。

设 $u_i(t)$ 和 $u_o(t)$ 均为单频正弦波。一般情况下，这两个信号的频率是不同的。设 ω_{o0} 和 $\omega_{o0}t + \varphi_{o0}$ 分别是 VCO 未加控制电压时的中心振荡角频率和相位，φ_{o0} 是初相位。又 $\varphi_1(t)$ 和 $\varphi_2(t)$ 分别是 $u_i(t)$ 和 $u_o(t)$ 与未加控制电压时 VCO 输出信号的相位差，即

$$\left.\begin{array}{l} \varphi_1(t) = \varphi_i(t) - (\omega_{o0}t + \varphi_{o0}) \\ \varphi_2(t) = \varphi_o(t) - (\omega_{o0}t + \varphi_{o0}) \end{array}\right\} \qquad (8.4.4)$$

所以

$$\varphi_1(t) - \varphi_2(t) = \varphi_i(t) - \varphi_o(t) \qquad (8.4.5)$$

若鉴相器采用模拟乘法器组成的乘积型鉴相器，根据鉴相特性和式(8.4.5)，其输出

误差电压为

$$u_e(t) = k_b\sin[\varphi_1(t) - \varphi_2(t)] = k_b\sin\varphi_e(t) \tag{8.4.6}$$

式中，k_b 为鉴相器增益，是一常数。

由式(8.4.6)可作出鉴相器的相位模型，如图 8.4.3 所示。

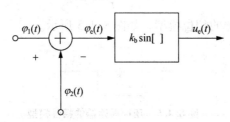

图 8.4.3 正弦鉴相器的相位模型

2. 环路滤波器(LF)

环路滤波器是一个低通滤波器，它的作用是滤出鉴相器输出电压中的高频分量和其他干扰分量，让鉴相器输出电压中的低频分量或直流分量通过，以保证环路所要求的性能，并提高环路的稳定性。

在锁相环电路中常用的环路滤波器有 RC 积分滤波器、RC 比例积分滤波器和有源比例积分滤波器。设环路滤波器的传递函数为 $H(s)$，则有

$$H(s) = \frac{U_c(s)}{U_e(s)}$$

将 $H(s)$ 中的 s 用微分算子 $p = \mathrm{d}/\mathrm{d}t$ 替换，就可以写出描述环路滤波器激励和相应之间关系的微分方程，即

$$u_c(t) = H(p)u_e(t) \tag{8.4.7}$$

由此可以得到环路滤波器的相位模型，如图 8.4.4 所示。

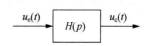

图 8.4.4 环路滤波器的相位模型

3. 压控振荡器(VCO)

压控振荡器是瞬时振荡角频率 $\omega_o(t)$ 受控制电压 $u_c(t)$ 控制的一种振荡器。它的作用是产生频率随控制电压变化的振荡电压。在有限的控制范围内，VCO 的振荡角频率 $\omega_o(t)$ 与控制电压 $u_c(t)$ 可认为是线性关系，即

$$\omega_o(t) = \omega_{o0} + k_c u_c(t)$$

k_c 为压控灵敏度，是一常数。

因此，VCO 输出信号 $u_o(t)$ 的相位为

$$\varphi_o(t) = \int_0^t \omega_o(t)\mathrm{d}t + \varphi_{o0} = \omega_{o0}t + k_c\int_0^t u_c(t)\mathrm{d}t + \varphi_{o0}$$

由式(8.4.4)可知

$$\varphi_2(t) = k_c\int_0^t u_c(t)\mathrm{d}t$$

可见，VCO 的瞬时相位变化 $\varphi_2(t)$ 与控制电压 $u_c(t)$ 是积分关系。所以 VCO 往往被称

为锁相环路中的固有积分环节。将式中的积分符号用积分算子 $\dfrac{1}{p} = \displaystyle\int_0^t (\ )\,\mathrm{d}t$ 来表示,则可写成

$$\varphi_2(t) = \frac{k_c}{p} u_c(t) \tag{8.4.8}$$

由此可得到压控振荡器的相位模型,如图 8.4.5 所示。

图 8.4.5 压控振荡器的相位模型

4. 锁相环路的相位模型和基本方程

将图 8.4.3、图 8.4.4、图 8.4.5 所示的三个基本组成部分的数学模型按图 8.4.2 所示连接起来,可画出如图 8.4.6 所示的锁相环路的相位模型。

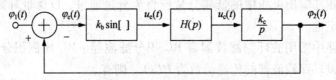

图 8.4.6 锁相环路的相位模型

由该模型写出环路基本方程为

$$\varphi_e(t) = \varphi_1(t) - \varphi_2(t) = \varphi_1(t) - k_b H(p)\frac{k_c}{p}\sin\varphi_e(t)$$

对上式两边微分并移项,可得

$$p\varphi_e(t) + k_b k_c H(p)\sin\varphi_e(t) = p\varphi_1(t) \tag{8.4.9}$$

$p\varphi_e(t) = \dfrac{\mathrm{d}\varphi_e(t)}{\mathrm{d}t} = \Delta\omega_e(t) = \omega_i - \omega_o$,表示瞬时相位误差 $\varphi_e(t)$ 随时间的变化率,即 VCO 角频率 ω_o 偏离输入信号角频率 ω_i 的数值,称为瞬时角频差。

$p\varphi_1(t) = \dfrac{\mathrm{d}\varphi_1(t)}{\mathrm{d}t} = \omega_i - \omega_{o0} = \Delta\omega_i(t)$,表示输入信号相位差 $\varphi_1(t)$ 随时间的变化率,即输入信号角频率 ω_i 偏离 VCO 中心频率 ω_{o0} 的数值,为输入固有角频差。

$k_b k_c H(p)\sin\varphi_e(t) = \Delta\omega_o(t) = \omega_o - \omega_{o0}$,表示 VCO 在控制电压 $u_c(t)$ 的作用下,产生的振荡角频率 ω_o 偏离 ω_{o0} 的数值,称为控制角频差。

基本环路方程描述了锁相环电路相位调节的动态过程,它表明在环路闭合以后,任何时刻的瞬时角频差 $\Delta\omega_e(t)$ 与控制角频差 $\Delta\omega_o(t)$ 之和恒等于输入固有角频差 $\Delta\omega_i(t)$,即

$$\Delta\omega_e(t) + \Delta\omega_o(t) = \Delta\omega_i(t) \tag{8.4.10}$$

如果输入信号 $u_i(t)$ 为恒定频率,输入固有角频差 $\Delta\omega_i(t)$ 必然为常数,设 $\Delta\omega_i(t) = \Delta\omega_i$,则在环路进入锁定的过程中,瞬时角频差 $\Delta\omega_e(t)$ 不断减小,而控制角频差 $\Delta\omega_o(t)$

不断增大，两者之和恒等于固有角频差 $\Delta\omega_i$，直到瞬时角频差减小到零，即 $\dfrac{\mathrm{d}\varphi_e(t)}{\mathrm{d}t}=0$，控制角频差增大到 $\Delta\omega_i$，VCO 的振荡角频率 ω_o 等于输入信号角频率 ω_i 时，环路便进入锁定状态。这时，相位误差 $\varphi_e(t)$ 为一固定值，用 $\varphi_{e\infty}$ 表示，称为稳态相位误差或剩余相位误差。正是这个稳态相位误差才使鉴相器输出一个直流电压，控制 VCO，使其振荡频率等于输入信号角频率。

$\Delta\omega_i$ 越大，则环路锁定时 $\varphi_{e\infty}$ 也就越大。因为 $\Delta\omega_i$ 越大，将 VCO 振荡角频率调整到等于输入信号角频率所需的控制电压也就越大，因而产生这个控制电压的 $\varphi_{e\infty}$ 也就越大。但 $\Delta\omega_i$ 不能过大，否则环路将无法锁定。

基本环路方程是一个非线性微分方程，这是由鉴相器鉴相特性的非线性引起的（方程中包含了正弦函数）。方程的阶数取决于 $H(p)/p$ 的阶数，因为 VCO 等效于一个一阶理想积分器，所以微分方程的最高阶数取决于环路滤波器的阶数加 1。一般情况下，环路滤波器用一阶电路实现，所以相应的基本环路方程是二阶非线性微分方程。

8.4.3　锁相环路的捕捉与跟踪

锁相环路根据初始状态的不同有两种自动调节过程。若环路初始状态是失锁的，通过自身的调节，使压控振荡器频率逐渐向输入信号频率靠近，当达到一定程度后，环路即能进入锁定，这种由失锁进入锁定的过程称为捕捉过程。相应的能够由失锁进入锁定的最大输入固有频差称为环路捕捉带，常用 $\Delta\omega_p$ 表示。

若环路初始状态是锁定的，输入信号的频率和相位发生变化时，环路通过自身的调节来维持锁定的过程称为跟踪过程。相应的能够保持跟踪的最大输入固有频差范围称为同步带（又称跟踪带），常用 $\Delta\omega_H$ 表示。

图 8.4.7 中，ω_{o0} 为未加控制电压时 VCO 的振荡角频率。如果使锁相环路输入信号角频率 ω_i 从低频向高频方向缓慢变化，当 $\omega_i=\omega_a$ 时，环路进入锁定跟踪状态，如图 8.4.7(a) 所示。然后继续增加 ω_i，VCO 输出信号角频率跟踪输入信号角频率变化，直到 $\omega_i=\omega_b$ 时，环路开始失锁。如再将输入信号角频率 ω_i 从高频向低频方向缓慢变化，当 $\omega_i=\omega_b$ 时，环路并不发生锁定，而要使 ω_i 继续下降到 $\omega_i=\omega_c$ 时，环路才会再度进入锁定，如图 8.4.7(b) 所示。此后继续降低 ω_i，VCO 输出信号的角频率又跟踪输入信号角频率变化，当 ω_i 下降到 $\omega_i=\omega_d$ 时，环路又开始失锁。可见，$\omega_d\sim\omega_b$ 为同步范围 $2\Delta\omega_H$，$\omega_a\sim\omega_c$ 为捕捉范围 $2\Delta\omega_p$。

因此，锁相环路的同步带为

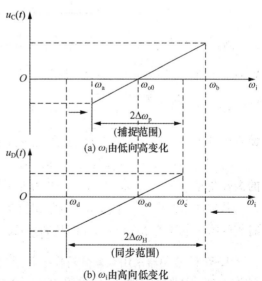

图 8.4.7　捕捉带与同步带

$$\Delta\omega_H = \frac{\omega_b - \omega_d}{2}$$

锁相环路的捕捉带为

$$\Delta\omega_p = \frac{\omega_c - \omega_a}{2}$$

一般来说，捕捉带与同步带不相等，捕捉带小于同步带。

8.4.4 集成锁相环路

随着集成电路技术的迅速发展，目前锁相环电路几乎已全部集成化。集成锁相环电路的性能优良、价格便宜、使用方便，因而被许多电子设备采用。可以说，集成锁相环电路已成为继集成运算放大器之后又一个用途广泛的多功能集成电路。

集成锁相环电路种类很多：按电路形式，可分为模拟式与数字式两大类；按用途，无论是模拟式还是数字式的又都可分为通用型与专用型两种。通用型都具有鉴相器和 VCO，有的还附加放大器和其他辅助电路，其功能为多用的；专用型均为单功能设计，如调频立体声解调环、电视机中用的正交色差信号的同步检波等。

下面以模拟、高频、部分功能单片集成锁相环 L562 为例来说明它的电路原理。L562 组成框图如图 8.4.8 所示。图中除包含锁相环电路的基本部件如 PD 与 VCO 外，为改善环路性能和满足通用的要求，还有若干放大器(A_1、A_2、A_3)、限幅器和稳压电路等辅助部件。此外，为达到部分功能的目的，环路反馈不是在内部预先接好的，而是将 VCO 输出端(3，4)和 PD 输入端(2，15)之间断开，以便在它们之间插入分频器或混频器，使环路作倍频或移频用。

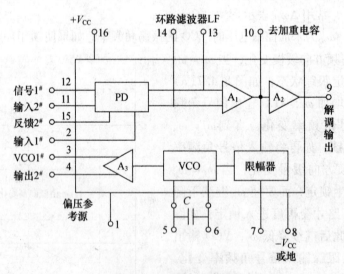

图 8.4.8 L562 组成框图

L562 的鉴相器采用双差分对模拟相乘器电路，其输出端 13、14 外接阻容元件构成环路滤波器。压控振荡器 VCO 采用射极耦合多谐振荡器电路，外接定时电容 C 由 5、6 端接入。压控振荡器的等效电路如图 8.4.9 所示，V_1、V_2 管交叉耦合构成正反馈，其发射极分别接有受 $u_c(t)$ 控制的恒流源 I_{01} 和 I_{02}（通常 $I_{01} = I_{02} = I_0$），当 V_1 和 V_2 管交替导通和截止时，定时电容 C 由 I_{01} 和 I_{02} 交替充电，从而在 V_1、V_2 管的集电极负载上得到对称方波输出。振荡频率由 C 和 I_0 等决定，即

$$f_0 = \frac{I_0}{4CU_D} = \frac{g_m u_c(t)}{4CU_D} = A_o u_c(t)$$

式中，$I_0 = g_m u_c(t)$，g_m 为压控恒流源的跨导；U_D 为二极管 V_3、V_4 的正向压降，约等于 0.7 V；$A_o = g_m/(4CU_D)$ 为压控振荡器的控制灵敏度。

V_1、V_2 管集电极负载电阻上并有二极管，使 V_1、V_2 管不进入饱和区，以提高振荡频率。此外，该电路控制特性线性好，振荡频率易于调整，故应用十分广泛。

图 8.4.8 中限幅器用来限制锁相环路的直流增益，以控制环路同步带的大小。由 7 端注入的电流可以控制限幅器的限幅电平和直流增益，注入电流增加，VCO 的跟踪范围减小，当注入的电流超过 0.7 mA 时，鉴相器输出的误差电压对压控振荡器的控制被截断，压控振荡器处于失控自由振荡工作状态。环路中的放大器 A_1、A_2、A_3 作隔离、缓冲放大之用。

L562 只需单电源供电，最大电源电压为 30 V，一般可采用 +18 V 电源供电，最大电流为 14 mA。信号输入（11 与 12 端间）电压最大值为 3 V。

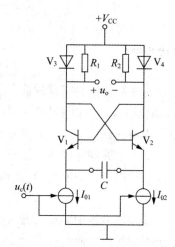

图 8.4.9　射级耦合压控多谐振荡器

8.4.5　锁相环路的应用

1. 锁相环路的基本特征

总结以上的讨论可知，锁相环路在正常工作状态（锁定）时，具有以下的基本特性：

（1）锁定后没有剩余频差。在没有干扰和输入信号频率不变的情况下，一经锁定，环路的输出信号频率与输入信号频率相等，没有剩余频差，只有不大的固定的剩余相位相差。

（2）有自动跟踪特性。锁相环路在锁定时，输出信号频率能在一定范围内跟踪输入信号频率。

（3）有良好的窄带滤波特性。由于环路滤波器的作用，锁相环路具有良好的窄带滤波特性。当 VCO 输出信号的频率锁定在输入信号频率上时，位于信号频率附近的频率分量通过鉴相器变成低频信号而平移到零频附近，这样，环路滤波器的低通作用对输入信号而言，就相当于一个高频带通滤波器，只要把环路滤波器的通带做得比较窄，整个环路就具有很窄的带通特性，不但能滤除噪声和干扰，而且能跟踪输入信号的载频变化，从受噪声污染的未调或已调（有载波调制或抑制载波调制）的输入信号中提取纯净的载波。在设计良好时，可以在几十兆赫兹的频率上实现几赫兹的窄带滤波。这种窄带滤波特性是任何 LC、RC、石英晶体、陶瓷片等滤波器所难以达到的。

2. 锁相混频电路

在锁相环路的反馈通道中插入混频器和中频放大器，就组成锁相混频电路，如图 8.4.10 所示。

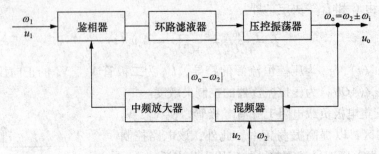

图 8.4.10　锁相混频电路的基本组成框图

若送给信号鉴相器的输入信号 $u_1(t)$ 的频率 ω_1 与送给混频器的输入信号 $u_2(t)$ 角频率 ω_2 相差很大，可以用一般混频器产生它们的和频与差频，但用滤波器很难将它们分开，而用锁相混频电路，就能很好地解决这一问题。

设图中混频器的本振信号输入由压控振荡器输出提供，压控振荡器输出角频率为 ω_o。若混频器输出中频取差频（也可取和频），根据锁相环路锁定后无剩余频差的特性，有

$$\omega_i = \omega_o - \omega_2$$

混频信号经中频放大器放大，送入鉴相器，若 $\omega_i = \omega_1$，鉴相器输出电压等于零，电路处于平衡状态，此时有：

$$\omega_o = \omega_2 + \omega_i = \omega_1 + \omega_2$$

实现了上混频。

当 $\omega_o < \omega_2$ 时，则 $\omega_o = \omega_2 - \omega_1$。即压控振荡器输出信号频率是和频还是差频仅由 $\omega_o > \omega_2$ 或 $\omega_o < \omega_2$ 来决定，只要调整压控振荡器的原始振荡频率的大小就可以了。

3. 锁相倍频、分频电路

在基本锁相环的反馈通道中插入分频器，就组成了锁相倍频电路，如图 8.4.11 所示。

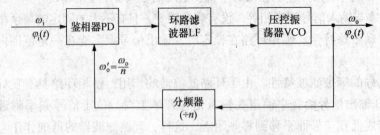

图 8.4.11　锁相倍频电路组成框图

VCO 的输出角频率 ω_o 可以调整到等于所需的倍频角频率上，当环路锁定后 PD 的输入信号角频率与反馈信号角频率相等，即 $\omega_i = \omega_o'$。而 ω_o' 是 VCO 输出信号经 n 次分频后的角频率，$\omega_o' = \omega_o/n$，所以 $\omega_o = n\omega_i$，即 VCO 输出信号角频率是输入信号角频率的 n 倍。若输入信号由高稳定度的晶体振荡器产生，且分频器的分配比是可变的，就可以得到一系列

稳定的间隔为 ω_i 的角频率信号输出。

显然，如将分频器改为倍频器，则可以组成锁相分频电路，即 $\omega_o = \omega_i / n$。

4. 锁相调频和鉴频电路

在普通的直接调频电路中，振荡器的中心频率稳定度较差，而采用晶体振荡器的调频电路，其调频范围又太窄。采用锁相环的调频电路可以解决这个矛盾，如图 8.4.12 所示。

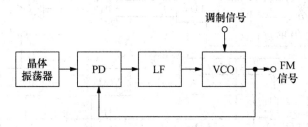

图 8.4.12　锁相环路调频器组成框图

锁相环路使 VCO 的中心频率锁定在晶振频率上，同时调制信号也加到 VCO，对中心频率进行频率调制，得到中心频率稳定度很高的 FM 信号输出。为了使环路仅对 VCO 中心频率不稳定所引起的缓变分量有所反映，因此环路滤波器的通频带应该很窄，保证调制信号频谱分量处于低通滤波器频带之外而不能形成交流反馈。显然，这是一种载波跟踪环。如果将调制信号经过微分电路送入 VCO，环路输出的就是调相信号。

调制跟踪锁相环本身就是一个调频解调器。锁相环路鉴频器框图如图 8.4.13 所示。它利用锁相环路良好的调制跟踪特性，使环路跟踪输入调频信号瞬时相位的变化，从环路滤波器输出端（VCO 控制端）引出控制电压，即可得到调频波的解调信号。

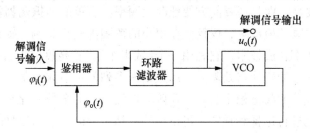

图 8.4.13　锁相环路鉴频器组成框图

环路滤波器的作用在于滤除调制信号 $u_\Omega(t)$ 带宽以外的无用频率分量，保证不失真解调，所以其通频带要足够宽，使调制信号顺利通过。可见，这是一种调制跟踪环。

图 8.4.14 所示为采用 L562 的锁相环路鉴频器的外接电路。输入调频信号电压 u_i 经耦合电容 C_1、C_2 以平衡方式加到鉴相器的一对输入端 11 和 12 脚，VCO 的输出电压从 3 脚取出，经耦合电容 C_3 以单端方式加到鉴相器的另一对输入端的 2 脚，而鉴相器另一输入端 15 脚经 0.1 μF 电容交流接地。从 1 脚取出的稳定基准偏置电压经 1 kΩ 电阻分别加到 2 脚和 15 脚，作为双差分对管的基极偏置电压。放大器 A_3 的输出端 4 脚外接 12 kΩ 电阻到地，其上输出 VCO 电压，该电压是与输入调频信号有相同调制规律的调频信号。放大器 A_2 的输出端 9 脚外接 15 kΩ 电阻到地，其上输出低频解调电压。7 脚注入直流，用来调节环路的同步带。10 脚外接去加重电容 C_4，提高解调电路的抗干扰性。

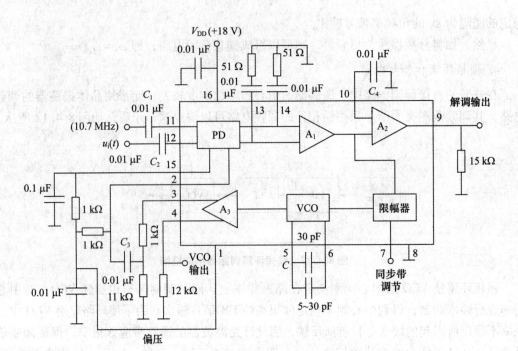

图 8.4.14　L562 锁相环路鉴频器电路

8.4.6　锁相频率合成器

随着现代无线电技术的迅速发展，对振荡信号源提出了越来越高的要求。不仅要求频率稳定度和准确度要高，而且还要能方便地改换频率。石英晶体振荡器能够产生高稳定度和准确度的频率，但频率值单一，仅仅能在很小的范围内进行微调。锁相频率合成技术就是一种广泛采用的频率合成技术，它利用一个(或多个)高稳定度的由石英晶体振荡器产生的基准频率，通过一定的变换与处理后，产生出一系列的离散频率信号。其优点是系统结构简单，输出频率成分的频谱稳定度高。现阶段广泛采用的全数字化频率合成器通过微机或其他数字存储单元进行选择和预置，可以迅速、精确地改变输出信号的频率。

根据锁相频率合成器所用锁相环路的数量可分为单环锁相频率合成器和多环锁相频率合成器，均在锁相环路中串入可编程程序分频器，通过编程改变程序分频器的分频比，从而获得与标准频率有相同稳定度的合成离散频率，因此又称为数字式频率合成器。

频率合成器主要技术指标如下：

（1）频率范围，是指频率合成器的工作频率范围，当然是频率覆盖范围越大，合成器性能越优越。

（2）频率间隔，是指相邻频率之间的最小间隔，又称为分辨力。频率间隔的大小随合成器用途的不同而不同。例如，短波单边带通信的频率间隔一般为 100 Hz，有时为 10 Hz、1 Hz；超短波通信则多取 50 kHz，有时也取 25 kHz、10 kHz 等。

（3）频率转换时间，从一个工作频率转换到另一个工作频率并达到稳定工作所需要的时间。这个时间包括电路的延迟时间和锁相环路的捕捉时间，其数值与合成器的电路形式有关。

（4）频率稳定度和准确度，其中稳定度是指在规定的观测时间内，合成器输出的频率偏离标称值的程度。一般用偏离值与输出频率的相对值来表示。准确度则表示实际工作频率与其标称频率值之间的偏差，又称频率误差。

（5）频率纯度，是指输出信号接近正弦波的程度，可以用输出端的有用信号电平与各寄生频率分量总电平之比的分贝数表示。一般情况下，合成器在某选定输出频率附近的频谱成分，除了有用频率外，其附近尚存在各种周期性干扰和随机干扰，以及有用信号的各次谐波成分。这里，周期性干扰多数源于混频器的高次组合频率，它们以某些频率差的形式成对地分布在有用信号的两边。而随机干扰则是由设备内部各种不规则电扰动所产生，并以相位噪声的形式分布于有用频谱的两侧。

1. 单环锁相频率合成器

图 8.4.15 是基本单环锁相频率合成器框图。图中晶体振荡器产生高稳定性的标准频率 f_s，由于鉴频器 PD 的工作频率较低，所以标准频率 f_s 经固定分频器除 R 分频后得到鉴相器所需的基准频率 f_r。压控振荡器 VCO 的输出频率 f_o 经程序分频器除 N 分频后得到 f_v，f_v 与 f_r 在鉴相器中进行相位比较，当环路进入锁定状态后，$f_v = f_r$。所以，压控振荡器的输出频率为

$$f_o = Nf_v = Nf_r \qquad (8.4.11)$$

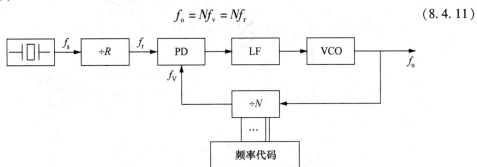

图 8.4.15　基本单环锁相频率合成器框图

程序分频器的分频比 N 的数值，可由编程输入不同的频率代码来改变，这样合成器输出的频率 f_o 就有 N 个频率，频道间的频率间隔为基准频率 f_r。基本单环锁相频率合成器电路简单、体积小、便于集成化。

上述讨论的频率合成器比较简单，构成比较方便，因为它只含有一个锁相环路，故称为单环式电路。单环频率合成器在实际使用中存在以下一些问题，必须加以注意和改善：

（1）由式（8.4.11）可知，输出频率的间隔等于输入鉴相器的参考频率 f_r，因此，要减小输出频率间隔，就必须减小输入参考频率 f_r。但是降低 f_r 后，环路滤波器的带宽也要压缩（因环路滤波器的带宽必须小于参考频率），以便滤除鉴相器输出中的参考频率及其谐波分量。这样，当由一个输出频率转换到另一个频率时，环路的捕捉时间或跟踪时间就要加长，即频率合成器的频率转换时间加大。可见，单环频率合成器中减小输出频率间隔和减小频率转换时间是矛盾的。另外，参考频率 f_r 过低还不利于降低压控振荡器引入的噪声，使环路总噪声不可能为最小。

（2）锁相环路内接入分频器后，其环路增益将下降为原来的 $1/N$。对于输出频率高、频率覆盖范围宽的合成器，当要求频率间隔很小时，其分频比 N 的变化范围将很大，N 在大范围内变化时，环路增益也将大幅度地变化，从而影响到环路的动态工作性能。

（3）程序分频器是锁相频率合成器的重要部件，其分频比的数目决定了合成器输出信道的数目。由图 8.4.15 可见，程序分频器的输入频率就是合成器的输出频率。由于程序分频器的工作频率比较低，无法满足大多数通信系统中工作频率高的要求。

在实际应用中，解决这些问题的方法很多。下面介绍多环锁相频率合成器。

2. 多环锁相频率合成器

为了减小频率间隔而又不降低参考频率 f_r，可采用多环构成的频率合成器。作为举例，图 8.4.16 示出了三环频率合成器组成框图。它由三个锁相环路组成，环路 A 和 B 为单环频率合成器，参考频率均为 100 kHz，N_A、N_B 为两组可编程序分频器。C 环内含有取差频输出的混频器，称为混频环。输出信号频率 f_o 与 B 环输出信号频率经混频器、带通滤波器得差频 $f_o - f_B$ 信号输出至 C 环鉴相器，由 A 环输出的 f_A 加到鉴相器的另一输入端，当环路锁定，$f_A = f_o - f_B$ 时，所以，C 环输出信号频率等于

$$f_o = f_A + f_B \tag{8.4.12}$$

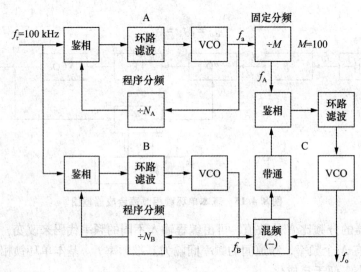

图 8.4.16　三环频率合成器

由 A 环和 B 环可得

$$f_A = \frac{N_A}{100} f_r, \quad f_B = N_B f_r$$

因此，由式（8.4.12）可得频率合成器输出频率 f_o 为

$$f_o = \left(\frac{N_A}{100} + N_B \right) f_r$$

所以，当 $300 \leqslant N_A \leqslant 399$、$351 \leqslant N_B \leqslant 397$ 时，输出频率 f_o 覆盖范围为 35.400～40.099 MHz，频率间隔为 1 kHz。

由上述讨论可知，锁相环 C 对 f_A 和 f_B 来说，就像混频器和滤波器，故称为混频环。如果将 f_A 和 f_B 直接加到混频器，则和频与差频将非常接近。在本例中 $0.300\ \text{MHz} \leqslant f_A \leqslant 0.399\ \text{MHz}$，$(35.400-0.300)\ \text{MHz} \leqslant f_B \leqslant (40.099-0.399)\ \text{MHz}$，可见，$f_B+f_A$ 与 f_B-f_A 相差很小，故无法用带通滤波器来充分地将它们分离。现在采用了锁相环路就能很好地加以分离。

A 环路输出接入固定分频器 M，可以使 A 合成器在高参考频率下得到小的频率间隔。由图 8.4.16 可得 $f_A = N_A f_r/M$，可见，加了固定分频器后，使输出频率间隔缩小了 M 倍，即 A 环输出频率 f_a 以 100 kHz 增量变化，但 f_A 却只以 1 kHz 增量变化，f_A 的增量比 f_a 的增量缩小了 $M(=100)$ 倍。显然，这里 A 环用于产生整个频率合成器输出频率 1 kHz 和 10 kHz 的增量，而 B 环则用来产生 0.1 MHz 和 1 MHz 的变化。

本 章 小 结

1. 通信电子设备中广泛采用三类反馈控制电路：自动增益控制电路（AGC）、自动频率控制电路（AFC）和自动相位控制电路（APC），它们都用来改善和提高整机的性能。

2. 自动增益控制电路用来稳定输出信号的幅度，自动频率控制电路用来维持工作频率的稳定，而自动相位控制电路（锁相环）则用于实现两个信号相位的同步，其最终目标依然是要有稳定的频率输出。

3. 锁相环路为利用相位调节以消除频率误差的自动控制系统，它由鉴相器、环路滤波器、压控振荡器等组成。当环路锁定时，环路输出信号与输入信号（参考信号）频率相等，但两信号之间保持一恒定的剩余相位误差。锁相环路广泛应用于滤波、频率合成、调制与解调等方面。

4. 锁相环路中有两种自动调节过程：若环路初始状态是失锁的，通过自身的调节由失锁进入锁定的过程称为捕捉过程；若环路初始状态是锁定的，因某种原因使频率发生变化，环路通过自身的调节来维持锁定的过程称为跟踪过程。捕捉过程可以用捕捉带来表示，跟踪特性可以用同步带来表示。

5. 锁相频率合成器由基准频率产生器和锁相环路两部分构成。基准频率产生器为合成器提供稳定度和准确度很高的参考频率。锁相环路则利用其良好的窄带跟踪特性，使输出频率保持在参考频率的稳定度上。采用多环锁相技术可使锁相频率合成器的工作频率提高，又可获得所需的频率间隔。

习 题

8-1 接收机自动音量控制电路能自动保持音量大小的原因是（　　）。

（A）当接收信号强时，增益降低；接收信号弱时，增益提高

（B）当接收信号强时，增益降低得多；接收信号弱时，增益降低得少

（C）当接收信号强时，增益增加得少；接收信号弱时，增益增加得多

8-2 AGC 信号为（　　）。

（A）低频　　　　　（B）交流　　　　　（C）缓慢变化的直流

8-3 AFC 电路锁定后的误差为（　　）。

（A）剩余相差　　　（B）剩余频差　　　（C）剩余频率

8-4 AFC 的输入信号与 VCO 输出信号比较，如果比较频率准确，则鉴频器输出的误差电压为（　　），VCO 的输出信号频率（　　）。

（A）直流　　　　　（B）不变　　　　　（C）零　　　　　（D）变化

8-5 控制比较器的作用是（　　）。

（A）将控制信号与标准信号比较

（B）将输出信号与标准信号比较

（C）将输入信号与标准信号比较

8-6 反馈控制电路有哪几类？每一类反馈控制电路控制的参数是什么？要达到的目的是什么？

8-7 什么是自动增益控制？举例说明自动增益控制的应用？

8-8 AGC 控制电路分为哪两类？分别有何优点？

8-9 如图所示是具有 AFC 电路的调幅接收机组成框图，阐述 AM 接收机中 AFC 电路的工作原理？

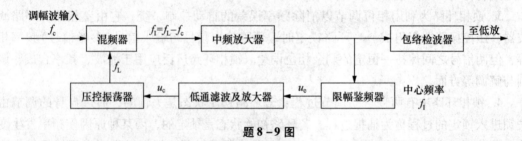

题 8-9 图

8-10 AFC 电路达到平衡时回路有频率误差存在，而锁相环路在达到平衡时误差为零，这是为什么？锁相环路锁定时，存在什么误差？

8-11 为什么说锁相环路相当于一个窄带跟踪滤波器？

8-12 如图所示，请问此框图的作用是什么？并写出输出、输入信号频率之间的关系。

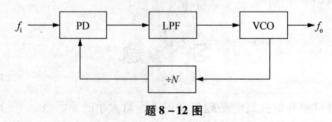

题 8-12 图

8 – 13　如图所示，写出输出、输入信号频率之间的关系，并说出该电路的功能。

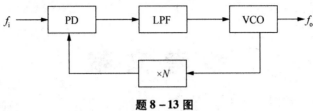

题 8 – 13 图

8 – 14　某频率合成器组成如图所示，$N = 760 \sim 960$，试求输出频率范围和频率间隔。

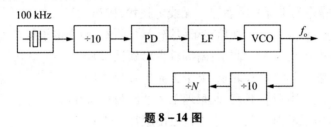

题 8 – 14 图

参 考 文 献

[1] 董在望. 通信电路原理[M]. 第二版. 北京:高等教育出版社,2002.

[2] 甘本祓. 微波噪声的来源和类型[J]. 无线电技术,1976(12).

[3] 高如云,陆曼茹,张企民,等. 通信电子线路[M]. 西安:西安电子科技大学出版社,2008.

[4] 胡宴如. 高频电子线路[M]. 北京:高等教育出版社,2009.

[5] 刘守义. 高频电子技术[M]. 北京:电子工业出版社,1999.

[6] 刘旭. 高频电子技术[M]. 北京:北京理工大学出版社,2011.

[7] 卢淦. 高频电子电路[M]. 北京:中国铁道出版社,1986.

[8] 沈鑫璋. 电视机原理调试与维修[M]. 天津:天津科学技术出版社,1984.

[9] 万国峰. 高频电子线路[M]. 北京:国防工业出版社,2014.

[10] 武秀珍. 高频电子线路[M]. 西安:西安电子科技大学出版社,1994.

[11] 席德勋. 现代电子技术[M]. 北京:高等教育出版社,1999.

[12] 夏术泉,艾青,南光群. 通信电子线路[M]. 北京:北京理工大学出版社,2010.

[13] 阳昌汉. 高频电子线路[M]. 北京:高等教育出版社,2006.

[14] 曾兴雯. 高频电路原理与分析[M]. 西安:西安电子科技大学出版社,2013.

[15] 张肃文,陆兆熊. 高频电子线路[M]. 3 版. 北京:高等教育出版社,1993.

[16] 周绍平. 高频电子技术[M]. 大连:大连理工大学出版社,2014.

[17] 佩提 J M. 电子放大器的理论和设计[M]. 柴振明,译. 上海:上海科学技术出版社,
1964.

[18] 柯洛索夫. 谐振系统与谐振放大器[M]. 陈毅明,等,译. 北京:高等教育出版社,1956.

[19] ALDERT VAN DER ZIEL. Noise sources charaterization measurement[M]. Englewood:
Prentice Hall Inc, 1970.

[20] CARSON S. High-frequency amplifiers[M]. New York:John Wiley & Sons Inc,1976.

[21] CLARKE K KENNETH, HESS T. 通信电路:分析与设计[M]. 戚治孙,梁慧君,等,译. 北
京:人民教育出版社,1981.

[22] LACKEY E JOHN. Solid state electronics[M]. New York:CBS College Publishing,1986.

[23] PEYTON Z. Probability, random variables and random signal principles[M]. New York:
McGraw-Hill Book Company,1980.

[24] SMITH D C. High frequency measurements and noise in electronic circuits[M]. Holland:
Kluwer Academic Publisher,1992.